MATLAB 图像处理
——能力提高与应用案例
(第 2 版)

赵小川　编著

北京航空航天大学出版社

内 容 简 介

本书紧扣读者需求，采用循序渐近的叙述方式，深入浅出地讲述了现代数字图像处理的热点问题、关键技术、应用实例、解决方案和发展前沿。本书分为提高篇和应用篇两大部分，共3章，内容包括：精通"图像特征提取"、细说"数字图像理解"和品读"典型应用实例"。与其他同类书籍相比，本书具有例程丰富、解释翔实、传承经典、突出前沿、图文并茂、语言生动等特点。

本书共享所有源程序代码和相关图片，读者可到北京航空航天大学出版社网站的"下载专区"免费下载；也可登录 MATLAB 中文论坛(http://www.ilovematlab.cn/)到相应书籍答疑版块免费下载。

本书可作为电子信息工程、计算机科学与技术相关专业的本科生、研究生的"数字图像处理技术"教材，也可作为课程设计、毕业设计、电子竞赛等的参考用书，还可作为工程技术人员的参考用书。

图书在版编目(CIP)数据

MATLAB 图像处理 ：能力提高与应用案例 / 赵小川编著. --2 版. -- 北京 ：北京航空航天大学出版社，2019.1

ISBN 978-7-5124-2932-1

Ⅰ. ①M… Ⅱ. ①赵… Ⅲ. ①Matlab 软件—应用—数字图像处理 Ⅳ. ①TN911.73

中国版本图书馆 CIP 数据核字(2019)第 016947 号

MATLAB 图像处理——能力提高与应用案例(第 2 版)

赵小川　编著

责任编辑　胡晓柏　张　楠

*

北京航空航天大学出版社出版发行

北京市海淀区学院路 37 号(邮编 100191)　http://www.buaapress.com.cn

发行部电话：(010)82317024　传真：(010)82328026

读者信箱：emsbook@buaacm.com.cn　邮购电话：(010)82316936

涿州市新华印刷有限公司印装　各地书店经销

*

开本：710×1 000　1/16　印张：20.5　字数：461 千字

2019 年 1 月第 2 版　2019 年 1 月第 1 次印刷　印数：3 000 册

ISBN 978-7-5124-2932-1　定价：69.00 元

第2版前言

一、为什么要写本书

随着信息处理技术和计算机技术的飞速发展,数字图像处理技术已在工业检测、航空航天、星球探测、军事侦察、公安防暴、人机交互、文化艺术等领域受到了广泛的重视并取得了众多成就。当前,在人工智能、思维科学、仿生学等新兴学科的推动下,现代数字图像处理技术正在向着更高、更深层次发展,实用性也日渐增强。

数字图像处理是一门实践性很强的学科,同时也具有坚实的理论基础。但以往关于数字图像处理的书籍往往存在两种倾向:一种是过于偏重理论推导和分析,与实际的工程实践与应用相脱节,难以引起读者(特别是初学者)的兴趣;另一种基本上是某一图像处理软件或开发工具包的用户使用说明书,使读者难以理解各种操作背后的理论知识,从而无法使其对数字图像处理技术进行深入的了解和学习。

本书紧扣读者需求,采用循序渐近的叙述方式,深入浅出地论述了现代数字图像处理的基础理论、关键技术、应用实例、解决方案、发展前沿;此外,本书还分享了大量的程序源代码并附有详细的注解,有助于读者加深对数字图像处理相关原理的理解。

二、内容特色

与同类书籍相比,本书有如下特色:

➢ 例程丰富,解释翔实

古人云:"熟读唐诗三百首,不会作诗也会吟。"本书根据编者多年从事数字图像处理的教学、科研的经验,列举了近200个关于数字图像处理的MATLAB源代码实例,并附有详细注解。通过对源代码的解析,不但可以加深读者对相关理论的理解,而且可以有效地提高读者在数字图像处理方面的编程能力。本书所提供程序的编程思想、经验技巧也可为读者采用其他计算机语言进行数字图像处理编程提供借鉴。

➢ 原理透彻,注重应用

将理论和实践有机地结合是进行数字图像处理研究和应用成功的关键。本书将数字图像处理的相关理论分门别类、层层递进进行了详细的叙述和透彻的分析，既体现了各知识点之间的联系，又兼顾了其渐近性。本书在介绍每个知识点时都给出了该知识点的应用方向；同时，在本书的第 3 章，给出了现代数字图像处理 25 个综合运用实例，这些应用实例不但可以加深读者对所学知识的理解，而且也展现了现代数字图像处理技术的研究热点。本书真正体现了理论联系实际的理念，使读者能够体会到学以致用的乐趣。

➢ **资源共享，超值服务**

本书不仅对数字图像处理的相关理论和技术进行了分析和探讨，而且分享了大量编者从事相关研究的经验。同时，读者也可登陆 www.ilovematlab.cn 下载测试图片、例程、推荐的阅读材料和该书的配套多媒体教程。此外，编者还定期与读者进行在线互动交流，解答读者的疑问。

➢ **传承经典，突出前沿**

本书详细探讨了现代数字图像处理的最新进展，对一些新算法的基本原理、实现过程、核心代码、应用实例等进行了详细地论述，便于读者了解现代数字图像处理的领域的研究热点和最新研究动向。

➢ **图文并茂，语言生动**

为了更加生动地诠释知识要点，本书配备了大量新颖的图片，以便提升读者的兴趣，加深对相关理论的理解。在文字叙述上，本书摒弃了枯燥的平铺直叙，采用案例与问题引导式；同时，本书还增加了“温馨提示”、“例程一点通”、“经验分享”、“一语中的”等板块，彰显了本书以读者为本的人性化的特点。

三、结构安排

本书主要介绍现代数字图像处理的相关知识，分为提高篇和应用篇两大部分，共 3 章，内容包括：精通“图像特征提取”、细说“图像配准、融合”和品读“典型应用实例”。

四、读者对象

- 对数字图像技术感兴趣的读者；
- 电子信息工程、计算机科学技术相关专业的本科生、研究生的教材；
- 本科毕业设计、研究生学术论文的资料；
- 工程技术人员的参考资料。

五、致　谢

感谢加拿大 University of British Columbia 的 David Lowe 教授以及北京航空航天大学陈殿生教授对本书的支持以及给本书提供的科研资料。

感谢寇宇翔、何灏、李喜玉、牛金喆、刘祥、李阳、李喜玉、常之光、王萱、梁冠豪、杨洁翎、苏晓东、赵国建、王浩浩、丁宇、徐鹏飞、徐如强、邳威、孙祥溪、龚汉越、王鑫、常青、李杰、姚猛、刘剑锋等博士、硕士在本书的资料整理及校对过程中所付出的辛勤劳动。

限于编者的水平和经验，加之时间比较仓促，疏漏或者错误之处在所难免，敬请读者批评指正。有兴趣的朋友可发送邮件到：zhaoxch1983@sina.com，与作者交流；也可发送邮件到：emsbook@buaacm.com.cn，与本书策划编辑进行交流。

赵小川

2019 年 1 月于北京

目　录

提高篇

应 用 篇

提高篇

- 精通“图像特征提取”
- 细说“数字图像理解”

高楼大厦平地起

第1章

精通"图像特征提取"

1.1 图像的直方图

1.1.1 灰度图像直方图

在数字图像处理中，灰度直方图是最简单且最有用的工具。直方图表达的信息是每种亮度的像素点的个数。直方图是图像的一个重要特征，因为直方图用少量的数据表达图像的灰度统计特征。

那么，什么是灰度图像的直方图呢？一个灰度级别在范围[0,$L-1$]的数字图像的直方图是一个离散函数：

$$p(r_k)=\frac{n_k}{n}$$

其中，n 是图像的像素总数，n_k 是图像中第 k 个灰度级的像素总数，r_k 是第 k 个灰度级，$k=0,1,2,\cdots,L-1$。

求图像的灰度直方图的过程示意图如图 1.1－1 所示。

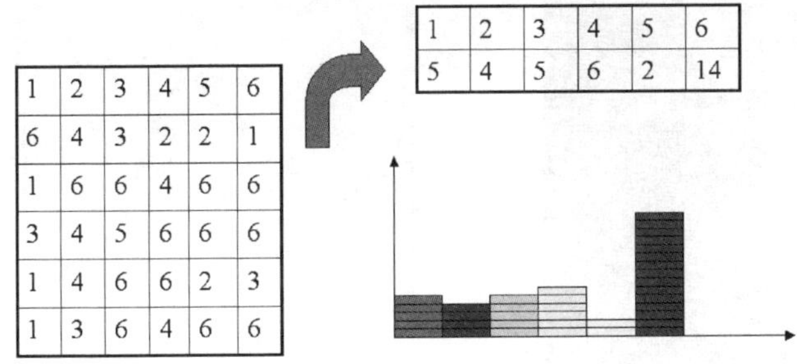

图 1.1－1　求图像的灰度直方图的过程示意图

1.1.2 例程解析

例程 1.1－1 是根据图像灰度直方图的定义编写的求灰度图像直方图 MATLAB 源程序，其运行效果如图 1.1－2 所示。

【例程 1.1－1】

```
%读入图像;
I = imread('taishan.jpg');
%将 RGB 图像转换为灰度图像;
B0 = rgb2gray(I);
%将图像矩阵的类型转换成双精度型,便于后续的运算;
B = double(B0);
%求图像的行数与列数;
s = size(B);
%建立一个数组,用于存储 1～256 灰度级出现的个数;
h = zeros(1,256);
%根据定义,计算各像素灰度值出现的个数;
for i = 1:s(1)
     for j = 1:s(2)
        k = B(i,j);
        k = floor(k);
        h(k + 1) = h(k + 1) + 1;
     end
   end
%  显示图像;
subplot(121),imshow(B0);
subplot(122),plot(h)
```

(a) 输入的原始图像

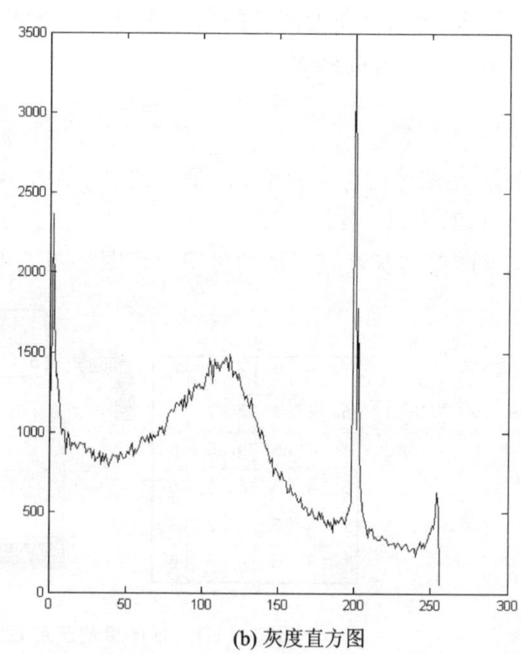

(b) 灰度直方图

图 1.1-2　输入的图像及其直方图

例程 1.1-1 中,语句 h=zeros(1,256)是先生成 1×256 的全零数组,即采用数组预分配的方法提高运算的速度。语句 $h(k+1)=h(k+1)+1$ 中数组下标用 $k+1$,目的是避免下标为 0。

在 MATLAB 数字图像处理工具箱中，提供了 imhist()函数来计算并绘制灰度图像的直方图，其调用格式如下：

imhist(I,n)

该函数的功能是计算和显示图像 I 的灰度直方图，n 为指定的灰度级数目，默认为 256。如果 I 是二值图像，那么 n 仅有两个值。

例程 1.1-2 是 imhist()函数来计算并显示图像的灰度直方图的 MATLAB 源程序，其运行效果如图 1.1-3 所示。

【例程 1.1-2】

```
I = imread('guilin.jpg');
I = rgb2gray(I);
subplot(121),imshow(I)
subplot(122),imhist(I)
```

(a) 输入的原始图像

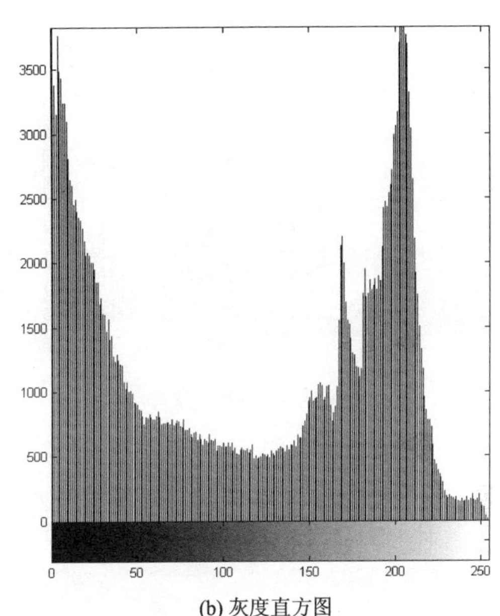

(b) 灰度直方图

图 1.1-3　例程 1.1-2 的运行结果

1.1.3　彩色图像的 RGB 分量直方图

对于 RGB 图像，可以将图像分解为 R、G、B 图像后，再对分解后的二维图像求其 R、G、B 分量的直方图。例程 1.1-3 便是求彩色图像直方图的 MATLAB 源程序，其运行效果如图 1.1-4 所示。

【例程 1.1-3】

```
I = imread('pubu.jpg');
subplot(141),imshow(I);
subplot(221),imshow(I);
```

```
% R分量的灰度直方图
subplot(222),imhist(I(:,:,1));
% G分量的灰度直方图
subplot(223),imhist(I(:,:,2));
% B分量的灰度直方图
subplot(224),imhist(I(:,:,3));
```

(a) 输入的原始图像

(b) R分量的灰度直方图

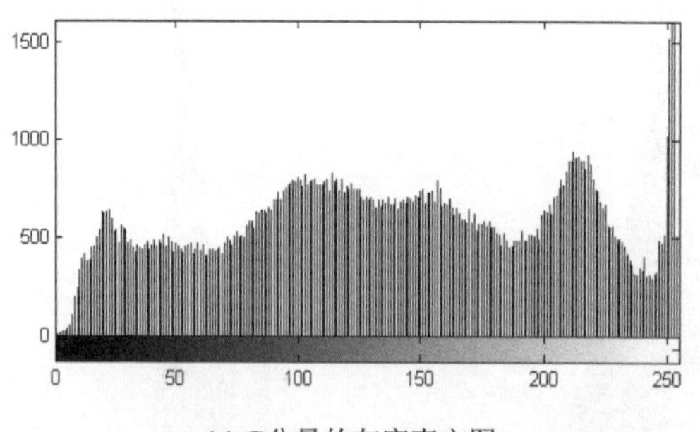

(c) G分量的灰度直方图

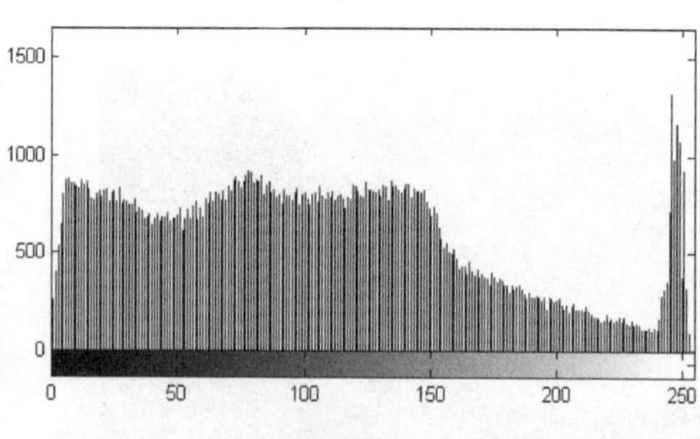

(d) B分量的灰度直方图

图 1.1-4 输入的 RGB 图像及其 R、G、B 三个分量的灰度直方图

1.2 图像的不变矩特征

不变矩(Invariant moments)是一种高度浓缩的图像特征,具有平移、灰度、尺度、旋转等多畸变不变性,因此矩和矩函数被广泛用于图像的模式识别、图像分类、目标识别和场景分析中。M. K. Hu 在 1961 年首先提出不变矩的概念,并将几何矩(Geometric moments,GMg)用于图像描述。

1.2.1 几何矩的基本原理

矩在统计学中表征随机量的分布,一幅灰度图像可以用二维灰度密度函数来表示,因此可以用矩来描述灰度图像的特征。

一幅 $M\times N$ 的数字图像 $f(i,j)$,其 $p+q$ 阶几何矩 m_{pq} 和中心矩 μ_{pq} 为:

$$m_{pq}=\sum_{i=1}^{M}\sum_{j=1}^{N}i^{p}j^{q}f(i,j)\qquad p,q=0,1,2,\cdots$$

$$\mu_{pq} = \sum_{i=1}^{M}\sum_{j=1}^{N}(i-\bar{i})^{p}(j-\bar{j}^{q})f(i,j) \qquad p,q=0,1,2,\cdots$$

式中，$\bar{i}=\dfrac{m_{10}}{m_{00}}$；$\bar{j}=\dfrac{m_{10}}{m_{00}}$。

若将 m_{00} 看作是图像的灰度质量，则$(\bar{i},\bar{j})$为图像灰度质心坐标，那么中心矩 μ_{pq} 反映的是图像的灰度相对于其灰度质心的分布情况。可以用几何矩来表示中心矩，0～3阶中心矩与几何矩的关系如下：

$$\mu_{00} = \sum_{i=1}^{M}\sum_{j=1}^{N}(i-\bar{i})^{0}(j-\bar{j})^{0}f(x,y) = m_{00}$$

$$\mu_{10} = \sum_{i=1}^{M}\sum_{j=1}^{N}(i-\bar{i})^{1}(j-\bar{j})^{0}f(x,y) = 0$$

$$\mu_{01} = \sum_{i=1}^{M}\sum_{j=1}^{N}(i-\bar{i})^{0}(j-\bar{j})^{1}f(x,y) = 0$$

$$\mu_{11} = \sum_{i=1}^{M}\sum_{j=1}^{N}(i-\bar{i})^{1}(j-\bar{j})^{1}f(x,y) = m_{11}-\bar{y}m_{10}$$

$$\mu_{20} = \sum_{i=1}^{M}\sum_{j=1}^{N}(i-\bar{i})^{2}(j-\bar{j})^{0}f(x,y) = m_{20}-\bar{x}m_{10}$$

$$\mu_{02} = \sum_{i=1}^{M}\sum_{j=1}^{N}(i-\bar{i})^{0}(j-\bar{j})^{2}f(x,y) = m_{02}-\bar{y}m_{01}$$

$$\mu_{30} = \sum_{i=1}^{M}\sum_{j=1}^{N}(i-\bar{i})^{3}(j-\bar{j})^{0}f(x,y) = m_{30}-3\bar{x}m_{20}+2\bar{x}^{2}m_{10}$$

$$\mu_{12} = \sum_{i=1}^{M}\sum_{j=1}^{N}(i-\bar{i})^{1}(j-\bar{j})^{2}f(x,y) = m_{12}-2\bar{y}m_{11}-\bar{x}m_{02}+2\bar{y}^{2}m_{10}$$

$$\mu_{21} = \sum_{i=1}^{M}\sum_{j=1}^{N}(i-\bar{i})^{2}(j-\bar{j})^{1}f(x,y) = m_{21}-2\bar{x}m_{11}-\bar{y}m_{20}+2\bar{x}^{2}m_{01}$$

$$\mu_{03} = \sum_{i=1}^{M}\sum_{j=1}^{N}(i-\bar{i})^{0}(j-\bar{j})^{3}f(x,y) = m_{03}-3\bar{y}m_{02}+2\bar{y}^{2}m_{01}$$

为了消除图像比例变化带来的影响，定义规格化中心矩如下：

$$\eta_{pq} = \frac{\mu_{pq}}{\mu_{00}^{\gamma}},\left(\gamma=\frac{p+q}{2}+1,p+q=2,3,\cdots\right)$$

利用二阶和三阶规格中心矩可以导出下面七个不变矩组($\Phi_1 \sim \Phi_7$)，它们对图像平移、旋转和比例变化时保持不变。

$$\Phi_1 = \eta_{20}+\eta_{02}$$

$$\Phi_2 = (\eta_{20}-\eta_{02})^2+4\eta_{11}^2$$

$$\Phi_3 = (\eta_{30}-3\eta_{12})^2+3(\eta_{21}-\eta_{03})^2$$

$$\Phi_4 = (\eta_{30}+\eta_{12})^2+(\eta_{21}+\eta_{03})^3$$

$$\Phi_5 = (\eta_{30}+3\eta_{12})(\eta_{30}+\eta_{12})[(\eta_{30}+\eta_{12})^2-3(\eta_{21}+\eta_{03})^2]+$$

$$(3\eta_{21}-\eta_{03})(\eta_{21}+\eta_{03})[3(\eta_{30}+\eta_{12})^2-(\eta_{21}+\eta_{03})^2]$$

$$\Phi_6=(\eta_{20}-\eta_{02})[(\eta_{30}+\eta_{12})^2-(\eta_{21}+\eta_{03})^2]+4\eta_{11}(\eta_{30}+\eta_{12})(\eta_{21}+\eta_{03})$$

$$\Phi_7=(3\eta_{21}-\eta_{03})(\eta_{30}+\eta_{12})[(\eta_{30}+\eta_{12})^2-3(\eta_{21}+\eta_{03})^2]+$$
$$(3\eta_{12}-\eta_{30})(\eta_{21}+\eta_{03})[3(\eta_{30}+\eta_{12})^2-(\eta_{21}+\eta_{03})^2]$$

1.2.2　例程一点通

例程 1.2－1 是来求解几何矩的 MATLAB 源程序。

【例程 1.2－1】

```
function inv_m7 = invariable_moment(in_image)
%%%===============================================
format long
image = rgb2gray(in_image);       %将输入的RGB图像转换为灰度图像
image = double(image);            %将图像矩阵的数据类型转换成双精度型
%%%==================计算 m00、m10、m01 ========================
m00 = sum(sum(image));            %计算灰度图像的零阶几何矩 m00
m10 = 0;
m01 = 0;
[row,col] = size(image);
for i = 1:row
    for j = 1:col
        m10 = m10 + i * image(i,j);
        m01 = m01 + j * image(i,j);
    end
end
%%%==================计算 i、j ==================================
u10 = m10/m00;
u01 = m01/m00;
%%%==================计算图像的二阶几何矩、三阶几何矩 ============
m20 = 0;m02 = 0;m11 = 0;m30 = 0;m12 = 0;m21 = 0;m03 = 0;
for i = 1:row
    for j = 1:col
        m20 = m20 + i^2 * image(i,j);
        m02 = m02 + j^2 * image(i,j);
        m11 = m11 + i * j * image(i,j);
        m30 = m30 + i^3 * image(i,j);
        m03 = m03 + j^3 * image(i,j);
        m12 = m12 + i * j^2 * image(i,j);
        m21 = m21 + i^2 * j * image(i,j);
    end
end
%%%==================计算图像的二阶中心矩、三阶中心矩 ============
y00 = m00;
y10 = 0;
y01 = 0;
y11 = m11 - u01 * m10;
y20 = m20 - u10 * m10;
y02 = m02 - u01 * m01;
y30 = m30 - 3 * u10 * m20 + 2 * u10^2 * m10;
```

```
y12 = m12 - 2 * u01 * m11 - u10 * m02 + 2 * u01^2 * m10;
y21 = m21 - 2 * u10 * m11 - u01 * m20 + 2 * u10^2 * m01;
y03 = m03 - 3 * u01 * m02 + 2 * u01^2 * m01;
%%% ==================计算图像的归格化中心矩==================
        n20 = y20/m00^2;
        n02 = y02/m00^2;
        n11 = y11/m00^2;
        n30 = y30/m00^2.5;
        n03 = y03/m00^2.5;
        n12 = y12/m00^2.5;
        n21 = y21/m00^2.5;
%%% ==================计算图像的几何矩======================
  h1 = n20 + n02;                 h2 = (n20 - n02)^2 + 4 * (n11)^2;
  h3 = (n30 - 3 * n12)^2 + (3 * n21 - n03)^2;   h4 = (n30 + n12)^2 + (n21 + n03)^2;
  h5 = (n30 - 3 * n12) * (n30 + n12) * ((n30 + n12)^2 - 3 * (n21 + n03)^2) + (3 * n21 - n03) *
(n21 + n03) * (3 * (n30 + n12)^2 - (n21 + n03)^2);
  h6 = (n20 - n02) * ((n30 + n12)^2 - (n21 + n03)^2) + 4 * n11 * (n30 + n12) * (n21 + n03);
  h7 = (3 * n21 - n03) * (n30 + n12) * ((n30 + n12)^2 - 3 * (n21 + n03)^2) + (3 * n12 - n30) *
(n21 + n03) * (3 * (n30 + n12)^2 - (n21 + n03)^2);

inv_m7 = [h1 h2 h3 h4 h5 h6 h7];
```

对图 1.2-1 所示的一组图像求其几何矩,结果如表 1.2-1 所列。

原始图像

尺度缩减图像

小角度旋转图像

大角度旋转图像

加噪图像

图 1.2-1　输入的第一组测试图像

表 1.2-1　对第一组测试图像求几何矩的结果

类　别	$\lvert\log \Phi_1\rvert$	$\lvert\log \Phi_2\rvert$	$\lvert\log \Phi_3\rvert$	$\lvert\log \Phi_4\rvert$	$\lvert\log \Phi_5\rvert$	$\lvert\log \Phi_6\rvert$	$\lvert\log \Phi_7\rvert$
原始图像	6.743	22.869	29.828	27.483	57.072	40.063	56.224
尺度缩减图像	6.743	22.890	29.847	27.848	57.050	40.034	56.240
小角度旋转图像	6.743	22.870	29.827	27.483	57.073	40.064	56.223
大角度旋转图像	6.743	22.868	29.826	27.483	57.074	40.061	56.222
加噪图像	6.741	22.897	29.902	27.529	57.293	40.147	56.310

通过对第一组实验结果分析可知,几何矩具有尺度和旋转不变性,且对噪声不敏感。

对图 1.2-2 所示的第二组图像求其几何矩,结果如表 1.2-2 所列。

原始图像

照度变化图像

运动模糊图像

图 1.2-2 输入的第二组测试图像

表 1.2-2 对第二组测试图像求几何矩的结果

类 别	$\lvert\log \Phi_1\rvert$	$\lvert\log \Phi_2\rvert$	$\lvert\log \Phi_3\rvert$	$\lvert\log \Phi_4\rvert$	$\lvert\log \Phi_5\rvert$	$\lvert\log \Phi_6\rvert$	$\lvert\log \Phi_7\rvert$
原始图像	6.743	22.869	29.828	27.483	57.072	40.063	56.224
运动模糊图像	6.743	23.012	29.933	27.476	57.036	40.291	56.280
照度变化图像	6.595	21.611	28.340	26.267	54.355	38.217	53.687

通过对第二组实验结果分析可知,几何矩对运动模糊不敏感,但对照度变化较为敏感。

1.3 图像的边缘检测

【温馨提示】 边缘检测是数字图像处理的重要内容,也是本书的核心章节之一。通过本节读者应掌握图像边缘检测的基本思想以及各种边缘检测算法的特点和优劣,以便根据实际要求选择不同的方法。

图像的边缘是指其周围像素灰度急剧变化的那些像素的集合,它是图像最基本的特征。边缘存在于目标、背景和区域之间,所以,它是图像分割最重要的依据。边缘是位置的标志,对灰度的变化不敏感,因此,边缘也是图像匹配的重要特征。

边缘检测的基本思想是先检测图像中的边缘点,再按照某种策略将边缘点连接成轮廓,从而构成分割区域。边缘是所要提取目标和背景的分界线,提取出边缘才能将目标和背景区分开,因此边缘检测对于数字图像处理十分重要。

边缘大致可以分为两种:一种是阶跃状边缘,边缘两边像素的灰度值明显不同;另一种为屋顶状边缘,边缘处于灰度值由小到大再到小变化的转折点处。图 1.3-1 中,第 1 排是一些具有边缘的图像示例,第 2 排是沿图像水平方向的 1 个剖面图,第 3 和第 4 排分别为剖面的一阶和二阶导数。第 1 列和第 2 列是阶梯状边缘,第 3 列是脉冲状边缘,第 4 列是屋顶状边缘。

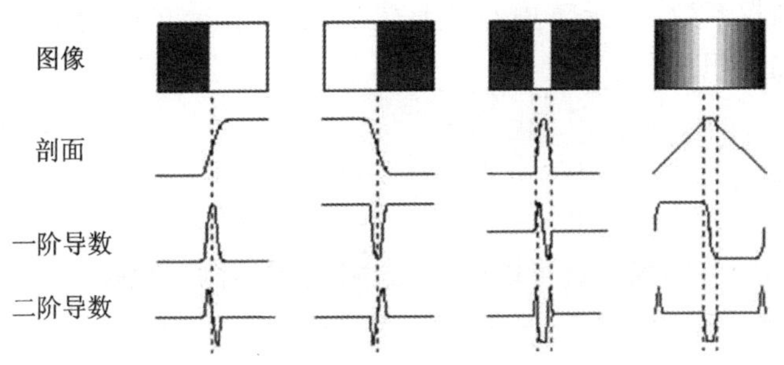

图 1.3-1　图像边缘特性

1.3.1　运用一阶微分算子检测图像边缘

1. 梯度边缘算子

一阶微分边缘算子也称为梯度边缘算子，它是利用图像在边缘处的阶跃性，即图像梯度在边缘取得极大值的特性进行边缘检测。梯度是一个矢量，它具有方向 θ 和模 $|\Delta I|$：

$$\Delta I = \begin{pmatrix} \dfrac{\partial I}{\partial x} \\ \dfrac{\partial I}{\partial y} \end{pmatrix}$$

$$|\Delta I| = \sqrt{\left(\frac{\partial I}{\partial x}\right)^2 + \left(\frac{\partial I}{\partial y}\right)^2} = \sqrt{I_x^2 + I_y^2}$$

$$\theta = \arctan(I_y / I_x) \tag{1.3.1}$$

梯度的模值大小提供了边缘的强度信息，梯度的方向提供了边缘的趋势信息，因为梯度方向始终是垂直于边缘的方向。

在实际使用中，通常利用有限差分进行梯度近似。对于式(1.3.1)的梯度矢量，有：

$$\frac{\partial I}{\partial x} = \lim_{h \to 0} \frac{I(x + \Delta x, y) - I(x, y)}{\Delta x}$$

$$\frac{\partial I}{\partial y} = \lim_{h \to 0} \frac{I(x, y + \Delta y) - I(x, y)}{\Delta y}$$

它的有限差分近似为：

$$\frac{\partial I}{\partial x} \approx I(x+1, y) - I(x, y), \ (\Delta x = 1)$$

$$\frac{\partial I}{\partial y} \approx I(x, y+1) - I(x, y), \ (\Delta y = 1)$$

对于如图 1.3-2 所示的 3×3 模板中心像元的梯度，其梯度可以通过下式计算得到：

$$\frac{\partial I}{\partial x} = M_x = (a_2 + ca_3 + a_4) - (a_0 + ca_7 + a_6)$$

$$\frac{\partial I}{\partial y} = M_y = (a_6 + ca_5 + a_4) - (a_0 + ca_1 + a_2)$$

式中,参数 c 为加权系数,表示离中心像元较近。对于 $c=1$ 的情况,我们就可以得到 Prewitt 边缘检测卷积核:

$$m_x=\begin{bmatrix}-1 & 0 & +1\\ -1 & 0 & +1\\ -1 & 0 & +1\end{bmatrix} \qquad m_y=\begin{bmatrix}-1 & -1 & -1\\ 0 & 0 & 0\\ +1 & +1 & +1\end{bmatrix}$$

对于加权系数 $c=2$,我们就可以得到 Sobel 边缘检测卷积核:

$$m_x=\begin{bmatrix}-1 & 0 & +1\\ -2 & 0 & +2\\ -1 & 0 & +1\end{bmatrix} \qquad m_y=\begin{bmatrix}-1 & -2 & -1\\ 0 & 0 & 0\\ +1 & +2 & +1\end{bmatrix}$$

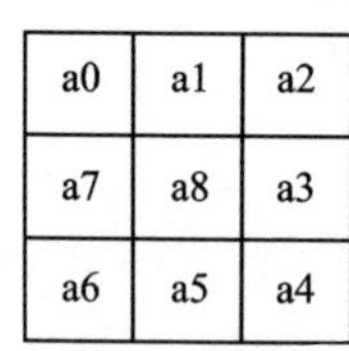

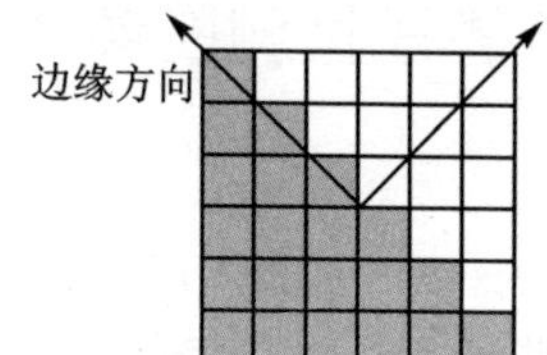

图 1.3-2 3×3 模板与梯度计算例子

2. 傅里叶变换与梯度的关系

傅里叶变换以前,图像是对连续空间进行采样得到的一系列点的集合,我们习惯用一个二维矩阵表示空间上的各点,则图像可由 $z=f(x,y)$ 来表示。由于空间是三维的,图像是二维的,因此,空间中物体在另一个维度上的关系就由梯度来表示,这样可以通过观察图像得知物体在三维空间中的对应关系。为什么要提梯度呢?因为实际上对图像进行二维傅里叶变换得到的频谱图,就是图像梯度的分布图,当然频谱图上的各点与图像上各点并不存在一一对应的关系,即使在不移频的情况下也是没有的。在傅里叶频谱图上看到的明暗不一的亮点,实际上是图像上某一点与邻域点差异的强弱,即梯度的大小,也即该点的频率大小(可以这么理解,图像中的低频部分指低梯度的点,高频部分相反)。一般来讲,梯度大则该点的亮度强,否则该点亮度弱。通过观察傅里叶变换后的频谱图,也称为功率图,我们首先就可以看出图像的能量分布,如果频谱图中暗的点数更多,那么实际图像是比较柔和的(因为各点与邻域差异都不大,梯度相对较小);反之,如果频谱图中亮的点数多,那么实际图像一定是尖锐的,边界分明且边界两边像素差异较大。

◆ **小试牛刀**

感兴趣的读者可以根据上面推导出的卷积核,利用基于二维卷积的方法,编程实现对图像的边缘检测。

此外,在 MATLAB 中也提供了相关的图像边缘检测的函数,其调用格式如下:

```
BW = edge(I,'sobel',thresh,direction)
BW = edge(I,'prewitt',thresh,direction)
BW = edge(I,'roberts',thresh)
```

其中,I 是输入的灰度图像,thresh 是阈值,direction 是方向。

经验分享 一阶边缘检测算子具有实现简单、运算速度快等特点,但受噪声的影响很大,不能准确地确定边缘的位置,造成这种情况的原因主要有:实际边缘灰度与理想边缘灰度值间存在差异,可能检测出多个边缘;算子尺度固定不利于检测出不同尺度的边缘。

1.3.2 运用二阶微分算子检测图像边缘

二阶微分边缘检测算子是利用图像在边缘处的阶跃性导致图像二阶微分在边缘处出现零值这一特性进行边缘检测的,因此,该方法也称为过零点算子和拉普拉斯算子。

对图像的二阶微分可以用拉普拉斯算子来表示:

$$\nabla^2 I = \frac{\partial^2 I}{\partial x^2} + \frac{\partial^2 I}{\partial y^2}$$

对$\nabla^2 I$的近似为:

$$\frac{\partial^2 I}{\partial x^2} = I(i,j+1) - 2(i,j) + I(i,j-1)$$

$$\frac{\partial^2 I}{\partial y^2} = I(i,j+1) - 2(i,j) + I(i-1,j)$$

$$\nabla^2 I = -4I(i,j) + I(i,j+1) + I(i,j-1) + I(i+1,j) + (i-1,j)$$

对于如图 1.3-2 所示的 3×3 范围的像元,中心像元的$\nabla^2 I$可近似为:

$$\nabla^2 I = -4a_8 + (a_1 + a_3 + a_5 + a_7)$$

其二阶微分模板为:

$$m = \begin{bmatrix} 0 & 1 & 0 \\ 1 & 4 & 1 \\ 0 & 1 & 0 \end{bmatrix}$$

虽然使用二阶微分算子检测边缘的方法简单,但它的缺点是对噪声十分敏感,同时也不能提供边缘的方向信息。为了实现对噪声的抑制,Marr 等提出了高斯拉普拉斯(Laplacian of Gaussian,LoG)的方法。

为了减少噪声对边缘的影响,首先图像要进行低通滤波平滑,LoG 方法采用了高斯函数作为低通滤波器。高斯函数为:

$$G(x,y) = \mathrm{e}^{-\frac{x^2+y^2}{2\sigma^2}}$$

式中,σ决定了对图像的平滑程度。高斯函数生成的滤波模板尺寸一般设定为6σ。使用高斯函数对图像进行滤波并对图像滤波后的结果进行二阶微分运算的过程,可以转换为先对高斯函数进行二阶微分,再利用高斯函数的二阶微分结果对图像进行卷积运算,该过程可用如下数学公式表示:

$$\nabla^2[I(x,y) \otimes G(x,y)] = \nabla^2 G(x,y) \otimes I(x,y)$$

$$\nabla^2 G(x,y) = \left(\frac{r^2-\sigma^2}{\sigma^4}\right)e^{-r^2/2\sigma^2}, \quad r^2 = x^2+y^2$$

LoG 算子的可视化剖面图如图 1.3-3 所示。由图 1.3-3 可以看出,LoG 算子是一带通滤波器。研究表明,$\nabla^2 G(x,y)$比较符合人的视觉特性。

图 1.3-3 LoG 算子的可视化剖面图

在实际应用中,可将$\nabla^2 G(x,y)$简化为:

$$\nabla^2 G(x,y) = K\left(2-\frac{x^2+y^2}{\sigma^2}\right)\cdot e^{-\frac{x^2+y^2}{2\sigma^2}}$$

在参数设计中,σ 取值较大时,趋于平滑图像;σ 较小时,则趋于锐化图像。通常应根据图像的特点并通过实验选择合适的 σ。$\nabla^2 G(x,y)$用 $N\times N$ 模板算子表示时,一般选择算子尺寸为 $N=(3\sim4)W$。K 的选取应使各阵元为正数且使所有阵元之和为零。

在这里,检测边界就是$\nabla^2 G(x,y)$的过零点,可用以下几种参数表示过零点处灰度变化的速率:

- 过零点处的斜率;
- 二次微分峰-峰差值;
- 二次微分峰-峰间曲线下面积绝对值之和。

边界点方向信息可由梯度算子给出。为减小计算量,在使用中可用高斯差分(Difference of Gaussian,DoG)算子代替$\nabla^2 G(x,y)$。

$$\mathrm{DoG}(\sigma_1,\sigma_2) = \frac{1}{\sqrt{2\pi}\sigma_1}\cdot e^{-\frac{x^2+y^2}{2\sigma^2}} - \frac{1}{\sqrt{2\pi}\sigma_2}\cdot e^{-\frac{x^2+y^2}{2\sigma^2}}$$

利用 LoG 算子进行边缘检测的步骤如下:

① 用拉普拉斯高斯滤波器对图像滤波,得到滤波图像。

② 对得到的图像进行过零检测,具体方法为:假定得到图像的一阶微分图像的每个像素为 $P[i,j]$,$L[i,j]$为其拉普拉斯值,P 和 L 的含义如图 1.3-4 所示。

③ 接下来按照下面的规则进行判断:

- 如果 $L[i,j]=0$,则看数对($L[i-1,j]$,$L[i+1,j]$)或($L[i,j-1]$,$L[i,j+1]$)中是否包含正负号相反的两个数。只要这两个数中有一个包含正负号相反的两个数,则 $P[i,j]$是零穿越。然后看 $P[i,j]$对应的一阶差分值是否大于一定的阈值,如果是,则 $P[i,j]$是边缘点,否则不是。

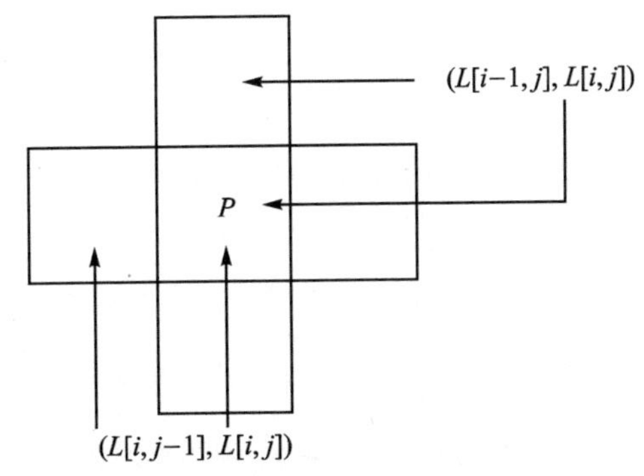

图 1.3-4　LoG 算子过零检测示意图

- 如果 $L[i,j]$不为零,则看 4 个数对($L[i,j]$,$L[i-1,j]$),($L[i,j]$,$L[i+1,j]$),($L[i,j]$,$L[i,j-1]$),($L[i,j]$,$L[i,j+1]$)中是否有包含正负号相反的值。如果有,那么在 $P[i,j]$附近有零穿越。然后看 $P[i,j]$对应的一阶差分值是否大于一定的阈值,如果是,则将 $P[i,j]$作为边缘点。

例程 1.3-1 是实现 LoG 算子检测边缘的 MATLAB 源程序代码,图 1.3-5 是其运行结果。

【例程 1.3-1】

```
function e = log_edge(a, sigma)
%功能:实现 LoG 算子提取边缘点
%输入:a-灰度图像          sigma-滤波器参数
%输出:e-边缘图像
%产生同样大小的边缘图像 e,初始化为 0
[m,n] = size(a);
e = repmat(logical(uint8(0)),m,n);
rr = 2:m-1;cc = 2:n-1;
%选择点数为奇数的滤波器的尺寸 fsize>6*sigma;
fsize = ceil(sigma*3)*2+1;
%产生 LoG 滤波器
op = fspecial('log',fsize,sigma);
%将 LoG 滤波器的均值变为 0
op = op - sum(op(:))/prod(size(op));
%利用 LoG 算子对图像滤波
b = filter2(op,a);
%设置过零检测的门限
%寻找滤波后的过零点,+-和-+表示水平方向从左到右和从右到左过零
%[+-]'和[-+]'表示垂直方向从上到下和从下到上过零
%这里我们选择边缘点为值为负的点
thresh = .75*mean2(abs(b(rr,cc)));
%[- +]的情况
[rx,cx] = find(b(rr,cc)<0&b(rr,cc+1)>0&abs(b(rr,cc)-b(rr,cc+1))>thresh)
e((rx+1)+cx*m) = 1;
```

```
%[-  +]的情况
[rx,cx] = find(b(rr,cc-1)>0&b(rr,cc)<0&abs(b(rr,cc-1) - b(rr,cc))>thresh)
e((rx+1) + cx*m) = 1;
%[-  +]的情况
[rx,cx] = find(b(rr,cc)<0&b(rr+1,cc)>0&abs(b(rr,cc) - b(rr+1,cc))>thresh)
e((rx+1) + cx*m) = 1;
%[-  +]的情况
[rx,cx] = find(b(rr-1,cc)>0&b(rr,cc)<0&abs(b(rr-1,cc) - b(rr,cc))>thresh)
e((rx+1) + cx*m) = 1;
%某些情况下LoG滤波结果可能正好为0,下面考虑这种情况:
%寻找滤波后的过零
%+0-和-0+表示水平方向从左到右和从右到左过零
%[+0-]'和[-0+]'表示垂直方向从上到下和从下到上过零
%边缘正好位于滤波值为零点上
[rz,cz] = find(b(rr,cc) == 0);
if~isempty(rz)
%零点的线性坐标
zero = (rz+1) + cz*m;
%[-0+]的情况
zz = find(b(zero-1)<0&b(zero+1)>0&abs(b(zero-1) - b(zero+1))>2*thresh);
e(zero(zz)) = 1;
%[+0-]'的情况
zz = find(b(zero-1)>0&b(zero+1)<0&abs(b(zero-1) - b(zero+1))>2*thresh);
e(zero(zz)) = 1;
%[-0+]的情况
zz = find(b(zero-m)<0&b(zero+m)>0&abs(b(zero-1) - b(zero+1))>2*thresh);
e(zero(zz)) = 1;
%[+0-]'的情况
zz = find(b(zero-m)>0&b(zero+m)<0&abs(b(zero-1) - b(zero+1))>2*thresh);
e(zero(zz)) = 1;
end
```


可以将高斯函数的二阶微分生成边缘检测模板,如5×5 LoG边缘检测模板为:

$$m = \begin{bmatrix} 0 & 0 & -1 & 0 & 0 \\ 0 & -1 & -2 & -1 & 0 \\ -1 & -2 & 16 & -2 & -1 \\ 0 & -1 & -2 & -1 & 0 \\ 0 & 0 & -1 & 0 & 0 \end{bmatrix}$$

◆小试牛刀

感兴趣的读者可以根据上述5×5 LoG边缘检测模板,利用二维卷积的方法编程实现对基于LoG算法的图像的边缘检测。

此外,在MATLAB中,也提供了相关的图像边缘检测的函数,其调用格式为:BW=edge(I,'log',thresh)。其中,I是输入的灰度图像,thresh是阈值。

经验分享 基于LoG算子的边缘提取的结果要优于Roberts算子和Sobel算子,特别是边缘比较完整,位置比较精确,抗噪声能力也较好。

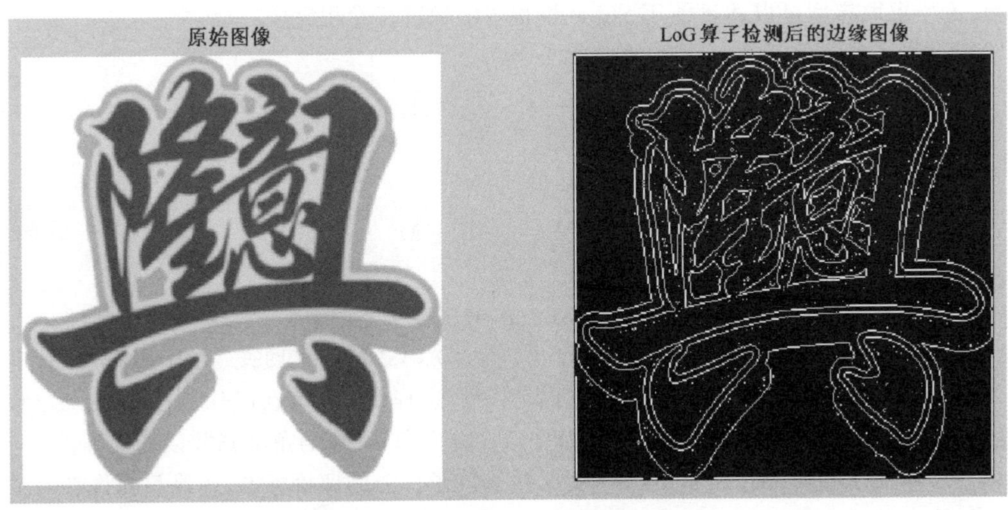

图 1.3-5　例程 1.3-1 的运行结果

1.3.3　基于 Canny 算子检测图像边缘

Canny 边缘检测算子是边缘检测算子中最常用的一种，也是公认的性能优良的边缘检测算子，它经常被其他算子引用作为标准算子进行优劣的对比分析。Canny 提出了边缘检测算子优劣评判的 3 条标准。

- 高的检测率。边缘检测算子应该只对边缘进行响应，检测算子不漏检任何边缘，也不应将非边缘标记为边缘。
- 精确的定位。检测到的边缘与实际边缘之间的距离要尽可能小。
- 明确的响应。对每一条边缘只有一次响应，只得到一个点。

Canny 边缘检测算子能满足上述 3 条评判标准，这也正是其优秀之处。虽然 Canny 算子也是一阶微分算子，但它对一阶微分算子进行了扩展：主要是在原一阶微分算子的基础上，增加了非最大值抑制和双阈值两项改进。利用非最大值抑制不仅可以有效地抑制多响应边缘，而且还可以提高边缘的定位精度；利用双阈值可以有效减少边缘的漏检率。

利用 Canny 算子进行边缘提取主要分 4 步进行：

① 去噪声。通常使用高斯函数对图像进行平滑滤波。为了提高运算效率，可以将高斯函数作成滤波模板，如使用 5×5 的模板（$\sigma \approx 1.4$）：

$$\frac{1}{159} \times \begin{bmatrix} 2 & 4 & 5 & 4 & 2 \\ 4 & 9 & 12 & 9 & 4 \\ 5 & 12 & 15 & 12 & 5 \\ 4 & 9 & 12 & 9 & 4 \\ 2 & 4 & 5 & 4 & 2 \end{bmatrix}$$

② 计算梯度值与方向角。分别求取去噪声后图像的在 x 方向和 y 方向的梯度 M_x

和 M_y。求取梯度可以通过使用 Sobel 模板与图像进行卷积完成：

$$M_x = \begin{bmatrix} -1 & 0 & +1 \\ -2 & 0 & +2 \\ -1 & 0 & +1 \end{bmatrix}, \quad M_y = \begin{bmatrix} -1 & -2 & -1 \\ 0 & 0 & 0 \\ +1 & +2 & +1 \end{bmatrix}$$

梯度值为：

$$|\Delta f| = \sqrt{M_x^2 + M_y^2}$$

梯度方向角：

$$\theta = \arctan(M_y/M_x)$$

将 0°～360°梯度方向角归并为 4 个方向 θ'：0°，45°，90°和 135°。对于所有边缘，定义方向 180°＝方向 0°，方向 225°＝方向 45°等，这样，方向角在[－22.5°～22.5°]和[157.5°～202.5°]范围内的角点都被归并到 0°方向角，其他的角度归并以此类推。

③ 非最大值抑制。根据 Canny 关于边缘算子性能的评价标准，边缘只允许有一个像元的宽度，但经过 Sobel 滤波后，图像中的边缘是粗细不一的。边缘的粗细主要取决于跨越边缘的密度分布和使用高斯滤波后图像的模糊程度。非最大值抑制就是将那些在梯度方向具有最大梯度值的像元作为边缘像元保留，将其他像元删除。梯度最大值通常出现在边缘的中心，随着沿梯度方向距离的增加，梯度值将随之减小。

这样，结合在步骤②得到的每个像元的梯度值和方向角，我们检查围绕点(x,y)的 3×3 范围内的像元：

- 如果 $\theta'(x,y)=0°$，那么，检查像元$(x+1,y)$、(x,y)和$(x-1,y)$；
- 如果 $\theta'(x,y)=90°$，那么，检查像元$(x,y+1)$、(x,y)和$(x,y-1)$；
- 如果 $\theta'(x,y)=45°$，那么，检查像元$(x+1,y+1)$、(x,y)和$(x-1,y-1)$；
- 如果 $\theta'(x,y)=135°$，那么，检查像元$(x+1,y-1)$、(x,y)和$(x-1,y+1)$。

比较被检查的三个像元梯度值的大小，如果点(x,y)的梯度值都大于其他两个点的梯度值，那么，点(x,y)就被认为是边缘中心点并被标记为边缘，否则，点(x,y)就不被认为是边缘中心点而被删除。

④ 滞后阈值化。由于噪声的影响，经常会在本应该连续的边缘出现断裂的问题。滞后阈值化设定两个阈值：一个为高阈值 t_{high}，另一个为低阈值 t_{low}。如果任何像素对边缘算子的影响超过高阈值，将这些像素标记为边缘；响应超过低阈值（高低阈值之间）的像素，如果与已经标为边缘的像素 1－邻接或 8－邻接，则将这些像素也标记为边缘。这个过程反复迭代，将剩下的孤立的响应超过低阈值的像素则视为噪声，不再标记为边缘。具体过程如下：

- 如果像元的梯度值小于 t_{low}，则像元(x,y)为非边缘像元；
- 如果像元(x,y)的梯度值大于 t_{high}，则像元(x,y)为边缘像元；
- 如果像元(x,y)的梯度值在 t_{low} 与 t_{high} 之间，需要进一步检查像元(x,y)的 3×3 邻域，看 3×3 邻域内像元的梯度是否大于 t_{high}，如果大于 t_{high}，则像元(x,y)为边缘像元；
- 如果在像元(x,y)的 3×3 邻域内，没有像元的梯度值大于 t_{high}，进一步扩大搜索范围到 5×5 邻域，看在 5×5 邻域内的像元是否存在梯度大于 t_{high}，如果有，则像元(x,y)为边缘像元(这一步可选)，否则，像元(x,y)为非边缘像元。

在步骤③的非最大值抑制过程中，上述方法采用了近似计算：将当前像元的梯度方向近似为 4 个方向，然后，将梯度方向对应到以当前点为中心的 3×3 邻域上，通过邻域上对角线方向三个像元梯度值的大小比较，判断是否为边缘点。这一近似方法的优点是计算速度快，但精度较差。为提高精度，可以采用双线性插值方法求取当前点在梯度方向上两边点的梯度值，然后再进行梯度值的比较，以确定当前点是否为边缘点。

例程 1.3-2 可实现基于 Canny 算子的边缘检测。

【例程 1.3-2】

```
% 读入图像
I = imread('circuit.tif');
% 进行边缘检测
BW1 = edge(I,'canny');
% 显示结果
subplot(1,2,1),imshow(I);
subplot(1,2,2),imshow(BW1);
```

例程 1.3-2 中的 cannyFindLocalMaxima 实现非极大抑制功能，其代码见例程 1.3-3。

【例程 1.3-3】

```
function idxLocalMax = cannyFindLocalMaxima(direction,ix,iy,mag);
%功能:实现非极大抑制功能
%输入:direction - 4 个方向              ix - 图像在 x 方向滤波结果
%        iy - 图像在 y 方向滤波结果          mag - 滤波幅度
[m,n,o] = size(mag);
%根据梯度幅度确定各点梯度的方向,并找出 4 个方向可能存在的边缘点的坐标
switch direction
    case 1
        idx = find((iy< = 0&ix> - iy)|(iy> = 0&ix< - iy));
    case 2
        idx = find((ix>0& - iy> = ix)|(ix<0& - iy< = ix));
    case 3
        idx = find((ix< = 0&ix>iy)|(ix> = 0&ix< - iy));
    case 4
        idx = find((iy<0&ix< = iy)|(iy>0&ix> = iy));
end
%去除图像边界以外点
if~isempty(idx)
    v = mod(idx,m);
    extIdx = find(v == 1|v == 0|idx< = m|idx>(n - 1) * m);
    idx(extIdx) = [];
end
%求出可能的边界点的滤波值
ixv = ix(idx);
iyv = iy(idx);
```

```
gradmag = mag(idx);
%计算4个方向的梯度幅度
switch direction
    case 1
        d = abs(iyv./ixv);
        gradmag1 = mag(idx + m).*(i - d) + mag(idx + m - 1).*d;
        gradmag2 = mag(idx - m).*(i - d) + mag(idx - m + 1).*d;
    case 2
        d = abs(ixv./iyv);
        gradmag1 = mag(idx + 1).*(i - d) + mag(idx + m - 1).*d;
        gradmag2 = mag(idx - 1).*(i - d) + mag(idx - m + 1).*d;
    case 3
        d = abs(ixv./iyv);
        gradmag1 = mag(idx - 1).*(i - d) + mag(idx - m - 1).*d;
        gradmag2 = mag(idx + 1).*(i - d) + mag(idx + m + 1).*d;
    case 4
        d = abs(iyv./ixv);
        gradmag1 = mag(idx - m).*(i - d) + mag(idx - m - 1).*d;
        gradmag2 = mag(idx + m).*(i - d) + mag(idx + m + 1).*d;
end
%进行非极大抑制
idxLocalMax = idx(gradmag> = gradmag1&gradmag> = gradmag2);
```

经验分享 Canny 算子采用了高斯函数对图像进行平滑处理,因此,具有较强的噪声抑制能力;同样,该算子也将一些高频边缘平滑掉,易造成边缘丢失。Canny 算子采用了双阈值算法检测和连接边缘,边缘的连续性较好。

在 MATLAB 中,也提供了相关的图像边缘检测的函数,其调用格式为:BW=edge(I,'canny',thresh)。其中,I 是输入的灰度图像,thresh 是阈值。

1.3.4 基于 SUSAN 特征检测算子的边缘提取

SUSAN 又称为最小核值相似区,是 Smallest Univalue Segment Assimilating Nucleus 的缩写,是由牛津大学的 Smith 等人提出的。SUSAN 使用一个原型模板和一个圆的中心点,通过圆中心点像元值与模板圆内其他像元值的比较,统计出与圆中心点像元值近似的像元数量,并与所设定的阈值进行比较,以确定是否是边缘。

定义一个半径为 3.4 个像元的圆,对于离散图像而言,这个圆共有 37 个像元。圆的中心像元称为模板的核(Nucleus),如图 1.3-6 所示,粗线包围的区域为离散圆。

在模板圆内,将与模板核像元值相似的像元数量或面积称为核值相似区(Univalue Segment Assimilating Nuceleus,USAN)面积,如图 1.3-7 所示,当模板圆在典型图像上移动时,在圆内,USAN 面积是完全不同的。当圆形模板完全处在图像或背景中时,USAN 区域面积最大;当模板移向图像边缘时,USAN 区域逐渐变小;当模板中心处于边缘时,USAN 区域很小;当模板中心处于角点时,USAN 区域最小。可以看出,在边缘处像素的 USAN 值都小于或等于其最大值的一半。因此,计算图像中每一个像素的

USAN 值，通过设定一个 USAN 阈值，查找小于阈值的像素点，即可确定为边缘点。

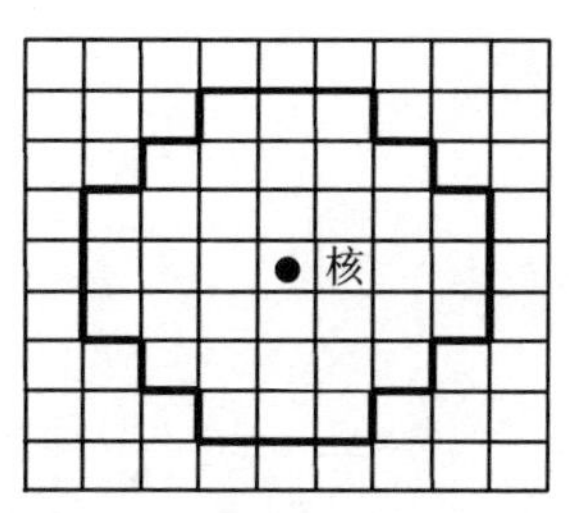

图 1.3-6　SUSAN 模板离散圆与核

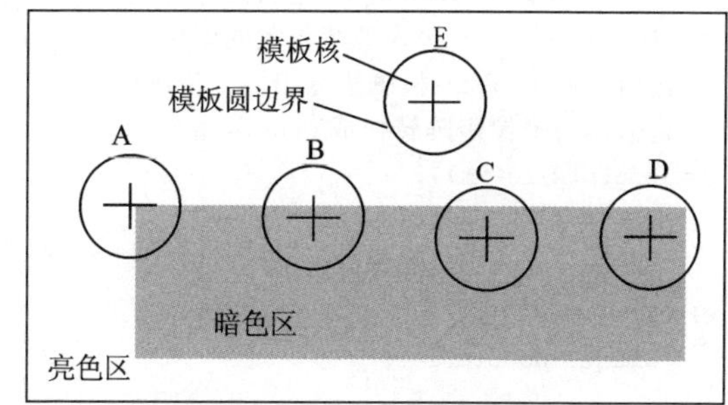

图 1.3-7　模型和模板核在典型图像不同位置的 USAN 变化

将圆形模板在被检测的图像上逐个像元移动，圆形模板内的像元值与核像元值进行比较。比较过程可用下式进行描述：

$$c(r,r_o)=\begin{cases}1,\text{如果}\ |I(r)-I(r_o)|\leqslant t\\0,\text{如果}\ |I(r)-I(r_o)|>t\end{cases}$$

式中，r_o表示模板核在二维图像中的位置，r 表示模板内其他任意位置。$I(r_o)$表示图像在 r_o初的像元值，$I(r)$表示图像在 r 处的像元值。t 为像元与其他像元相似度的阈值。当模板圆内的所有像元比较完成后，对结果 $c(r,r_o)$进行累加，即

$$n(r_o)=\sum_r c(r,r_o)$$

$n(r_o)$就是模板核在 r_o处模板内图像 USAN 的像元数量，也即是模板核在 r_o处图像USAN 的面积。

得到每个像素的 USAN 值 $n(r_o)$以后，再与预先设定的门限 g 进行比较。当得到 $n(r_o)<g$ 时，所检测到的像素位置 r_o可以认为是一个边缘点。

对于数字图像，实际上无法实现真正的圆形模板，所以都是采用近似圆代替。但是如果模板较小，或者门限选取不恰当，可能会发生边缘点漏检的情况。模板也不宜取得太大，否则会增大运算量大，通常可取 5×5 或 37 像素模板。

门限 g 决定了边缘点的 USAN 区域的最大值，即只要图像中的像素的 USAN 值小于 g，该点就被判定为边缘点。g 过大时，边缘点附近的像素可能作为边缘被提取出来，过小则会漏检部分边缘点。

经验分享　g 取 $0.75\times n_{max}$时(n_{max}为模板的最大 USAN 值)可以较好地提取出图像中的边缘点。

门限 t 表示所能检测边缘点的最小对比度，也是能忽略的噪声的最大容限。t 越小，可从对比度越低的图像中提取特征。因此，对于不同对比度和噪声情况的图像，应取不同的 t 值。

例程 1.3-4 可实现运用 SUSAN 算子进行边缘检测。

【例程 1.3-4】

```
function image_out = susan(im,threshold)
% 功能:实现运用 SUSAN 算子进行边缘检测
% 输入:image_in - 输入的待检测的图像          threshold - 阈值
% 输出:image_out - 检测边缘出的二值图像
% 将输入的图像矩阵转换成 double 型
d = length(size(im));
if d == 3
    image = double(rgb2gray(im));
elseif d == 2
    image = double(im);
end
% 建立 SUSAN 模板
mask = ([ 0 0 1 1 1 0 0 ;0 1 1 1 1 1 0;1 1 1 1 1 1 1;1 1 1 1 1 1 1;1 1 1 1 1 1 1;0 1 1 1 1 1 0;0
         0 1 1 1 0 0]);
R = zeros(size(image));
% 定义 USAN 区域
nmax = 3 * 37/4;
[a b] = size(image);
new = zeros(a + 7,b + 7);
[c d] = size(new);
new(4:c - 4,4:d - 4) = image;
for i = 4:c - 4
    for j = 4:d - 4
        current_image = new(i - 3:i + 3,j - 3:j + 3);
        current_masked_image = mask. * current_image;
% 调用 susan_threshold 函数进行阈值比较处理
        current_thresholded = susan_threshold(current_masked_image,threshold);
        g = sum(current_thresholded(:));
        if nmax<g
            R(i,j) = g - nmax;
        else
            R(i,j) = 0;
        end
    end
end
image_out = R(4:c - 4,4:d - 4);
```

例程1.3-4所调用的子函数 susan_threshold 的 MATLAB 源代码见例程1.3-5。

【例程 1.3-5】

```
function thresholded = susan_threshold(image,threshold)
% 功能:设定 SUSAN 算法的阈值
[a b] = size(image);
intensity_center = image((a + 1)/2,(b + 1)/2);
temp1 = (image - intensity_center)/threshold;
temp2 = temp1.^6;
thresholded = exp( - 1 * temp2);
```

例程 1.3-4 和例程 1.3-5 的运行结果如图 1.3-8 所示。

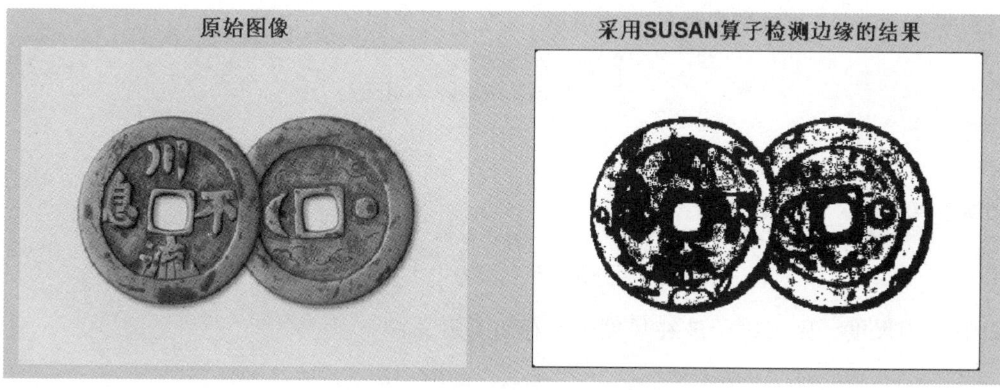

图 1.3-8 例程 1.3-4 和例程 1.3-5 的运行结果

基于 SUSAN 算子的边缘检测有如下优良性能。

① 抗噪声能力好：由于 USAN 的求和相当于求积分，所以这种算法对噪声不敏感，而且 SUSAN 算法不涉及梯度的计算，所以该算法抗噪声的性能很好。很明显，如果考虑有独立同分布的高斯噪声，只要噪声小于 USAN 函数的相似灰度门限值，噪声就可被忽略。对局部突变的孤立噪声，即使噪声的灰度与核相似，只要局部 USAN 值小于门限 g，也不会对边缘检测造成影响。因此，SUSAN 边缘检测算法可以用于被噪声污染的图像的边缘检测。

② 算法使用灵活：由于基于 SUSAN 算法的边缘检测使用了控制参数 t 和 g，因而可以根据具体情况很容易地对不同对比度、不同形状的图像通过设置恰当的 t 和 g 来进行控制。例如，图像的对比度较大，则可选取较大的 t 值；而图像的对比度较小，则可选取较小的 t 值。所以，这种算法非常适用于对某些低对比度图像或目标的识别。

③ 运算量小，速度快：对一幅 256×256 的图像，应用 SUSAN 算法进行计算，对每一点只需做 8 次加法运算，共需要做 256×256×8 次加法。而对于其他经典的边缘检测算法，如果采用欧式距离作为梯度算子，Sobel 算子采用两个 3×3 的模板，对每一点需要做 9 次加法、6 次乘法以及 1 次开方运算，则共需要做 256×256×9 次加法运算、256×256×6 次乘法运算以及 256×256 次开方运算。采用 Gauss-Laplace 算子、Priwitt 算子以及 Canny 算子进行边缘检测计算量就更大。

④ 可以检测边缘的方向信息：SUSAN 算法可以检测出边缘的方向信息。具体思想是：对每一个检测点计算模板内与该点灰度相似的像素集合的重心，检测点与该重心的连线的矢量垂直于这条边缘。

1.3.5 基于小波变换模极大值的边缘检测

小波变换的优点是在时域和频域都有良好的局部特性，这一点可以用来进行图像的边缘检测。小波变换在时空域中分辨率随频率的高低而相应调节：低频粗疏、高频精细，它具有可以聚焦到被测对象任意细节上的特点。

1. 基本原理

设 $\theta(x,y)$ 是一适当光滑的二元函数,满足下列条件:

$$\int_{-\infty}^{\infty}\int_{-\infty}^{\infty}\theta(x,y)\mathrm{d}x\mathrm{d}y = 1$$

$$\lim_{x^2+y^2\to\infty}\theta(x,y)\to 0$$

引入记号:

$$\theta_s(x,y) = \frac{1}{s^2}\theta\left(\frac{x}{s},\frac{y}{s}\right)$$

式中,s 为尺度。则二维子波在尺度 s 下有如下定义:

$$\psi_s^x(x,y) = \frac{\partial\theta_s(x,y)}{\partial x} = \frac{1}{s^2}\psi^x\left[\frac{x}{s},\frac{y}{s}\right]$$

$$\psi_s^y(x,y) = \frac{\partial\theta_s(x,y)}{\partial y} = \frac{1}{s^2}\psi^y\left[\frac{x}{s},\frac{y}{s}\right]$$

图像 $f(x,y)$ 经平滑函数 $\theta_s(x,y)$ 在尺度 s 作用下的二维二进小波变换有两个分量,分别如下:

$$\begin{bmatrix} w_{2^j}^x f(x,y) \\ w_{2^j}^y f(x,y) \end{bmatrix} = \begin{bmatrix} \frac{\partial}{\partial x}(f*\theta_{2^j})(x,y) \\ \frac{\partial}{\partial y}(f*\theta_{2^j})(x,y) \end{bmatrix} = 2^j\vec{\nabla}(f*\theta_{2^j})(x,y)$$

式中,$w_{2^j}^x f(x,y)$ 和 $w_{2^j}^y f(x,y)$ 分别表征了 $f*\theta_{2^j}(x,y)$ 沿水平方向和垂直方向的梯度矢量。向量 $\begin{bmatrix} w_{2^j}^x f \\ w_{2^j}^y f \end{bmatrix}$ 的模,取局部极大值的点对应了 $f*\theta_{2^j}(x,y)$ 相应位置的突变点或尖锐、陡峭变化的位置,其大小反映了该位置的灰度强度;梯度 $\vec{\nabla}(f*\theta_{2^j})(x,y)$ 对应于模极大值的点的方向。

模值和梯度方向可以分别表示为:

$$M_2^j f(x,y) = \sqrt{|w_{2^j}^x f(x,y)|^2 + |w_{2^j}^y f(x,y)|^2}$$

$$A_2^j f(x,y) = \arctan\frac{w_{2^j}^x f(x,y)}{w_{2^j}^y f(x,y)} \tag{1.3.2}$$

局部模极大值的产生就是沿着梯度方向,在某一范围内检测模值,是极大值的予以保留,非极大值的则被删除。

2. 具体实现步骤

① 对于原始图像进行二进离散平稳小波变换;

② 通过变换系数,得到图像的水平方向和垂直方向的小波变换系数 $w_{2^j}^x f(x,y)$ 和 $w_{2^j}^y f(x,y)$,由式(1.3.2)计算其小波变换的模值和梯度方向、$M_2^j f(x,y)$ 和 $A_2^j f(x,y)$;

③ 求局部模极大值。

基于小波变换模极大值的边缘检测的 MATLAB 源程序见例程 1.3-6,图 1.3-9

是其运行结果。

【例程 1.3-6】

```
clear all;
load wbarb;
I = ind2gray(X,map);imshow(I);
I1 = imadjust(I,stretchlim(I),[0,1]);figure;imshow(I1);
[N,M] = size(I);
h = [0.125,0.375,0.375,0.125];
g = [0.5, - 0.5];
delta = [1,0,0];
J = 3;
a(1:N,1:M,1,1:J + 1) = 0;
dx(1:N,1:M,1,1:J + 1) = 0;
dy(1:N,1:M,1,1:J + 1) = 0;
d(1:N,1:M,1,1:J + 1) = 0;
a(:,:,1,1) = conv2(h,h,I,'same');
dx(:,:,1,1) = conv2(delta,g,I,'same');
dy(:,:,1,1) = conv2(g,delta,I,'same');
x = dx(:,:,1,1);
y = dy(:,:,1,1);
d(:,:,1,1) = sqrt(x.^2 + y.^2);
I1 = imadjust(d(:,:,1,1),stretchlim(d(:,:,1,1)),[0 1]);figure;imshow(I1);
lh = length(h);
lg = length(g);
for j = 1:J + 1
  lhj = 2^j * (lh - 1) + 1;
  lgj = 2^j * (lg - 1) + 1;
  hj(1:lhj) = 0;
  gj(1:lgj) = 0;
  for n = 1:lh
    hj(2^j * (n - 1) + 1) = h(n);
  end
  for n = 1:lg
    gj(2^j * (n - 1) + 1) = g(n);
  end
  a(:,:,1,j + 1) = conv2(hj,hj,a(:,:,1,j),'same');
  dx(:,:,1,j + 1) = conv2(delta,gj,a(:,:,1,j),'same');
  dy(:,:,1,j + 1) = conv2(gj,delta,a(:,:,1,j),'same');
  x = dx(:,:,1,j + 1);
  y = dy(:,:,1,j + 1);
  dj(:,:,1,j + 1) = sqrt(x.^2 + y.^2);
  I1 = imadjust(dj(:,:,1,j + 1),stretchlim(dj(:,:,1,j + 1)),[0 1]);figure;imshow(I1);
end
```

输入的原始图像　　　　不同分辨率下的边缘检测效果

图 1.3-9　例程 1.3-6 的运行结果

1.3.6　基于二维有限冲击响应滤波器的特定角度边缘检测

在实际应用中，常常需要有目的地提取某种特定角度的边缘。本小节就介绍利用二维有限冲击响应滤波器对特定角度边缘进行检测的方法。数字滤波器根据其冲激响应函数的时域特性可以分为两种，即无限长冲激响应滤波器(IIR)和有限长冲激响应滤波器(FIR)。IIR 滤波器的特点是具有无限持续时间冲激响应，这种滤波器一般要通过递归模型来实现，因此，有时也称为递归滤波器。FIR 滤波器的冲击响应只能延续一段时间，在工程实际中可以采用递归的方式实现，也可以采用非递归的方式实现。

FIR 数字滤波器的冲击响应 $h(n)$ 的 z 变换为：

$$H(z)=\sum_{n=0}^{N=1}h(n)z^{-n}=h(0)+h(1)z^{-1}+\cdots+h(N-1)z^{-(N-1)}$$

由上式可知，$H(z)$ 是 z^{-1} 的 $N-1$ 次多项式，它在 z 平面内有 $N-1$ 个零点，在原点有 $N-1$ 个极点。

令 $z=\mathrm{e}^{\mathrm{j}\omega}$，可由 $H(z)$ 得到 FIR 滤波器的频率响应：

$$H(\mathrm{e}^{\mathrm{j}\omega})=H(z)\mid_{z=\mathrm{e}^{\mathrm{j}\omega}}=\sum_{n=0}^{N}h(n)\mathrm{e}^{\mathrm{j}\omega}=H(\omega)\mathrm{e}^{-\mathrm{j}\theta(\omega)}$$

式中，$H(\omega)$ 是 $H(\mathrm{e}^{\mathrm{j}\omega})$ 的幅度特性，$\theta(\omega)$ 是 $H(\mathrm{e}^{\mathrm{j}\omega})$ 的相位特性。

这里设计了两个不同的二维 FIR 滤波器的计算核，来获得图像右侧上方图像边缘和图像左侧上方图像边缘，其卷积核如下：

$$h_1=\begin{bmatrix}-1 & 0 & 0 & -1 & -1\\ 1 & 1 & 1 & 0 & 0\end{bmatrix}\qquad h_2=\begin{bmatrix}-1 & -1 & 0 & 0 & -1\\ 0 & 0 & 1 & 1 & 1\end{bmatrix}$$

例程 1.3-7 和例程 1.3-8 分别是利用有限冲击响应来提取不同方向边缘的 MATLAB 源程序,运行结果见图 1.3-10～图 1.3-12。

【例程 1.3-7】

```
% 输入图像,并将其转化成灰度图像
I = imread('qipan.jpg');
I = rgb2gray(I);
% 构造卷积核
F = [-1 0 0 -1 -1
     1 1 1 0  0];
% 进行卷积运算
A = conv2(double(I),double(F));
% 转换成 8 位无符号整型并显示
A = uint8(A);
imshow(A)
```

【例程 1.3-8】

```
% 输入图像,并将其转化成灰度图像
I = imread('qipan.jpg');
I = rgb2gray(I);
% 构造卷积核
F2 = [-1 -1 0 0 -1
      0  0 1 1  1];
% 进行卷积运算
A = conv2(double(I),double(F2));
% 转换成 8 位无符号整型并显示
A = uint8(A);
imshow(A)
```

图 1.3-10 输入的原始图像

图 1.3-11 例程 1.3-7 的运行结果

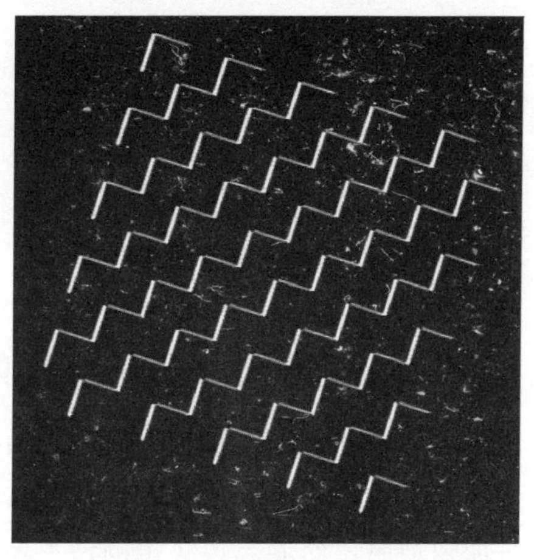

图 1.3-12 例程 1.3-8 的运行结果

运用与有限冲击响应卷积核相同的原理,可以检测任意角度的边缘,例程 1.3-9 为检测水平边缘、垂直边缘、±45°边缘直线的 MATLAB 源程序。

【例程 1.3-9】

```
function straightline(f)
% 功能:检测特定角度的边缘
% 输入:f-待检测的图像
f = im2double(f);
choice = 0;
% 构造卷积核
H = [-1 -1 -1; 2 2 2; -1 -1 -1];
V = [-1 2 -1; -1 2 -1; -1 2 -1];
P45 = [-1 -1 2; -1 2 -1;2 -1 -1];
M45 = [2 -1 -1; -1 2 -1; -1 -1 2];
while (choice~ = 5)
choice = input('1: Horizontal\n2: Vertical\n3: 45 Degree\n4: - 45 Degree\n5: Exit\n Enter your choice : ');
% 根据不同的要求与不同的卷积核进行滤波
switch choice
    case 1
        DH = imfilter(f,H);
        figure, imshow(f),title('Original Image'),figure,imshow(DH),
        title('Horizontal Line Detection');
    case 2
        DV = imfilter(f,V);
        figure, imshow(f),title('Original Image'),figure,imshow(DV),
        title('Vertical Line Detection');
    case 3
        D45 = imfilter(f,P45);
        figure, imshow(f),title('Original Image'),figure,imshow(D45),
        title('45 Degree Line Detection');
    case 4
        DM45 = imfilter(f,M45);
        figure, imshow(f),title('Original Image'),figure,imshow(DM45),
        title('- 45 Degree Line Detection');
    case 5
        display('Program Exited');
    otherwise
        display('\nWrong Choice\n');
    end
end
```

1.3.7 基于多尺度形态学梯度的边缘检测

许多常用的边缘检测算子,如Canny、Sobel算子等,通过计算图像中局部小区域的差分来实现边缘检测。这类边缘检测算子对噪声比较敏感,并且常常会在检测边缘的同时加强噪声。而形态边缘检测器主要利用形态梯度的概念,虽然对噪声也比较敏感,但不会加强或放大噪声。

单尺度形态学梯度定义为:

$$\mathrm{Grad}[f(x)] = (f \oplus g) - (f \Theta g)$$

式中,f 为原始图像,g 为结构元素。$f \oplus g$ 表示利用结构元素对输入图像 g 进行膨胀,

$f\Theta g$ 表示利用结构元素 g 对输入图像 f 进行腐蚀。

单尺度形态学梯度算子的性能取决于结构元素 g 的大小。如果 g 足够大,则对斜坡边缘来说,这个梯度算子的输出等于边缘高度。大的机构元素会造成边缘间严重地相互影响,这将导致梯度极大值与边缘不一致;然而,若结构元素过小,则梯度算子虽有高的分辨率,但对斜坡边缘会产生一个很小的输出结果。

为了利用大结构元素和小结构元素的各自优点,这里提出一种多尺度的形态学梯度算子。假设 $B_i(0\leqslant i\leqslant n)$ 为一组正方形的结构元素,B_i 的大小为 $(2i+1)\times(2i+1)$ 个像素点,则多尺度梯度定义为:

$$\mathrm{MG}(f)=\frac{1}{n}\times\sum_{i=0}^{n}[((f\oplus B_i)-(f\Theta B_i))\Theta B_{i-1}]$$

根据上述原理,采用灰度形态学膨胀和腐蚀,对图像进行单尺度和多尺度的形态学边缘检测的 MATLAB 源程序见例程 1.3－10,运行结果见图 1.3－13。

【例程 1.3－10】

```
% 读入并显示原始图像
I = imread('hehua.jpg');
grayI = rgb2gray(I);
figure,imshow(grayI)
% 利用单尺度形态学梯度进行边缘检测
se = strel('square',3);
grad = imdilate(grayI,se) - imerode(grayI,se);
figure,imshow(grad)
% 利用多尺度形态学梯度进行边缘检测
se1 = strel('square',1);
se2 = strel('square',3);
se3 = strel('square',5);
se4 = strel('square',7);
grad1 = imerode((imdilate(grayI,se2) - imerode(grayI,se2)),se1);
grad2 = imerode((imdilate(grayI,se3) - imerode(grayI,se3)),se2);
grad3 = imerode((imdilate(grayI,se4) - imerode(grayI,se4)),se3);
multiscaleGrad = (grad1 + grad2 + grad3)/3;
figure,imshow(multiscaleGrad)
```

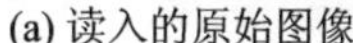

(a) 读入的原始图像

(b) 利用单尺度形态学梯度进行边缘检测的结果

(c) 利用多尺度形态学梯度进行边缘检测的结果

图 1.3－13　例程 1.3－10 的运行结果

一语中的　图像的边缘检测是使用数学方法提取图像像元中具有亮度值(灰度)空间方向梯度大的边、线特征的过程。

1.4　斑点特征检测

【温馨提示】　斑点是数字图像的主要特征，通过本节的介绍，读者应掌握LoG斑点、DoH斑点以及Gilles斑点的检测原理和实现步骤。

斑点检测(Blob Detection)是数字图像处理研究的重要内容，它是区域检测的一种特例，是许多特征生成、目标识别等方法的重要预处理环节。斑点通常是指与周围有着颜色和灰度差别的区域。在实际的数字图像中，往往存在着大量这样的斑点，例如：从远处看，一棵树是一个斑点，一块草地是一个斑点，一栋房子也可以是一个斑点。由于斑点代表的是一个区域，相比单纯的角点，它的稳定性要好，抗噪声能力要强。作为局部特征中的一个重要特例，斑点在图像配准和立体视觉中扮演着非常重要的角色。

1.4.1　勾画"LoG斑点"

利用高斯拉普拉斯(Laplace of Guassian，LoG)算子检测图像斑点是一种十分常用的方法。对于二维高斯函数：

$$g(x,y,\sigma)=\frac{1}{2\pi\sigma}e^{-\frac{(x^2+y^2)}{2\sigma}}$$

它的拉普拉斯变换为：

$$\Delta^2 g=\frac{\partial^2 g}{\partial x^2}+\frac{\partial^2 g}{\partial y^2}$$

规范化的高斯拉普拉斯变换为：

$$\Delta^2_{\text{norm}} g=\sigma^2\left(\frac{\partial^2 g}{\partial x^2}+\frac{\partial^2 g}{\partial y^2}\right)=\sigma^2\Delta^2 g$$

$$=-\frac{1}{\pi\sigma^2}\left[1-\frac{x^2+y^2}{2\sigma^2}\right]\cdot e^{-\frac{(x^2+y^2)}{2\sigma}}$$

如图1.4-1所示，规范化二维高斯拉普拉斯函数是圆对称函数，通过改变σ值，可以检测出不同尺寸的二维斑点。

> **经验分享**　图像与某一个二维函数进行卷积运算实际就是求取图像与这一函数的相似性。同理，图像与高斯拉普拉斯函数的卷积实际就是求取图像与高斯拉普拉斯函数的相似性。当图像中的斑点尺寸与高斯拉普拉斯函数的形状趋近一致时，图像的拉普拉斯响应达到最大。

由于规范化二维拉普拉斯函数为：

$$\Delta^2_{\text{norm}} g=-\frac{1}{\pi\sigma^2}\left[1-\frac{x^2+y^2}{2\sigma^2}\right]e^{-\frac{(x^2+y^2)}{2\sigma}}$$

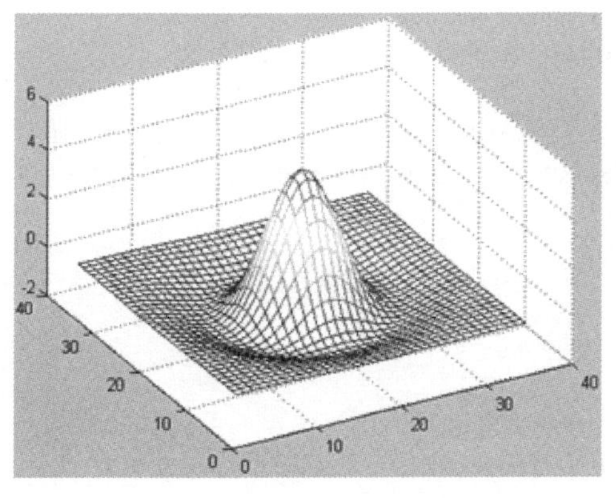

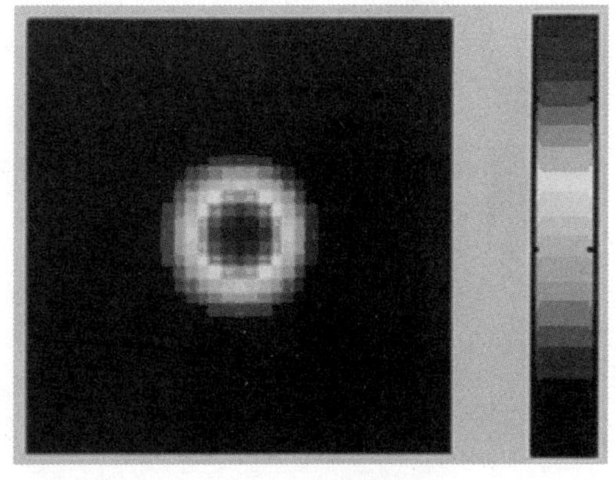

图 1.4-1　规范化二维高斯拉普拉斯函数的二维及三维视图

求 $\Delta_{\text{norm}}^2 g$ 的极点值等价于求取下式：

$$\frac{\partial(\Delta_{\text{norm}}^2 g)}{\partial\sigma} = 0$$

也即：

$$(x^2 + y^2 - 2\sigma^2) \cdot \mathrm{e}^{-\frac{(x^2+y^2)}{2\sigma}} = 0$$

$$r^2 - 2\sigma^2 = 0$$

对于图像中二值化的圆形斑点，在尺度 $\sigma = r/\sqrt{2}$ 时，高斯拉普拉斯响应值达到最大。同理，如果图像中的圆形斑点黑白反向，那么，它的高斯拉普拉斯响应值在尺度为 $\sigma = r/\sqrt{2}$ 时达到最小。将高斯拉普拉斯响应达到峰值时的尺度 σ 值，称为特征尺度。

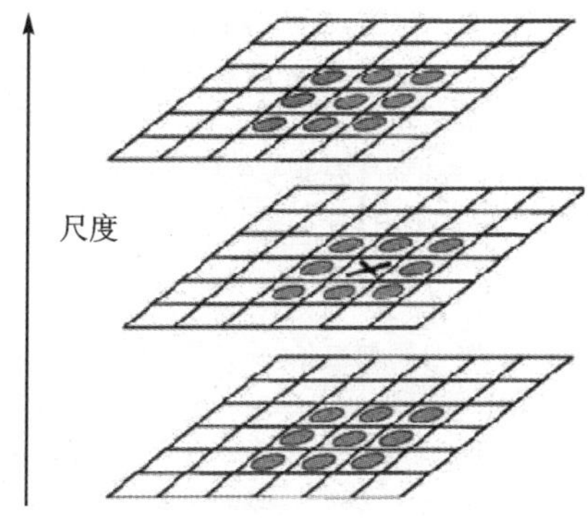

图 1.4-2　位置和尺寸空间中峰值点的搜索示意图

如前所述，同时在空间和尺度上达到最大值（或最小值）的点就是我们所期望的斑点。图 1.4-2 给出的是检测斑点的过程示意图。对于二维图像 $I(x,y)$，计算图像在不同尺度下的离散拉普拉斯响应值，然后，检查位置空间中的每个点；如果该点的拉普拉斯响应值都大于或小于其他 26 个立方空间邻域的值，那么，该点就是被检测到的图像斑点。上述寻找位置空间 $(\hat{x},\hat{y})$ 和尺度空间 $\hat{t}$ 的峰值可通过如下数学公式表示：

$$(\hat{x},\hat{y},\hat{t}) = \arg\max\min local_{(x,y;t)}(\Delta_{\text{norm}}^2 L(x,y,t))$$

例程 1.4-1 为检测 LoG 斑点的 MATLAB 源程序。

【例程 1.4-1】

```
function [points] = log_Blob(img,o_nb_blobs)
```

```
  % 功能：提取 LoG 斑点
  % 输入：img  - 输入的图像        o_nb_blobs - 需要检测的斑点区域的数量
  % 输出：points - 检测出的斑点
  % 参考文献：Lindeberg, T. Feature Detection with Automatic Scale Selection IEEE
              Transactions Pattern Analysis Machine Intelligence, 1998, 30, 77 - 116
  % 输入图像
  img = double(img(:,:,1));
  % 设定检测到斑点的数量
  if nargin == 1
      nb_blobs = 120;
  else
      nb_blobs = o_nb_blobs;
  end
  % 设定 LoG 参数
  sigma_begin = 2;
  sigma_end = 15;
  sigma_step = 1;
  sigma_array = sigma_begin:sigma_step:sigma_end;
  sigma_nb = numel(sigma_array);
  % 变量
  img_height = size(img,1);
  img_width = size(img,2);
  % 计算尺度规范化高斯拉普拉斯算子
  snlo = zeros(img_height,img_width,sigma_nb);
  for i = 1:sigma_nb
      sigma = sigma_array(i);
      snlo(:,:,i) = sigma * sigma * imfilter(img,fspecial('log', floor(6 * sigma + 1),
                                              sigma),'replicate');
  end
  % 搜索局部极值
  snlo_dil = imdilate(snlo,ones(3,3,3));
  blob_candidate_index = find(snlo == snlo_dil);
  blob_candidate_value = snlo(blob_candidate_index);
  [tmp,index] = sort(blob_candidate_value,'descend');
  blob_index = blob_candidate_index( index(1:min(nb_blobs,numel(index))) );
  [lig,col,sca] = ind2sub([img_height,img_width,sigma_nb],blob_index);
  points = [lig,col,3 * reshape(sigma_array(sca),[size(lig,1),1])];
end
```

通过例程 1.4-2 所示的 draw 函数可将检测出的斑点绘出。

【例程 1.4-2】

```
function draw(img,pt,str)
% 功能:在图像中绘制出特征点
% 输入：img  - 输入的图像        pt - 检测出的特征点的坐标        str - 在图上显示的名称
  figure('Name',str);
  imshow(img);
  hold on;
```

```
    axis off;
    switch size(pt,2)
        case 2
            s = 2;
            for i = 1:size(pt,1)
            rectangle('Position',[pt(i,2) - s,pt(i,1) - s,2 * s,2 * s],'Curvature',[0 0],
                      'EdgeColor','b','LineWidth',2);
            end
        case 3
            for i = 1:size(pt,1)
            rectangle('Position',[pt(i,2) - pt(i,3),pt(i,1) - pt(i,3),2 * pt(i,3),2 * pt
                      (i,3)],'Curvature',[1,1],'EdgeColor','w','LineWidth',2);
            end
    end
end
```

在 MATLAB 指令窗口中输入如下指令,便可得到如图 1.4-3 的运行结果。

```
img = imread('sunflower.jpg');
imshow(img)
pt = log_Blob(rgb2gray(img));
draw(img,pt,'LoG Lindeberg');
```

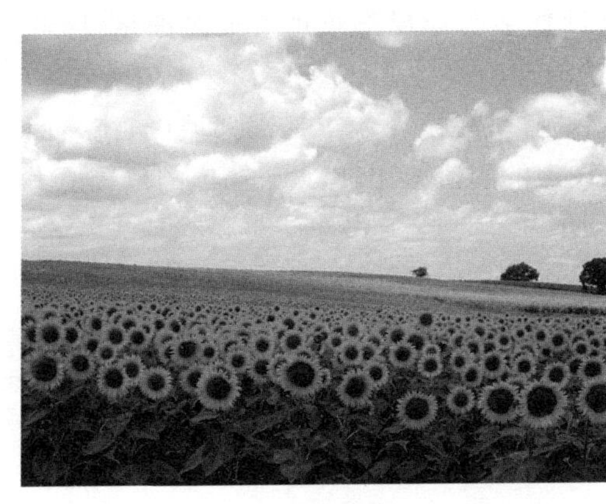

(a) 原始图像

(b) LoG斑点的检测结果

图 1.4-3 例程 1.4-1 与例程 1.4-2 的运行结果

1.4.2 描绘"DoH 斑点"

图像像素点的二阶微分 Hessian 矩阵为:

$$\boldsymbol{H}(L) = \begin{bmatrix} L_{xx} & L_{xy} \\ L_{xy} & L_{yy} \end{bmatrix}$$

它的行列式值为 DoH(Determinant of Hessian):

$$\det = \sigma^4 (L_{xx}(x,y,\sigma) L_{yy}(x,y,\sigma) - L_{xy}^2(x,y,\sigma))$$

与 LoG 算法一样, Hessian 矩阵行列式的值同样也反映了图像局部的结构信息。

与 LoG 算法相比,DoH 方法对图像中细长结构的斑点具有良好的抑制作用。

采用 DoH 方法对图像斑点进行检测,其步骤分为以下两步:

① 使用不同的 σ 生成 $\frac{\partial^2 g}{\partial x^2}$、$\frac{\partial^2 g}{\partial y^2}$、$\frac{\partial^2 g}{\partial x \partial y}$ 模板,并对图像进行卷积运算;

② 在图像的位置空间和尺度空间搜索 DoH 响应的峰值。

经验分享 尺度空间的斑点检测算法可以很好地检测出图像中不同尺寸的斑点,与此同时,它还可以通过控制特征检测算子响应阈值,对检测得到的斑点进行筛选。这样,可以很好地对图像中的噪声进行抑制,因为噪声往往是在很小的尺度上才出现,并且响应值比较小。

◆ **小试牛刀**

请读者根据上述提取 DoH 的步骤,自己编写提取 DoH 斑点的程序。

1.4.3 提取"Gilles 斑点"

Gilles 斑点检测是由牛津大学的 S. Gilles 博士于 1988 年在其博士学位论文《Robust Description and Matching of Images》中提出的,该检测算法基于图像的局部纹理特征对斑点进行检测。图像的局部熵值是衡量数字图像局部纹理特征的度量,因此 Gilles 斑点检测的核心思想是:求待检测图像的局部熵值之后,检测其局部极值。

Gilles 斑点检测的具体步骤如下:建立圆形掩模;在图像中求局部邻域(与掩模区域大小相同)的熵值;求局部熵的局部极值;与设定的阈值相比较,大于阈值的位置便为所要检测的 Gilles 斑点的位置。

例程 1.4-3 为检测 Gilles 斑点的 MATLAB 程序。

【例程 1.4-3】

```
function points = gilles(im,o_radius)
    % 功能:提取 Gilles 斑点
    % 输入:im  - 输入的图像          o_radius - 斑点检测半径(可选)
    % 输出:points - 检测出的斑点
    % 参考文献:S. Gilles, Robust Description and Matching of Images. PhD thesis,Oxford
              University, Ph.D. thesis, Oxford University, 1988.
    im = im(:,:,1);
    % 变量
    if nargin == 1
        radius = 10;
    else
        radius = o_radius;
    end
    % 建立掩模(mask)区域
    mask = fspecial('disk',radius)>0;
    % 计算掩模区域的局部熵值
    loc_ent = entropyfilt(im,mask);
    % 寻找局部最值
```

```
    [l,c,tmp] = findLocalMaximum(loc_ent,radius);
    % 超过阈值的斑点确定为所要提取的斑点
    [l,c] = find(tmp>0.95 * max(tmp(:)));
    points = [l,c,repmat(radius,[size(l,1),1])];
end
```

在 MATLAB 指令窗口中输入如下指令，便可得到如图 1.4-4 所示的运行结果。

```
img = imread('patrol.jpg');
pt = gilles(rgb2gray(img));
draw(img,pt,'Gilles');
```

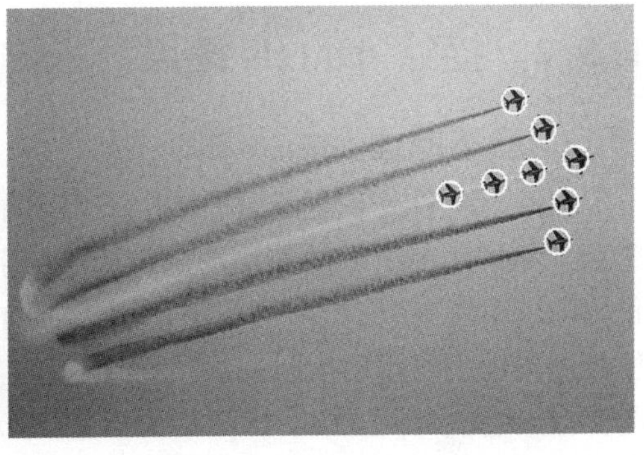

图 1.4-4 例程 1.4-3 的运行结果

一语中的 对图像中斑点检测的步骤主要分为两大部分：一是生成掩模，对图像进行卷积运算；二是搜索局部响应的峰值。

1.5 角点特征检测

【温馨提示】 角点检测是计算机视觉和数字图像处理领域中常用的一种算子。通过本节的介绍，读者应主要掌握 Harris 角点检测的基本原理、主要特点和实现步骤。

1.5.1 何谓"角点"

现实生活中的道路和房屋的拐角、道路十字交叉口和丁字路口等体现在图像中，就是图像的角点。对角点可以从两个不同的角度定义：角点是两个边缘的交点；角点是邻域内具有两个主方向的特征点。角点所在的邻域通常也是图像中稳定的、信息丰富的区域，这些领域可能具有某些特性，如旋转不变性、尺度不变性、仿射不变性和光照亮度不变性。因此，在计算机视觉和数字图像领域，研究角点具有重要的意义。

从 20 世纪 70 年代至今，许多学者对图像的角点检测进行了大量的研究。这些方法主要分为两类：基于图像边缘的检测方法和基于图像灰度的检测方法。前者往往需要对图像边缘进行编码，这在很大程度上依赖于图像的分割和边缘提取，具有较大的计算量，一旦待检测目标局部发生变化，很可能导致操作失败。早期主要有 Rosenfeld 和 Freeman 等人的方法，后期有曲率尺度空间（CCS）等方法。基于图像灰度的方法通过计算点的曲率及梯度来检测角点,避免了第一类方法存在的缺陷,是目前研究的重点。此类方法主要有 Moravec 算子、Forstner 算子、Harris 算子、SUSAN 算子等。

评价角点检测算法性能优劣主要从以下 5 个方面来考虑。

① 准确性:即使很细小的角点,算法也可以检测到;

② 定位性:检测到的角点应尽可能地接近它们在图像中的真实位置;

③ 稳定性:对相同场景拍摄的多幅图片,每一个角点的位置都不应该移动;

④ 实时性:角点检测算法的计算量越小、运行速度越快越好;

⑤ 鲁棒性:对噪声具有抗干扰性。

1.5.2 描绘“Harris 角点”

1. 基本原理

人眼对角点的识别通常是在一个局部的小区域或小窗口完成的,如图 1.5-1(a)所示。如果在各个方向上移动这个特定的小窗口,窗口内区域的灰度发生了较大的变化,那么就认为在窗口内遇到了角点,如图 1.5-1(b)所示。如果这个特定的窗口在图像各个方向上移动时,窗口内图像的灰度没有发生变化,那么窗口内就不存在角点,如图 1.5-1(c)所示。如果窗口在某一个(些)方向移动时,窗口内图像的灰度发生了较大的变化,而在另一些方向上没有发生变化,那么,窗口内的图像可能就是一条直线的线段,如图 1.5-1(d)所示。

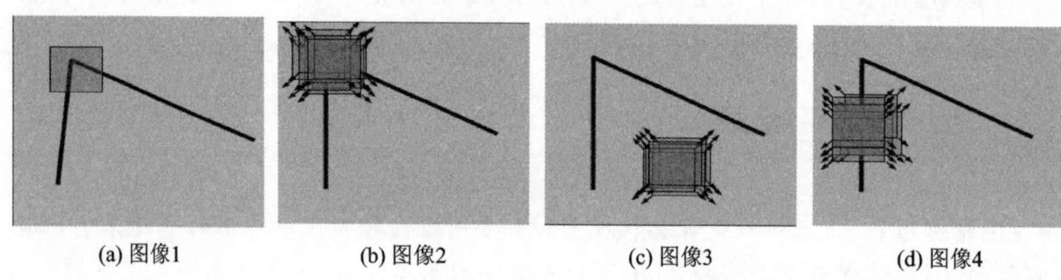

(a) 图像1　(b) 图像2　(c) 图像3　(d) 图像4

图 1.5-1 窗口、窗口的移动与角点检测

对于图像 $I(x,y)$,在点 (x,y) 处平移 $(\Delta x,\Delta y)$ 后的自相似性可以通过自相关函数给出:

$$c(x,y,\Delta x,\Delta y)=\sum_{(u,v)\in W(x,y)} w(u,v)(I(u,v)-I(u+\Delta x,v+\Delta y))^2 \quad (1.5.1)$$

式中,$W(x,y)$ 是以点 (x,y) 为中心的窗口;$w(u,v)$ 为加权函数,它既可以是常数,也可以是高斯加权函数,如图 1.5-2 所示。

根据泰勒展开,对图像 $I(x,y)$ 在平移 $(\Delta x,\Delta y)$ 后进行一阶近似:

$$\begin{aligned} I(u+\Delta x,v+\Delta y) &\approx I(u,v)+I_x(u,v)\Delta x+I_y(u,v)\Delta y \\ &=(u,v)+[I_x(u,v),I_y(u,v)]\begin{bmatrix}\Delta x\\ \Delta y\end{bmatrix} \end{aligned} \quad (1.5.2)$$

式中,I_x、I_y 是图像 $I(x,y)$ 的偏导数。这样,式(1.5.1)可以近似为:

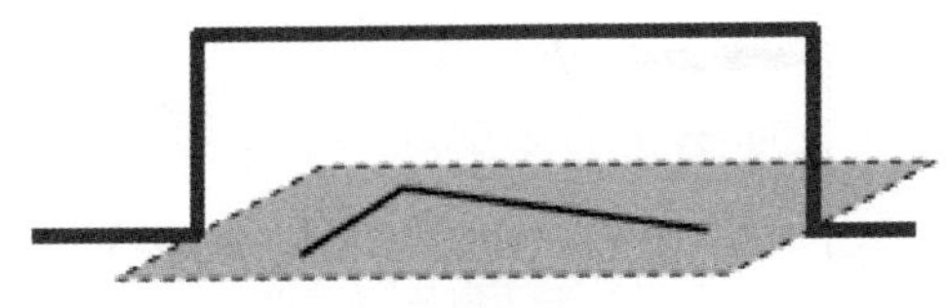
(a) 常数加权函数

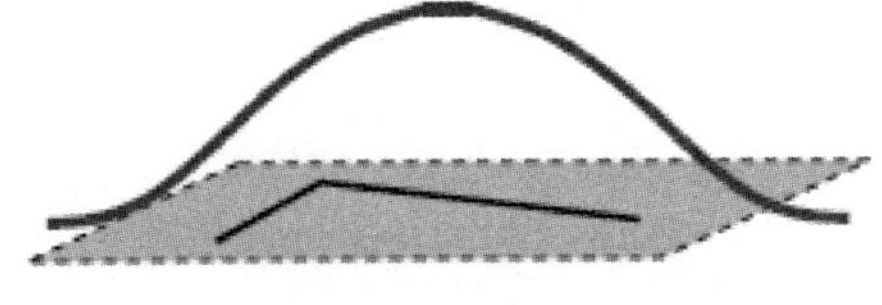
(b) 高斯加权函数

图 1.5-2　加权函数

$$\begin{aligned} c(x,y;\Delta x,\Delta y) &= \sum_{w}(I(u,v)-I(u+\Delta x,v+\Delta y))^2 \\ &\approx \sum_{w}\left(\begin{bmatrix} I_x(u,v) I_y(u,v)\end{bmatrix}\begin{bmatrix}\Delta x\\ \Delta y\end{bmatrix}\right)^2 \\ &= \begin{bmatrix}\Delta x & \Delta y\end{bmatrix}\boldsymbol{M}(x,y)\begin{bmatrix}\Delta x\\ \Delta y\end{bmatrix} \end{aligned} \tag{1.5.3}$$

式中，

$$\begin{aligned} \boldsymbol{M}(x,y) &= \sum_{w}\begin{bmatrix} I_x(u,v)^2 & I_x(u,v)I_y(u,v) \\ I_x(u,v)I_y(u,v) & I_y(u,v)^2 \end{bmatrix} \\ &= \begin{bmatrix} \sum_{w} I_x(u,v)^2 & \sum_{w} I_x(u,v)I_y(u,v) \\ \sum_{w} I_x(u,v)I_y(u,v) & \sum_{w} I_y(u,v)^2 \end{bmatrix} \\ &= \begin{bmatrix} \boldsymbol{A} & \boldsymbol{C} \\ \boldsymbol{C} & \boldsymbol{B} \end{bmatrix} \end{aligned} \tag{1.5.4}$$

也就是说图像 $I(x,y)$ 在点 (x,y) 处平移 $(\Delta x,\Delta y)$ 后的自相关函数可以近似为二次项函数：

$$c(x,y;\Delta x,\Delta y) \approx \begin{bmatrix}\Delta x & \Delta y\end{bmatrix}\boldsymbol{M}(x,y)\begin{bmatrix}\Delta x\\ \Delta y\end{bmatrix} \tag{1.5.5}$$

二次项函数本质上是一个椭圆函数，如图 1.5-3 所示。椭圆的扁率和尺寸由 $\boldsymbol{M}(x,y)$ 的特征值 λ_1、λ_2 决定，椭圆的方向由 $\boldsymbol{M}(x,y)$ 的特征矢量决定，椭圆的方程式为：

$$\begin{bmatrix}\Delta x & \Delta y\end{bmatrix}\boldsymbol{M}(x,y)\begin{bmatrix}\Delta x\\ \Delta y\end{bmatrix} = 1 \tag{1.5.6}$$

图 1.5-4 是二次项函数的特征值与图像中的角点、直线（边缘）和平面之间的关系，可分为 3 种情况：

① 图像中的直线。一个特征值大，另一个特征值小，即 $\lambda_1 \gg \lambda_2$ 或 $\lambda_1 \ll \lambda_2$；自相关函数值在某一方向上大，在其他方向上小。

② 图像中的平面。两个特征值都小，且近似相等；自相关函数值在各个方向上都小。

③ 图像中的角点。两个特征值都大，且近似相等；自相关函数在所有方向上都增大。

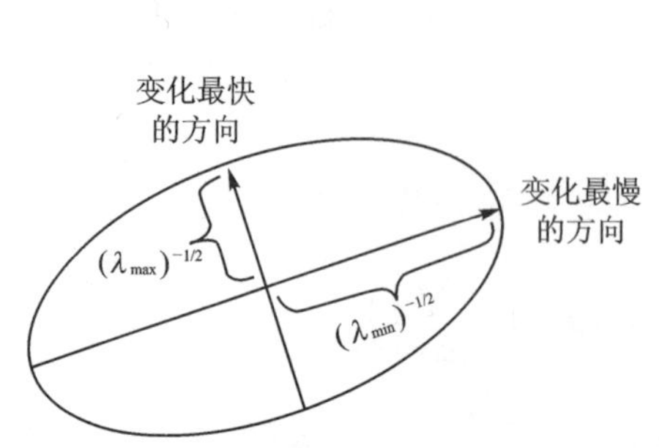

图 1.5-3 二次项特征值与椭圆变化的关系

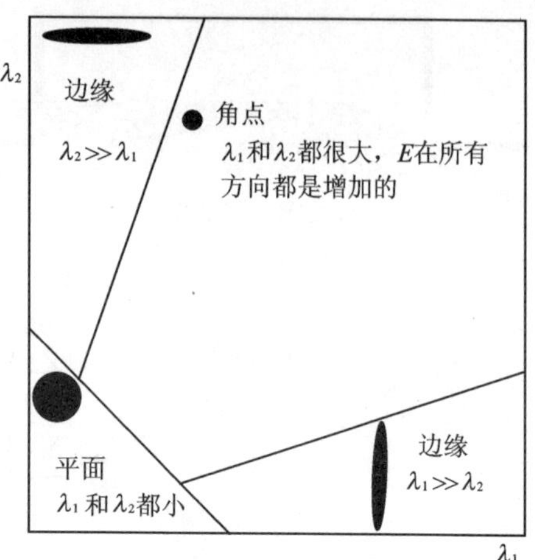

图 1.5-4 特征值与图像中点线面之间的关系

根据二次项函数特征值的计算方法，可以求式(1.5.4)的特征值。但是 Harris 给出的角点判别方法并不需要计算具体的特征值，而是计算一个角点响应值 $\boldsymbol{R}$ 来判断角点。$\boldsymbol{R}$ 的计算公式为：

$$\boldsymbol{R} = \det \boldsymbol{M} - \alpha(\mathrm{trace}\ \boldsymbol{M})^2 \tag{1.5.7}$$

式中，$\det \boldsymbol{M}$ 为矩阵 $\boldsymbol{M}(x,y)=\begin{bmatrix}\boldsymbol{A} & \boldsymbol{B}\\ \boldsymbol{B} & \boldsymbol{C}\end{bmatrix}$ 的行列式；$\mathrm{trace}\ \boldsymbol{M}$ 为矩阵 $\boldsymbol{M}$ 的直迹；α 为经验常数，取值范围 0.04～0.06。事实上，特征值是隐含在 $\det \boldsymbol{M}$ 和 $\mathrm{trace}\ \boldsymbol{M}$ 中，因为：

$$\begin{aligned}\det \boldsymbol{M} &= \lambda_1\lambda_2 = \boldsymbol{AC} - \boldsymbol{B}^2\\ \mathrm{trace}\ \boldsymbol{M} &= \lambda_1 + \lambda_2 = \boldsymbol{A} + \boldsymbol{C}\end{aligned} \tag{1.5.8}$$

2. 具体步骤

根据上述讨论，可以将图像 Harris 角点的检测算法实现步骤归纳如下。

① 计算图像 $I(x,y)$ 在 x 和 y 两个方向的梯度 I_x、I_y：

$$I_x = \frac{\partial I}{\partial x} = I \otimes (-1\ 0\ 1),\ I_y = \frac{\partial I}{\partial y} = I \otimes (-1\ 0\ 1)^{\mathrm{T}}$$

② 计算图像两个方向梯度的乘积：

$$I_x^2 = I_x \cdot I_x \qquad I_y^2 = I_y \cdot I_y \qquad I_{xy} = I_x \cdot I_y$$

③ 使用高斯函数对 I_x^2、I_y^2 和 I_{xy} 进行高斯加权，生成矩阵 $\boldsymbol{M}$ 的元素 $\boldsymbol{A}$、$\boldsymbol{B}$、$\boldsymbol{C}$：

$$\boldsymbol{A} = g(I_x^2) = I_x^2 \otimes w \qquad \boldsymbol{B} = g(I_y^2) = I_y^2 \otimes w \qquad \boldsymbol{C} = g(I_{xy}) = I_{xy} \otimes w$$

④ 计算每个像元的 Harris 响应值 $\boldsymbol{R}$，并对小于某一阈值的 $\boldsymbol{R}$ 置为零：

$$\boldsymbol{R} = \{\boldsymbol{R}: \det \boldsymbol{M} - \alpha(\mathrm{trace}\ \boldsymbol{M})^2 < t\}$$

⑤ 在 3×3 或 5×5 的邻域内进行非极大值抑制，局部极大值点即为图像中的角点。

3. Harris 角点的性质

(1) 参数 α 对角点检测的影响

假设已经得到了式(1.5.4)所示矩阵 $\boldsymbol{M}$ 的特征值 $\lambda_1 \geqslant \lambda_2 \geqslant 0$，令 $\lambda_1 = \lambda, \lambda_2 = k\lambda, 0 \leqslant k \leqslant 1$。由特征值与矩阵 $\boldsymbol{M}$ 的直迹和行列式的关系可得：

$$\det \boldsymbol{M} = \prod_i \lambda_i \qquad \operatorname{trace} \boldsymbol{M} = \sum_i \lambda_i \tag{1.5.9}$$

由式(1.5.9)可得：

$$R = \lambda_1\lambda_2 - \alpha(\lambda_1 + \lambda_2)^2 = \lambda^2(k - \alpha(1+k)^2) \tag{1.5.10}$$

假设 $R \geqslant 0$，则有：

$$0 \leqslant \alpha \leqslant \frac{k}{(1+k)^2} \leqslant 0.25$$

对于较小的 k 值，$R \approx \lambda^2(k-\alpha), \alpha < k$。

由此，可以得出这样的结论：增大 α 值，将减小角点响应值 R，降低角点检测的灵敏性，减少被检测角点的数量；减小 α 值，将增大角点响应值 R，增加角点检测的灵敏性，增加被检测角点的数量。

(2) Harris 角点检测算子对亮度和对比度的变化不敏感

Harris 角点检测算子对图像亮度和对比度的变化不敏感，如图 1.5-5 所示。这是因为在进行 Harris 角点检测时，使用了微分算子对图像进行微分运算，而微分运算对图像密度的拉升或收缩和对亮度的抬高或下降不敏感。换言之，对亮度和对比度的仿射变换并不改变 Harris 响应的极值点出现的位置，但是，由于阈值的选择，可能会影响检测角点的数量。

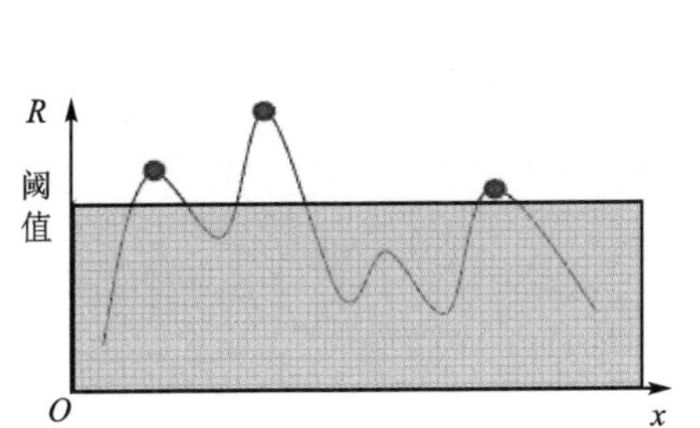

(a) 亮度：*I*=*I*+*b*的变化不影响响应值*R*的峰值位置和个数

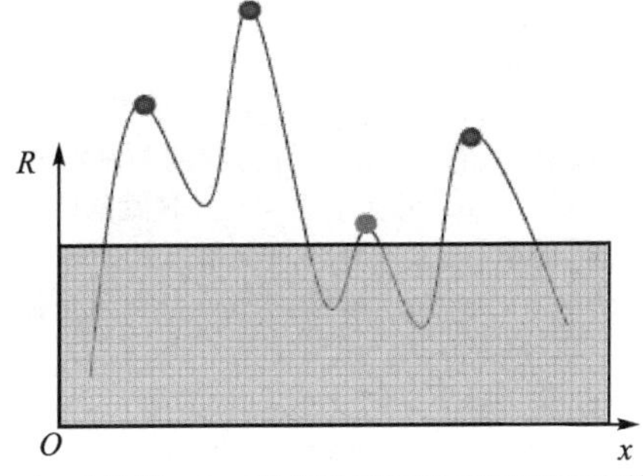

(b) 对比度：*I*=*aI* 的变化不影响*R*的位置和个数

图 1.5-5　亮度和对比度的变化对 Harris 检测算子的影响

(3) Harris 角点检测算子具有旋转不变性

Harris 角点检测算子使用的是角点附近区域灰度二阶矩矩阵。而二阶矩矩阵可以表示成一个椭圆，椭圆的长短轴正是二阶矩矩阵特征值平方根的倒数值。如图 1.5-6 所示，当特征椭圆转动时，特征值并不发生变化，判断角点的响应值 R 也不发生变化，由此说明 Harris 角点检测算子具有旋转不变性。

(4) Harris 角点检测算子不具有尺度不变性

如图 1.5-7 所示，当右图被缩小时，在检测窗口尺寸不变的前提下，在窗口内所包含图像的内容是完全不同的。左侧的图像可能被检测为边缘或曲线，而右侧的图像则可能被检测为一个角点。

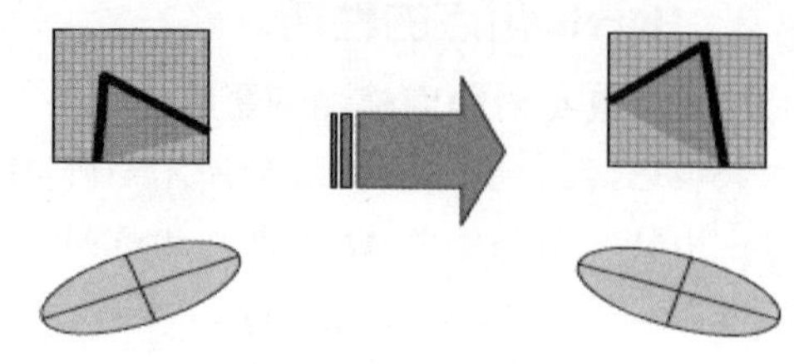

图 1.5-6　角点与特征椭圆

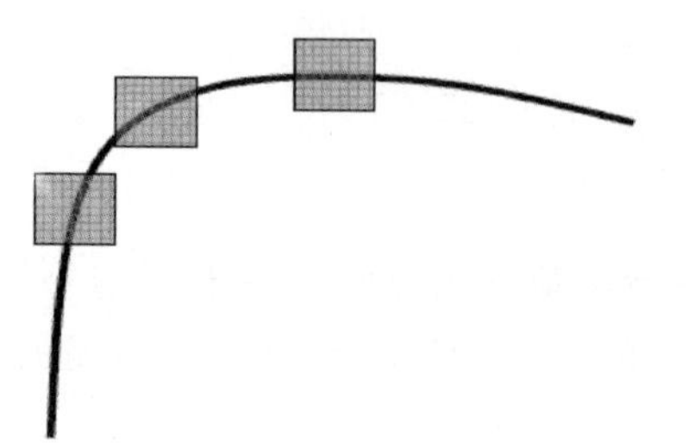

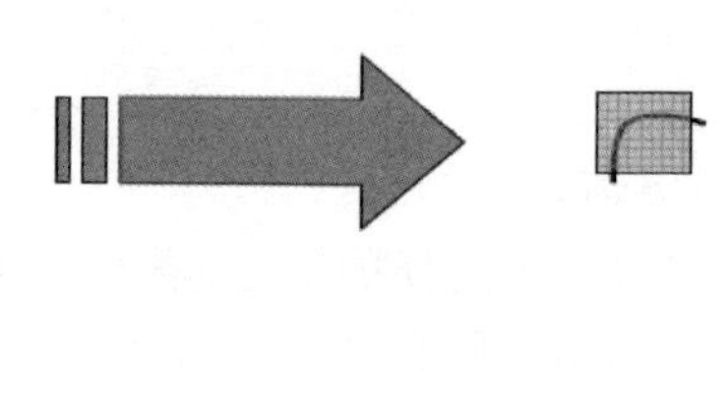

图 1.5-7　尺度的变化对 Harris 角点检测算子的影响

1.5.3　例程一点通

例程 1.5-1 是对图像进行 Harris 角点检测的 MATLAB 源代码，图 1.5-8 是其运行结果。

【例程 1.5-1】

```
function [posr, posc] = Harris1(in_image,a)
% 功能:检测图像的 Harris 角点
% 输入:in_image - 待检测的 RGB 图像数组
%       a - 角点参数响应,取值范围为:0.04～0.06
% 输出:posr - 所检测出角点的行坐标向量
%       posc - 所检测出角点的列坐标向量

% 将 RGB 图像转化成灰度图像
in_image = rgb2gray(in_image);
% unit8 型转化为双精度 double64 型
ori_im = double(in_image);
%%%%%%计算图像在 x、y 两个方向的梯度%%%%%%
% x 方向梯度算子模板
fx = [-1 0 1];
% x 方向滤波
Ix = filter2(fx,ori_im);
% y 方向梯度算子
fy = [-1;0;1];
% y 方向滤波
Iy = filter2(fy,ori_im);
```

```
%%%%%%计算两个方向的梯度乘积%%%%%%
Ix2 = Ix.^2;
Iy2 = Iy.^2;
Ixy = Ix. * Iy;
%%%%%%使用高斯函数对梯度乘积进行加权%%%%%%
% 产生 7 * 7 的高斯窗函数,sigma = 2
h= fspecial('gaussian',[7 7],2);
Ix2 = filter2(h,Ix2);
Iy2 = filter2(h,Iy2);
Ixy = filter2(h,Ixy);
%%%%%%计算每个像元的 Harris 响应值%%%%%%
[height,width] = size(ori_im);
R = zeros(height,width);
% 像素(i,j)处的 Harris 响应值
for i = 1:height
    for j = 1:width
        M = [Ix2(i,j) Ixy(i,j);Ixy(i,j) Iy2(i,j)];
        R(i,j) = det(M) - a * (trace(M))^2;
    end
end
%%%%%%去掉小于阈值的 Harris 响应值%%%%%%
Rmax = max(max(R));
%  阈值
t = 0.01 *  Rmax;
for i = 1:height
for j = 1:width
if R(i,j)<t
  R(i,j)  =  0;
  end
end
end
%%%%%%进行 3×3 邻域非极大值抑制%%%%%%
% 进行非极大抑制,窗口大小 3×3
corner_peaks = imregionalmax(R);
countnum = sum(sum(corner_peaks));
%%%%%%显示所提取的 Harris 角点%%%%%%
% posr 是用于存放行坐标的向量
[posr, posc] = find(corner_peaks == 1);
% posc 是用于存放列坐标的向量
figure
imshow(in_image)
hold on
for i = 1 : length(posr)
    plot(posc(i),posr(i),'r + ');
end
```

在 MATLAB 7.10.0 版本中,可以调用 C=cornermetric(I,'Harris')来检测图像的Harris角点特征。其中,I 为输入的灰度图像矩阵;C 为角点量度矩阵,用来探测图像 I 中的角点信息,并与 I 同尺寸,C 的值越大表示图像 I 中的像素越有可能是一个角点。

图1.5-8 例程1.5-1对输入图像进行Harris角点检测的结果

例程1.5-2是通过调用cornermetric函数对图像进行Harris角点检测的MATLAB源代码,运行结果见图1.5-9。

【例程1.5-2】

```
%%%%%%读入图像并显示%%%%%%
I = imread('hua.jpg');
%将RGB图像转换成灰度图像
I = rgb2gray(I);
 subplot(1,3,1);
 imshow(I);
 title('输入图像');
%%%%%%生成角点度量矩阵并进行调整%%%%%%
%生成角点度量矩阵
C = cornermetric(I,'Harris');
C_adjusted = imadjust(C);
subplot(1,3,2);
imshow(C_adjusted);
title('角点矩阵');
%%%%%%寻找并显示Harris角点%%%%%%
corner_peaks = imregionalmax(C);
corner_idx = find(corner_peaks == true);
[r g b] = deal(I);
r(corner_idx) = 255;
g(corner_idx) = 255;
b(corner_idx) = 0;
RGB = cat(3,r,g,b);
```

```
subplot(1,3,3);
imshow(RGB);
title('检测出的Harris角点');
```

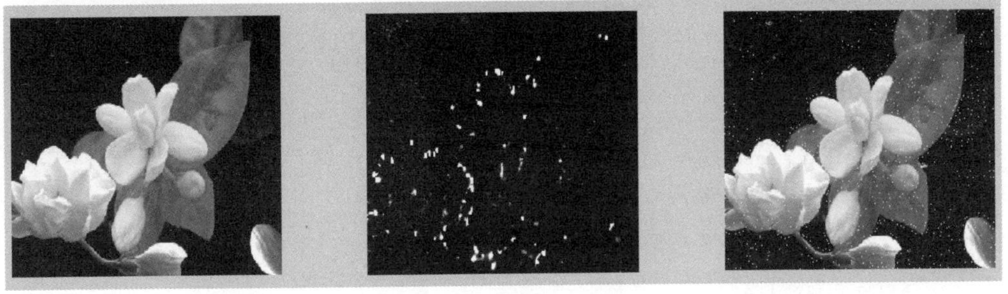

图 1.5-9　例程 1.5-2 对输入图像进行 Harris 角点检测的结果

1.5.4　融会贯通

(1) Harris-Laplace 角点检测

虽然 Harris 角点检测算子具有对图像灰度变化的不变性和旋转不变性,但它不具有尺度不变性。在数字图像处理领域,各种算子和特征的尺度不变性是重要的研究内容。人们在使用肉眼识别物体时,不管物体的远近、尺寸的变化,都能认识物体,这是因为人的眼睛在辨识物体时具有较强的尺度不变性。本小节将 Harris 角点检测算子与高斯尺度空间相结合,使 Harris 角点检测算子具有尺度的不变性,该方法也称为 Harris-Laplace 检测方法,是由 Mikolajczyk 和 Schmid 提出的。

仿照 Harris 角点检测中二阶矩的表示方法,使用 $\boldsymbol{M}=\mu(x,\sigma_I,\sigma_D)$ 为多尺度的二阶矩:

$$\boldsymbol{M}=\mu(x,\sigma_I,\sigma_D)=\sigma_D^2 g(\sigma_I)\otimes\begin{bmatrix}L_x^2(x,\sigma_D) & L_xL_y(x,\sigma_D)\\ L_xL_y(x,\sigma_D) & L_y^2(x,\sigma_D)\end{bmatrix}$$

式中,$g(\sigma_I)$表示尺度为 σ_I 的高斯卷积核,x 表示图像的位置。与高斯尺度空间类似,使用 $L(x)$表示经过高斯平滑后的图像,符号$\otimes$表示卷积,$L_x(x,\sigma_D)$和 $L_y(x,\sigma_D)$表示对图像使用高斯 $g(\sigma_D)$函数进行平滑后,在 x 或 y 方向取其微分的结果,即 $L_x=\partial_x L$ 和 $L_y=\partial_y L$。通常将 σ_I 称为积分尺度,它是决定 Harris 角点当前尺度的变量;σ_D 为微分尺度或局部尺度,它是决定角点附近微分值变化的变量。显然,积分尺度 σ_I 应该大于微分尺度 σ_D。

Harris-Laplace 检测算子通过如下两步检测具有尺度不变性的 Harris 角点:

① 在多尺度下,使用 Harris 角点检测算子进行角点检测;

② 自动搜索角点的特征尺度。

例程 1.5-3～例程 1.5-5 是提取 Harris-Laplace 角点的 MATLAB 源程序,运行结果见图 1.5-10。

【例程 1.5-3】

```
function points = harrislaplace(img)
% 功能:提取 Harris - Laplace 角点
% 输入:img - 输入的 RGB 图像
% 输出:points - 检测出的角点矩阵
% 参考文献: K. Mikolajczyk and C. Schmid. Scale & affine invariant interest point detec-
          tors. International Journal of Computer Vision, 2004
% 图像参数
  img = double(img(:,:,1));
  img_height = size(img,1);
  img_width = size(img,2);
  % 尺度参数
  sigma_begin = 1.5;
  sigma_step = 1.2;
  sigma_nb = 13;
  sigma_array = (sigma_step.^(0:sigma_nb - 1)) * sigma_begin;
  % 第一部分:提取 Harris 角点
  harris_pts = zeros(0,3);
  for i = 1:sigma_nb
     % 尺度
     s_I = sigma_array(i);          % 积分尺度
     s_D = 0.7 * s_I;               % 微分尺度
     % 微分掩模
     x = - round(3 * s_D):round(3 * s_D);
     dx = x . * exp( - x. * x/(2 * s_D * s_D)) ./ (s_D * s_D * s_D * sqrt(2 * pi));
     dy = dx';
     % 图像微分
     Ix = conv2(img, dx, 'same');
     Iy = conv2(img, dy, 'same');
     % 自相关矩阵
     g = fspecial('gaussian',max(1,fix(6 * s_I + 1)), s_I);
     Ix2 = conv2(Ix.^2, g,  'same');
     Iy2 = conv2(Iy.^2, g,  'same');
     Ixy = conv2(Ix. * Iy, g, 'same');
     k = 0.06; cim = (Ix2. * Iy2 - Ixy.^2) - k * (Ix2 + Iy2).^2;
     [l,c,max_local] = findLocalMaximum(cim,3 * s_I);        % 查询邻域极值
     t = 0.2 * max(max_local(:));             % 设定局部邻域极值阈值
     [l,c] = find(max_local> = t);            % 查找大于邻域极值阈值的点
     n = size(l,1);
     harris_pts(end + 1:end + n,:) = [l,c,repmat(i,[n,1])];
  end
  % % % % % % 第二部分: LAPLACE 变换 % % % % % %
  % 计算尺度归一化 Laplace 算子
  laplace_snlo = zeros(img_height,img_width,sigma_nb);
  for i = 1:sigma_nb
     % 尺度
     s_L = sigma_array(i);
     laplace_snlo(:,:,i) = s_L * s_L * imfilter(img,fspecial('log', floor(6 * s_L + 1),
```

```
s_L),'replicate');
        end
        % 检测每个特征点在某一尺度 LoG 相应是否达到最大
        n = size(harris_pts,1);
        cpt = 0;
        points = zeros(n,3);
        for i = 1:n
            l = harris_pts(i,1);
            c = harris_pts(i,2);
            s = harris_pts(i,3);
            val = laplace_snlo(l,c,s);
            if s>1 && s<sigma_nb
                if val>laplace_snlo(l,c,s - 1) && val>laplace_snlo(l,c,s + 1)
                    cpt = cpt + 1;
                    points(cpt,:) = harris_pts(i,:);
                end
            elseif s == 1
                if val>laplace_snlo(l,c,2)
                    cpt = cpt + 1;
                    points(cpt,:) = harris_pts(i,:);
                end
            elseif s == sigma_nb
                if val>laplace_snlo(l,c,s - 1)
                    cpt = cpt + 1;
                    points(cpt,:) = harris_pts(i,:);
                end
            end
        end
        points(cpt + 1:end,:) = [];
        points(:,3) = 3 * sigma_array(points(:,3));
    end
```


【例程 1.5-4】

```
function [row,col,max_local] = findLocalMaximum(val,radius)
    % 功能:查找邻域极大值
    % 输入:val - NxM 矩阵      radius - 邻域半径;
    % 输出:row - 邻域极大值的行坐标     col - 邻域极大值的列坐标
    %       max_local - 邻域极大值
    mask = fspecial('disk',radius)>0;
    nb = sum(mask(:));
    highest = ordfilt2(val, nb, mask);
    second_highest = ordfilt2(val, nb - 1, mask);
    index = highest == val & highest~ = second_highest;
    max_local = zeros(size(val));
    max_local(index) = val(index);
    [row,col] = find(index == 1);
end
```

通过例程 1.5-5 所示的 draw 函数可将检测出的角点绘出。

【例程 1.5-5】

```
function draw(img,pt,str)
% 功能:在图像中绘制出特征点
% 输入: img - 输入的图像    pt - 检测出的特征点的坐标    str - 在图上显示的名称
    figure('Name',str);
    imshow(img);
    hold on;
    axis off;
    switch size(pt,2)
        case 2
            s = 2;
            for i = 1:size(pt,1)
            rectangle('Position',[pt(i,2) - s,pt(i,1) - s,2 * s,2 * s],'Curvature',[0 0],
'EdgeColor','b','LineWidth',2);
            end
        case 3
            for i = 1:size(pt,1)
            rectangle('Position',[pt(i,2) - pt(i,3),pt(i,1) - pt(i,3),2 * pt(i,3),2 * pt
(i,3)],'Curvature',[1,1],'EdgeColor','w','LineWidth',2);
            end
    end
end
```

(a) 输入的原始图像

(b) Harris-Laplace角点检测的结果

图 1.5-10　例程 1.5-3～例程 1.5-5 的运行结果

我们用重复率来衡量角点检测算子的稳定性,重复率的定义如下:

$$r = N_{\text{bpre}} / N_{\text{bini}}$$

式中,N_{bpre}表示图像变化后检测出的角点、N_{bini}是对原始图像检测出的角点。重复率表示图像变化后检测出的角点与未发生变化时检测出的角点之比,因此重复率越高,表示角点检测算子越稳定。

以 Lena 图像为例,比较 Harris 角点检测算子与 Harris - Laplace 检测算子的稳定性,实验结果如图 1.5-11 和图 1.5-12 所示。通过分析实验结果可知,在同样比例缩放的条件下,Harris - Laplace 检测算子的稳定性要高于 Harris 角点检测算子。

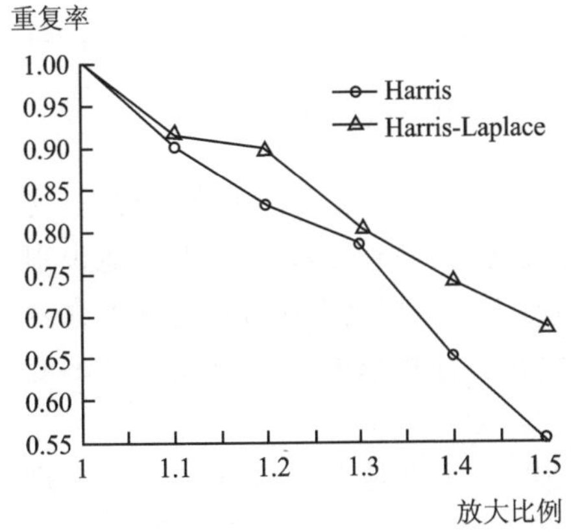

图 1.5-11　放大时两种检测算子的稳定性

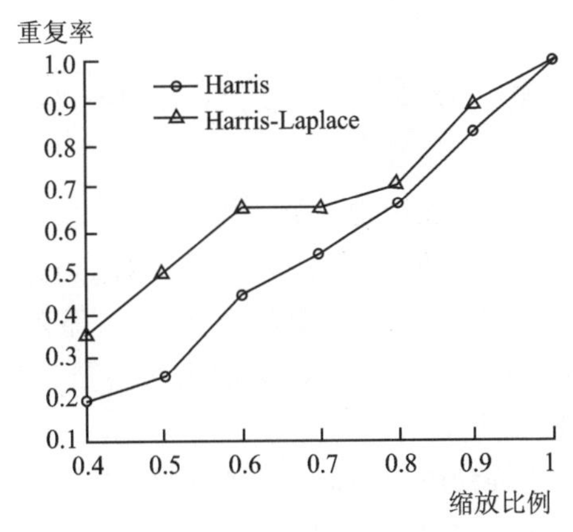

图 1.5-12　缩小时两种检测算子的稳定性

(2) 基于金字塔匹配的稳定尺度不变特征点

虽然利用 Harris-Laplace 算法检测角点具有尺度不变性，但运用该算法对角点进行检测耗时较长，不能够满足实时性的要求。针对上述问题，这里采用自上到下的金字塔匹配思想求得图像中最稳定的尺度不变特征点，其核心思想如下：首先，建立高斯尺度金字塔；然后，找到每层的 Harris 角点作为候选点并自上至下搜索它们的对应点；最后，在原始图上形成稳定特征点。该算法的具体实现过程如下：

① 形成高斯金字塔；

② 检测各层的 Harris 角点；

③ 对第 k 层的每个特征点 $P_{jk}(x,y)$ 在 $k-1$ 层形成一个圆形搜索窗口，半径为 r，中心为 $(2x,2y)$，如图 1.5-13 所示；

④ 搜索窗口区域中的特征点，找到与 $P_{jk}(x,y)$ 的 h 值(注：h 值为 Harris 角点响应值)最接近的一个，确定为对应点；

⑤ 对在各层均找到的对应点形成链，最低层的对应点就是稳定的尺度不变特征点。

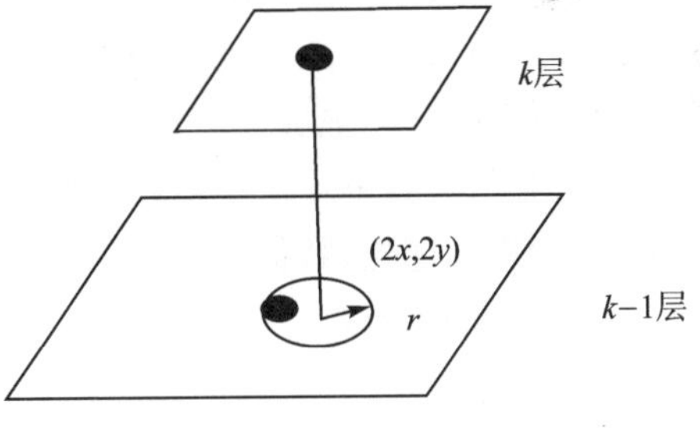

图 1.5-13　基于金字塔匹配的稳定尺度不变特征点

◆ **小试牛刀**

请读者根据 1.1 节提供的高斯金字塔程序以及本节提供的 Harris 角点的检测程序，自行编制一段基于金字塔匹配的稳定尺度不变特征点的程序，并与 Harris 角点检测算法进行效能比较。

一语中的 角点是两个边缘的交点，在邻域内具有两个主方向。

1.6 SIFT不变特征提取与描述

人类在识别一个物体时，不管这个物体是远还是近，都能对它进行正确的辨识，这就是所谓的“尺度不变性”。同样，当这个物体发生旋转时，我们照样可以正确地识别它，这就是所谓的“旋转不变性”。那么，如何让机器与人类一样具有这种能力呢？这就是图像局部不变特性要解决的问题。对于图像不变性特征提取的方法，核心是“不变性”三个字。

提到图像局部不变性特征，有两个人不得不提及，一个是 Lindeberg，另一个是 Lowe。如果将局部不变性特征方法比作一个孩子，那么，Lindeberg 就是这个孩子的父亲，Lowe 是母亲。Lindeberg 奠定了局部不变特征方法的理论基础，播下了局部不变性特征方法的种子，而 Lowe 则将这颗种子孕育成一种能具体实现的方法。由于在 Lindeberg 的尺度空间理论中，各种高斯微分算子与哺乳动物的视网膜和视觉皮层的感受域剖面有着高度的相似性，所以，尺度空间理论经常与生物视觉相关联，有人也称图像局部不变性特征方法为基于生物视觉的不变性方法。

1.6.1 SIFT 算法

Lowe 总结了现有的特征提取方法，并提出了一种新型高效的特征检测描述方法——SIFT(Scale Invariant Feature Transform)。SIFT 的主要思路是：首先建立图像的尺度空间表示，然后在尺度空间中搜索图像的极值点，由极值点再建立特征描述向量，最后用特征描述向量进行相似度匹配。采用 SIFT 方法提取的图像特征具有放缩不变性、旋转不变性、仿射不变性，还有一定的抗光照变化和抗视点变换性能。该特征还具有高度的可区分性，能够在一个具有大量特征数据的数据库中精确的匹配。SIFT 还使用金字塔算法大大缩小了提取特征时的运算量。计算方法分为 4 个步骤：尺度空间极值提取，特征点定位，特征方向赋值和提取特征点描述。

1. 尺度空间极值检测

尺度空间理论是检测不变特征的基础。Witkin(1983)提出了尺度空间理论，他主要讨论了一维信号平滑处理的问题。Koenderink(1984)把这种理论扩展到二维图像，并证明高斯卷积核是实现尺度变换的唯一变换核。

一幅二维图像在不同尺度下的尺度空间表示可由图像与高斯核卷积得到：

$$L(x,y,\sigma) = G(x,y,\sigma) * I(x,y) \tag{1.6.1}$$

式中，$G(x,y,\sigma)$为高斯核函数。

$$G(x,y,\sigma) = \frac{1}{2\pi\sigma^2}e^{-\frac{x^2+y^2}{2\sigma^2}} \tag{1.6.2}$$

其中，(x,y)为图像点的像素坐标，$I(x,y)$为图像数据。σ 称为尺度空间因子，它是高斯正态分布的方差,反映了图像被平滑的程度,其值越小表征图像被平滑程度越小,相应尺度也越小。$L(x,y,\sigma)$代表了图像的尺度空间。

为高效地在尺度空间内检测出稳定的特征点,Low 使用尺度空间中差分高斯(Difference of Gaussian,DoG)极值作为判断依据。DoG 算子定义为两个不同尺度的高斯核的差分,是归一化 LoG (Laplacian - of - Gaussian,LOG)算子的近似。设 k 为两个相邻尺度间的比例因子,则 DoG 算子定义如下:

$$\begin{aligned} D(x,y,\sigma) &= (G(x,y,k\sigma) - G(x,y,\sigma)) * I(x,y) \\ &= L(x,y,k\sigma) - L(x,y,\sigma) \end{aligned} \tag{1.6.3}$$

$D(x,y,\sigma)$构造方式如图 1.6 - 1 所示,其建立高斯图像(图中左列)与 DoG(图中右列)两个金字塔。高斯图像金字塔分为多组,每组间又分为多层。一组中的多层间不同的是尺度,相邻层间尺度相差一个比例因子 k。在 S 个尺度间隔内变化尺度因子,如使加倍,则 k 应为 $2^{\frac{1}{s}}$。为了在整个金字塔内获取 DoG 极值,应在高斯金字塔中生 σ 成 $S+3$层高斯平滑图像。下一组图像的最底层由上一组中尺度为 2σ 的图像进行因子为 2 的降采样得到,其中 σ 为上一组中最底层图像的尺度因子。DoG 金字塔由相邻的高斯图像金字塔相减得到。

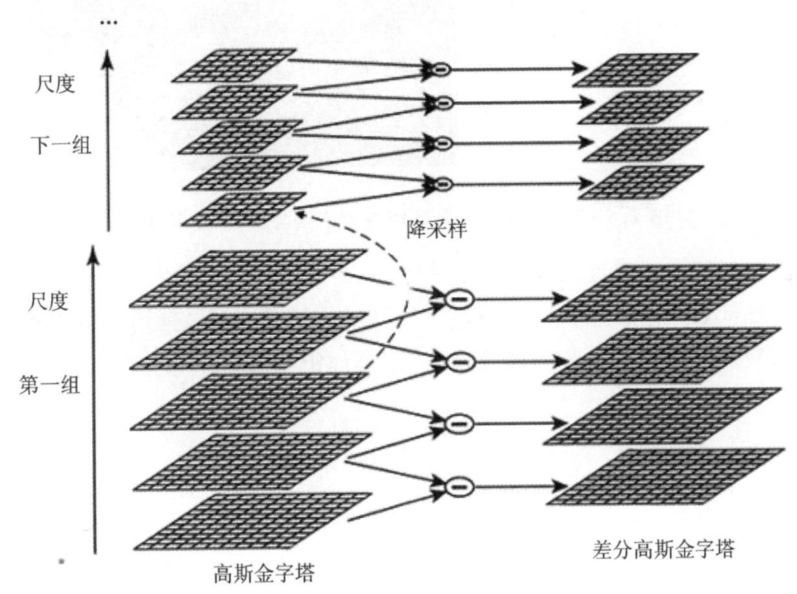

图 1.6 - 1 高斯图像金字塔(S=2)与 DoG 金字塔

金字塔中每个高斯图像的 σ 为:

$$\sigma(o,s) = \sigma_0 2^{\frac{o+s}{S}} \tag{1.6.4}$$

其中,σ_0 为基础尺度因子;o,s 分别为图像所在的图像组坐标、组内层坐标,$o \in o_{\min} + [0,\cdots,O-1]$,$s \in [0,\cdots,S-1]$;$o_{\min}$是第一个金字塔组的坐标,通常 $o_{\min}$ 取 0 或者 -1,当设为 -1 的时候,则图像在计算高斯尺度空间前先扩大一倍。在 Lowe 的算法实现中,以上参数的取值如下:$\sigma_0 = 1.6 \cdot 2^{\frac{1}{s}}$, $o_{\min} = -1$, $S = 3$。

生成的高斯图像金字塔与 DoG 金字塔如图 1.6-2 所示。

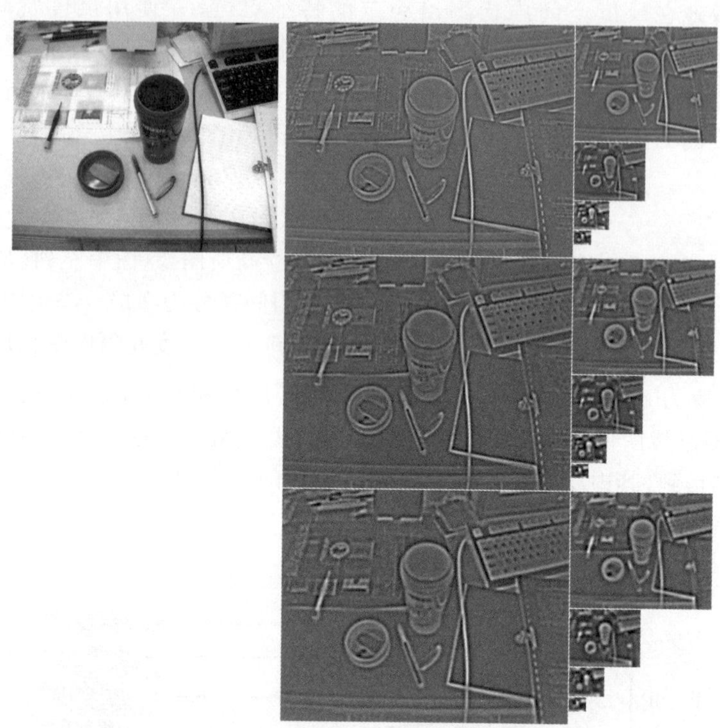

图 1.6-2　所生成的高斯图像金字塔与 DoG 金字塔

此外,空间坐标 x 是组坐标 o 的函数。设 x_0 为第 o 组内的空间坐标,则有:$x = 2^o x_0$, $x_0 \in [0,\cdots,N_0-1] \times [0,\cdots,M_0-1]$,其中$(N_0, M_0)$是第 o 组中图像的分辨率。设(N_0, M_0)为第 0 组中的图像分辨率,则其他组的分辨率为:

$$N_o = \left[\frac{N_0}{2^o}\right] \qquad M_o = \left[\frac{M_0}{2^o}\right] \tag{1.6.5}$$

金字塔构造完后开始检测 DoG 局部极值。其中每个像素需要跟同一尺度的周围邻域 8 个像素和相邻尺度对应位置的周围邻域 9×2 个像素总共 26 个像素进行比较,如图 1.6-3 所示。仅当被检测点的 DoG 值大于此 26 个像素点或小于此 26 个像素点时才将该点判定为极值点并保存以进行后续计算。

2. 确定关键点位置及尺度

通过拟和三维二次函数以精确确定关键点的位置和尺度,得到原图像 SIFT 候选特征点集合,如图 1.6-4 所示。

在得到原图像的 SIFT 候选特征点集合 $\boldsymbol{X}_0$ 后,要从中筛选稳定的点作为该图像的 SIFT 特征点,其组成的集合用 $\boldsymbol{X}$ 表示。由于 $\boldsymbol{X}_0$ 中对比度较低的点对噪音较敏感,而位于边缘上的点难以准确定位，为确保 SIFT 特征点的稳定性，必须将这两种点剔除。

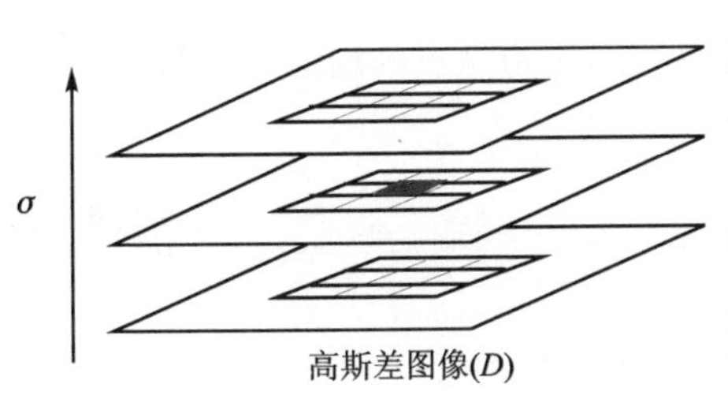

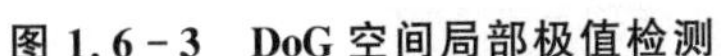

图 1.6-3　DoG 空间局部极值检测

图 1.6-4　原图像的 SIFT 候选特征点集合

(1) 剔除对比度低的点

将候选特征点 x 的偏移量定义为 Δx，其对比度为 $D(x)$ 的绝对值 $|D(x)|$，对 x 的 DOG 函数表达式(1.6.3)进行泰勒级数展开：

$$D(x) = D + \frac{\partial D^T}{\partial x}\Delta x + \frac{1}{2}\Delta x^T\ \frac{\partial^2 D^T}{\partial x^2}\Delta x \tag{1.6.6}$$

式中，由于 x 为 DoG 函数的极值点，所以 $\frac{\partial D(x)}{\partial x}=0$，解方程得 $\Delta x = -\frac{\partial^2 D^{-1}}{\partial x^2}\frac{\partial D(x)}{\partial x}$，通过多次迭代得到最终候选点的精确位置及尺度 $\hat{x}$，将其代入公式求得 $D(\hat{x})$，求其绝对值可得 $|D(\hat{x})|$。设对比度阈值为 T_c，则低对比度点的剔除公式为：

$$\begin{cases} x \in \boldsymbol{X} \mid D(\hat{x}) \mid \geqslant T_c, x \in \boldsymbol{X}_0 \\ x \notin \boldsymbol{X} \mid D(\hat{x}) \mid < T_c, x \in \boldsymbol{X}_0 \end{cases} \tag{1.6.7}$$

(2) 剔除边缘点

由于边缘梯度方向上主曲率值较大，而边缘方向上曲率较小，在边缘上得到的 DOG 函数的极值点与非边缘区域的点相比，其主曲率比值较大，因此可以将主曲率比值大于一定阈值的点视为位于边缘上的点将其剔除。

由于候选点的 DOG 函数 $D(x)$ 的主曲率与 2×2 的 Hessian 矩阵 $\boldsymbol{H}$ 的特征值成正比。

$$\boldsymbol{H} = \begin{bmatrix} D_{xx} & D_{xy} \\ D_{xy} & D_{yy} \end{bmatrix} \tag{1.6.8}$$

式中，D_{xx}、D_{xy}、D_{yy} 为候选点邻域对应位置的像素差分。令 α 为 $\boldsymbol{H}$ 的最大特征值，β 为 $\boldsymbol{H}$ 的最小特征值，令 $\gamma=\frac{\alpha}{\beta}$，则 $D(x)$ 的主曲率比值与 γ 成正比。由 $\boldsymbol{H}$ 的迹和行列式的值可得：

$$\mathrm{Tr}(\boldsymbol{H}) = D_{xx} + D_{yy} = \alpha + \beta \tag{1.6.9}$$

$$\mathrm{Det}(\boldsymbol{H}) = D_{xx}D_{yy} - (D_{xy})^2 = \alpha\beta \tag{1.6.10}$$

$$\frac{\mathrm{Tr}(\boldsymbol{H})^2}{\mathrm{Det}(\boldsymbol{H})} = \frac{(\alpha+\beta)^2}{\alpha\beta} = \frac{(\gamma\beta+\beta)^2}{\gamma\beta^2} = \frac{(\gamma+1)^2}{\gamma} \tag{1.6.11}$$

$\frac{(r+1)^2}{\gamma}$只与两特征值之比有关,与特征值自身大小无关,当两特征值相等时最小,且随着 γ 的增大而增大。设主曲率比值阈值为 T_γ,则边缘点的剔除公式为:

$$\begin{cases} x \in \boldsymbol{X} \ \dfrac{\mathrm{Tr}(\boldsymbol{H})^2}{\mathrm{Det}(\boldsymbol{H})} \leqslant \dfrac{(T_\gamma+1)^2}{T_\gamma}, x \in \boldsymbol{X}_0 \\ x \notin \boldsymbol{X} \ \dfrac{\mathrm{Tr}(\boldsymbol{H})^2}{\mathrm{Det}(\boldsymbol{H})} > \dfrac{(T_\gamma+1)^2}{T_\gamma}, x \in \boldsymbol{X}_0 \end{cases} \tag{1.6.12}$$

剔除低对比度和边缘点后所剩的特征点如图 1.6-5 所示。

图 1.6-5　剔除低对比度和边缘点后所剩的特征点

(3) 关键点方向确定

通过确定关键点的方向,可以使特征描述符以与方向相关的方式构造,从而使算子具有旋转不变性。关键点的方向利用其邻域像素的梯度分布特性确定。对每个高斯图像,每个点$L(x,y)$的梯度的模 $m(x,y)$与方向 $\theta(x,y)$可以通过下式计算得到:

$$m(x,y) = \sqrt{[L(x+1,y)-L(x-1,y)]^2 + [L(x,y+1)-L(x,y-1)]^2}$$
$$\theta(x,y) = \tan^{-1}\frac{L(x,y+1)-L(x,y-1)}{L(x+1,y)-L(x-1,y)} \tag{1.6.13}$$

其中 $L(x,y)$所用尺度为关键点所在尺度。

1.6.2　SIFT 特征描述

对每个关键点,在以其为中心的邻域窗口内利用直方图的方式统计邻域像素的梯度分布。此直方图有 36 个柱,每柱 10 度,共 360 度。每个加入直方图的邻域像素样本的权重由该像素的梯度模与高斯权重确定,此高斯窗的 σ 为关键点的尺度的 1.6 倍,加入高斯窗的目的是增强离关键点近的邻域点对关键点的影响。

直方图的峰值反映了关键点所处邻域梯度的主方向。完成直方图统计后，找到直方图的最高峰值以确定关键点的方向。关键点的方向可以由离最高峰值最近的三个柱值通过抛物线插值精确得到。

在梯度方向直方图中，当存在一个大于等于主峰值 80％能量的峰值时，则添加一个新关键点，此关键点的坐标、尺度与当前关键点相同，但方向为由此峰值确定的方向。因此一个关键点可能产生多个坐标、尺度相同，方向不同的关键点。这样做的目的是增强匹配的鲁棒性。

至此，特征点检测完毕，特征描述前的准备工作已经完成。每个关键点含有 3 个信息：坐标、尺度、方向。

首先将坐标轴旋转为关键点的方向，以确保旋转不变性。

接下来以关键点为中心取 8×8 的窗口。图 1.6－6 左部分的中央白点为当前关键点的位置，每个小格代表关键点邻域所在尺度空间的一个像素，箭头方向代表该像素的梯度方向，箭头长度代表梯度模值，图中的圈代表高斯加权的范围(越靠近关键点的像素梯度方向信息贡献越大)。然后在每 4×4 的小块上计算 8 个方向的梯度方向直方图，绘制每个梯度方向的累加值，即可形成一个种子点，如图 1.6－6 右部分所示。此图中一个关键点由 2×2 共 4 个种子点组成，每个种子点有 8 个方向向量信息。这种邻域方向性信息联合的思想增强了算法抗噪声的能力，同时对于含有定位误差的特征匹配也提供了较好的容错性。

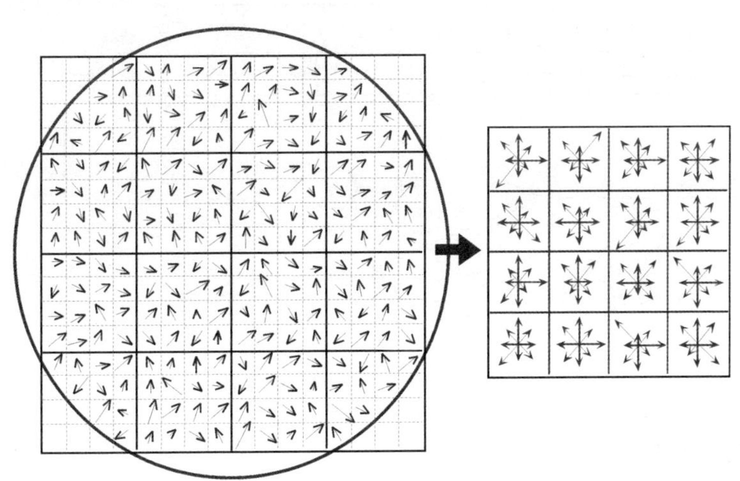

图 1.6－6　特征点的特征向量构造

实际计算过程中，为了增强匹配的稳健性，Lowe 建议对每个关键点使用 4×4 共 16 个种子点来描述，这样对于一个关键点就可以产生 128 个数据，即最终形成 128 维的 SIFT 特征向量。此时 SIFT 特征向量已经去除了尺度变化、旋转等几何变形因素的影响，再继续将特征向量的长度归一化，则可以进一步去除光照变化的影响。

综上所述，提取图像 SIFT 特征点及其特征向量的流程如图 1.6－7 所示。

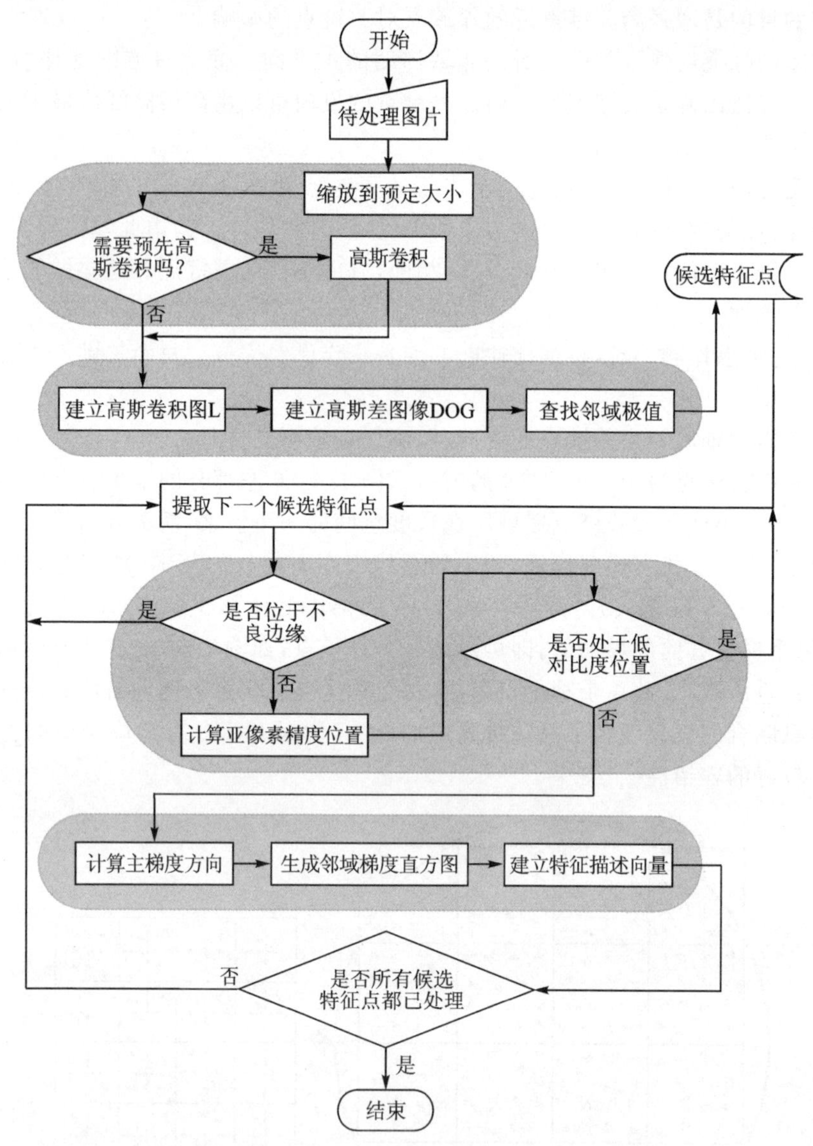

图 1.6-7　提取 SIFT 特征点及其特征向量的流程

1.6.3　例程精讲

例程 1.6-1 是 SIFT 算法实现的 MATLAB 源程序，读者可以根据程序及相关的注释对 SIFT 做进一步的理解。

【例程 1.6-1】

```
function [ pos, scale, orient, desc ] = SIFT( im, octaves, intervals, object_mask, contrast_threshold, curvature_threshold, interactive )
% 功能:提取灰度图像的尺度不变特征(SIFT 特征)
% 输入:
```

```
% im - 灰度图像,该图像的灰度值在 0 到 1 之间
% octaves - 金字塔的组数:octaves (默认值为 4)
% intervals - 该输入参数决定每组金字塔的层数(默认值为 2)
% object_mask - 确定图像中尺度不变特征点的搜索区域
% contrast_threshold - 对比度阈值(默认值为 0.03).
% curvature_threshold - 曲率阈值(默认值为 10.0).
% interactive - 函数运行显示标志,将其设定为 1,则显示算法运行时间和过程的相关信息;
% 如果将其设定为 2,则仅显示最终运行记过(default = 1).
% 输出:
% pos - Nx2 矩阵,每一行包括尺度不变特征点的坐标(x,y)
% scale - Nx3 矩阵,每一行包括尺度不变特征点的尺度信息
% orient - Nx1 向量,每个元素是特征点的主方向,其范围在 [-pi,pi)之间.
% desc - Nx128 矩阵,每一行包含特征点的特征向量.
% 参考文献:
% [1] David G. Lowe, "Distinctive Image Features from Sacle-Invariant Keypoints",
%     accepted for publicatoin in the International Journal of Computer
%     Vision, 2004.
% [2] David G. Lowe, "Object Recognition from Local Scale-Invariant Features",
%     Proc. of the International Conference on Computer Vision, Corfu,
%     September 1999.
% 设定输入量的默认值
if ~exist('octaves')
   octaves = 4;
end
if ~exist('intervals')
   intervals = 2;
end
if ~exist('object_mask')
   object_mask = ones(size(im));
end
if size(object_mask) ~= size(im)
   object_mask = ones(size(im));
end
if ~exist('contrast_threshold')
   contrast_threshold = 0.02;
end
if ~exist('curvature_threshold')
   curvature_threshold = 10.0;
end
if ~exist('interactive')
   interactive = 1;
end
% 检验输入灰度图像的像素灰度值是否已归一化到[0,1]
if( (min(im(:)) < 0) | (max(im(:)) > 1) )
   fprintf( 2, 'Warning: image not normalized to [0,1].\n' );
end
% 将输入图像经过高斯平滑处理,采用双线性差值将其扩大一倍
if interactive >= 1
   fprintf( 2, 'Doubling image size for first octave...\n' );
```

```
end
tic;
antialias_sigma = 0.5;
if antialias_sigma == 0
   signal = im;
else
   g = gaussian_filter( antialias_sigma );
   if exist('corrsep') == 3
       signal = corrsep( g, g, im );
   else
      signal = conv2( g, g, im, 'same' );
   end
end
signal = im;
[X Y] = meshgrid( 1:0.5:size(signal,2), 1:0.5:size(signal,1) );
signal = interp2( signal, X, Y, '*linear' );
%  降采样率;
subsample = [0.5];
%%%%%%下一步是生成高斯和差分高斯(DOG)金字塔%%%%%%
%%%%%%高斯金字塔含有s+3层,差分高斯金字塔含有s+2层%%%%%%
if interactive >= 1
   fprintf( 2, 'Prebluring image...\n' );
end
preblur_sigma = sqrt(sqrt(2)^2 - (2 * antialias_sigma)^2);
if preblur_sigma == 0
   gauss_pyr{1,1} = signal;
else
   g = gaussian_filter( preblur_sigma );
   if exist('corrsep') == 3
      gauss_pyr{1,1} = corrsep( g, g, signal );
   else
      gauss_pyr{1,1} = conv2( g, g, signal, 'same' );
   end
end
clear signal
pre_time = toc;
if interactive >= 1
   fprintf( 2, 'Preprocessing time %.2f seconds.\n', pre_time );
end
% 第一组第一层的sigma
initial_sigma = sqrt( (2 * antialias_sigma)^2 + preblur_sigma^2 );
% 记录每一层和每一个尺度的sigma
absolute_sigma = zeros(octaves,intervals + 3);
absolute_sigma(1,1) = initial_sigma * subsample(1);
% 记录产生金字塔的滤波器的尺寸和标准差
filter_size = zeros(octaves,intervals + 3);
filter_sigma = zeros(octaves,intervals + 3);
% 生成高斯和差分高斯金字塔
if interactive >= 1
```

```
        fprintf( 2, 'Expanding the Gaussian and DOG pyramids...\n' );
    end
    tic;
    for octave = 1:octaves
        if interactive >= 1
            fprintf( 2, '\tProcessing octave %d: image size %d x %d subsample %.1f\n', oc-
tave, size(gauss_pyr{octave,1},2), size(gauss_pyr{octave,1},1), subsample(octave) );
            fprintf( 2, '\t\tInterval 1 sigma %f\n', absolute_sigma(octave,1) );
        end
        sigma = initial_sigma;
        g = gaussian_filter( sigma );
        filter_size( octave, 1 ) = length(g);
        filter_sigma( octave, 1 ) = sigma;
        DOG_pyr{octave} = zeros(size(gauss_pyr{octave,1},1),size(gauss_pyr{octave,1},2),
intervals + 2);
        for interval = 2:(intervals + 3)

            % 计算生成下一层几何采样金字塔的标准差
            % 其中,sigma_i + 1 = k * sigma.
            %  sigma_i + 1^2 = sigma_f,i^2  +  sigma_i^2
            %  (k * sigma_i)^2 = sigma_f,i^2  +  sigma_i^2
            % 因此:
            %       sigma_f,i = sqrt(k^2  -  1)sigma_i
            %  对于扩展的组(span the octave),k = 2^(1/intervals)
            % 所以
            %  sigma_f,i = sqrt(2^(2/intervals)  -  1)sigma_i

            sigma_f = sqrt(2^(2/intervals)  -  1) * sigma;
            g = gaussian_filter( sigma_f );
            sigma = (2^(1/intervals)) * sigma;

            % 记录 sigma 的值
            absolute_sigma(octave,interval) = sigma  *  subsample(octave);

            % 记录滤波器的尺寸和标准差
            filter_size(octave,interval) = length(g);
            filter_sigma(octave,interval) = sigma;

            if exist('corrsep') == 3
                gauss_pyr{octave,interval} = corrsep( g, g, gauss_pyr{octave,interval - 1} );
            else
                gauss_pyr{octave,interval} = conv2( g, g, gauss_pyr{octave,interval - 1}, 'same' );
            end
            DOG_pyr{octave}(:,:, interval - 1) = gauss_pyr{octave, interval}  -  gauss_pyr
{octave,interval - 1};
            if interactive >= 1
                fprintf( 2, '\t\tInterval %d sigma %f\n', interval, absolute_sigma(octave,
interval) );
            end
```

```
        end
        if octave < octaves
            sz = size(gauss_pyr{octave,intervals + 1});
            [X Y] = meshgrid( 1:2:sz(2), 1:2:sz(1) );
            gauss_pyr{octave + 1,1} = interp2(gauss_pyr{octave,intervals + 1},X,Y,' *
nearest');
            absolute_sigma(octave + 1,1) = absolute_sigma(octave,intervals + 1);
            subsample = [subsample subsample(end) * 2];
        end
    end
    pyr_time = toc;
    if interactive >= 1
        fprintf( 2, 'Pryamid processing time %.2f seconds.\n', pyr_time );
    end
    % 在交互模式下显示高斯金字塔
    if interactive >= 2
        sz = zeros(1,2);
        sz(2) = (intervals + 3) * size(gauss_pyr{1,1},2);
        for octave = 1:octaves
            sz(1) = sz(1) + size(gauss_pyr{octave,1},1);
        end
        pic = zeros(sz);
        y = 1;
        for octave = 1:octaves
            x = 1;
            sz = size(gauss_pyr{octave,1});
            for interval = 1:(intervals + 3)
                    pic(y:(y + sz(1) - 1),x:(x + sz(2) - 1)) = gauss_pyr{octave,interval};
                x = x + sz(2);
            end
            y = y + sz(1);
        end
        fig = figure;
        clf;
        imshow(pic);
        resizeImageFig( fig, size(pic), 0.25 );
        fprintf( 2, 'The gaussian pyramid (0.25 scale).\nPress any key to continue.\n' );
        pause;
        close(fig)
    end
    % 在交互模式下显示差分高斯金字塔
    if interactive >= 2
        sz = zeros(1,2);
        sz(2) = (intervals + 2) * size(DOG_pyr{1}(:,:,1),2);
        for octave = 1:octaves
            sz(1) = sz(1) + size(DOG_pyr{octave}(:,:,1),1);
        end
        pic = zeros(sz);
        y = 1;
```

```
    for octave = 1:octaves
        x = 1;
        sz = size(DOG_pyr{octave}(:,:,1));
        for interval = 1:(intervals + 2)
                pic(y:(y + sz(1) - 1),x:(x + sz(2) - 1)) = DOG_pyr{octave}(:,:,interval);
            x = x + sz(2);
        end
        y = y + sz(1);
    end
    fig = figure;
    clf;
    imagesc(pic);
    resizeImageFig( fig, size(pic), 0.25 );
    fprintf( 2, 'The DOG pyramid (0.25 scale).\nPress any key to continue.\n' );
    pause;
    close(fig)
end
% 下一步是查找差分高斯金字塔中的局部极值,并通过曲率和照度进行检验
curvature_threshold = ((curvature_threshold + 1)^2)/curvature_threshold;
% 二阶微分核
xx = [ 1 -2  1 ];
yy = xx';
xy = [ 1 0 -1; 0 0 0; -1 0 1 ]/4;
raw_keypoints = [];
contrast_keypoints = [];
curve_keypoints = [];
% 在高斯金字塔中查找局部极值
if interactive >= 1
    fprintf( 2, 'Locating keypoints...\n' );
end
tic;
loc = cell(size(DOG_pyr));
for octave = 1:octaves
    if interactive >= 1
        fprintf( 2, '\tProcessing octave %d\n', octave );
    end
    for interval = 2:(intervals + 1)
        keypoint_count = 0;
        contrast_mask = abs(DOG_pyr{octave}(:,:,interval)) >= contrast_threshold;
        loc{octave,interval} = zeros(size(DOG_pyr{octave}(:,:,interval)));
        if exist('corrsep') == 3
            edge = 1;
        else
            edge = ceil(filter_size(octave,interval)/2);
        end
        for y = (1 + edge):(size(DOG_pyr{octave}(:,:,interval),1) - edge)
            for x = (1 + edge):(size(DOG_pyr{octave}(:,:,interval),2) - edge)
                if object_mask(round(y * subsample(octave)),round(x * subsample(octave))) == 1
                    if( (interactive >= 2) | (contrast_mask(y,x) == 1) )
```

```
                    % 通过空间核尺度检测最大值和最小值
                    DOG_pyr{octave}((y-1):(y+1),(x-1):(x+1),(interval-1):(in-
                      terval+1));
                    pt_val = tmp(2,2,2);
                    if( (pt_val == min(tmp(:))) | (pt_val == max(tmp(:))) )
                      % 存储对灰度大于对比度阈值的点的坐标
                      raw_keypoints = [raw_keypoints; x * subsample(octave) y * subsam-
                        ple(octave)];
                      if abs(DOG_pyr{octave}(y,x,interval)) >= contrast_threshold
                        contrast_keypoints = [contrast_keypoints; raw_keypoints
                        (end,:)];
                        % 计算局部极值的 Hessian 矩阵
          Dxx = sum(DOG_pyr{octave}(y,x-1:x+1,interval) .* xx);
          Dyy = sum(DOG_pyr{octave}(y-1:y+1,x,interval) .* yy);
          Dxy = sum(sum(DOG_pyr{octave}(y-1:y+1,x-1:x+1,interval) .* xy));
                        % 计算 Hessian 矩阵的直迹和行列式.
                        Tr_H = Dxx + Dyy;
                        Det_H = Dxx * Dyy - Dxy^2;
                        % 计算主曲率.
                        curvature_ratio = (Tr_H^2)/Det_H;
                   if ((Det_H >= 0) & (curvature_ratio < curvature_threshold))
                          % 存储主曲率小于阈值的的极值点的坐标(非边缘点)
                 curve_keypoints = [curve_keypoints; raw_keypoints(end,:)];
                          % 将该点的位置的坐标设为 1,并计算点的数量.
                          loc{octave,interval}(y,x) = 1;
                          keypoint_count = keypoint_count + 1;
                        end
                      end
                    end
                  end
                end
              end
            end
            if interactive >= 1
              fprintf(2, '\t\t%d keypoints found on interval %d\n', keypoint_count, interval);
            end
          end
        end
        keypoint_time = toc;
        if interactive >= 1
          fprintf( 2, 'Keypoint location time %.2f seconds.\n', keypoint_time );
        end
        % 在交互模式下显示特征点检测的结果
        if interactive >= 2
          fig = figure;
          clf;
          imshow(im);
          hold on;
          plot(raw_keypoints(:,1),raw_keypoints(:,2),'y+');
```

```
        resizeImageFig( fig, size(im), 2 );
        fprintf( 2, 'DOG extrema (2x scale).\nPress any key to continue.\n' );
        pause;
        close(fig);
        fig = figure;
        clf;
        imshow(im);
        hold on;
        plot(contrast_keypoints(:,1),contrast_keypoints(:,2),'y+');
        resizeImageFig( fig, size(im), 2 );
        fprintf(2, 'Keypoints after removing low contrast extrema (2x scale).\nPress any key to
continue.\n');
        pause;
        close(fig);
        fig = figure;
        clf;
        imshow(im);
        hold on;
        plot(curve_keypoints(:,1),curve_keypoints(:,2),'y+');
        resizeImageFig( fig, size(im), 2 );
        fprintf(2, 'Keypoints after removing edge points using principal curvature filtering
(2x scale).\nPress any key to continue.\n');
        pause;
        close(fig);
    end
    clear raw_keypoints contrast_keypoints curve_keypoints
    %%%%%% 下一步是计算特征点的主方向%%%%%%
    % 在特征点的一个区域内计算其梯度直方图
    g = gaussian_filter( 1.5 * absolute_sigma(1,intervals + 3) / subsample(1) );
    zero_pad = ceil( length(g) / 2 );
    % 计算高斯金字塔图像的梯度方向和幅值
    if interactive >= 1
        fprintf( 2, 'Computing gradient magnitude and orientation...\n' );
    end
    tic;
    mag_thresh = zeros(size(gauss_pyr));
    mag_pyr = cell(size(gauss_pyr));
    grad_pyr = cell(size(gauss_pyr));
    for octave = 1:octaves
        for interval = 2:(intervals + 1)
            % 计算x,y的差分
            diff_x = 0.5 * (gauss_pyr{octave, interval}(2:(end - 1),3:(end)) - gauss_pyr
{octave,interval}(2:(end - 1),1:(end - 2)));
            diff_y = 0.5 * (gauss_pyr{octave, interval}(3:(end),2:(end - 1)) - gauss_pyr
{octave,interval}(1:(end - 2),2:(end - 1)));
            % 计算梯度幅值
            mag = zeros(size(gauss_pyr{octave,interval}));
            mag(2:(end - 1),2:(end - 1)) = sqrt( diff_x .^ 2 + diff_y .^ 2 );
            % 存储高斯金字塔梯度幅值
```

```
            mag_pyr{octave,interval} = zeros(size(mag) + 2 * zero_pad);
            mag_pyr{octave,interval}((zero_pad + 1):(end - zero_pad),(zero_pad + 1):(end -
                zero_pad)) = mag;
            % 计算梯度主方向
            grad = zeros(size(gauss_pyr{octave,interval}));
            grad(2:(end - 1),2:(end - 1)) = atan2( diff_y, diff_x );
            grad(find(grad == pi)) = - pi;
            % 存储高斯金字塔梯度主方向
            grad_pyr{octave,interval} = zeros(size(grad) + 2 * zero_pad);
            grad_pyr{octave,interval}((zero_pad + 1):(end - zero_pad),(zero_pad + 1):(end -
                zero_pad)) = grad;
        end
    end
    clear mag grad
    grad_time = toc;
    if interactive >= 1
        fprintf( 2, 'Gradient calculation time %.2f seconds.\n', grad_time );
    end
    %%%%%%下一步是确定特征点的主方向%%%%%%
    %%%%%% 方法:通过寻找每个关键点的子区域内梯度直方图的峰值%%%%%%
    % 将灰度直方图分为36等分,每隔10度一份
    num_bins = 36;
    hist_step = 2 * pi/num_bins;
    hist_orient = [ - pi:hist_step:(pi - hist_step)];
    % 初始化关键点的位置、方向和尺度信息
    pos = [];
    orient = [];
    scale = [];
    % 给关键点确定主方向
    if interactive >= 1
        fprintf( 2, 'Assigining keypoint orientations...\n' );
    end
    tic;
    for octave = 1:octaves
        if interactive >= 1
            fprintf( 2, '\tProcessing octave %d\n', octave );
        end
        for interval = 2:(intervals + 1)
            if interactive >= 1
                fprintf( 2, '\t\tProcessing interval %d ', interval );
            end
            keypoint_count = 0;
            % 构造高斯加权掩模
            g = gaussian_filter( 1.5 * absolute_sigma(octave,interval)/subsample(octave) );
            hf_sz = floor(length(g)/2);
            g = g' * g;
            loc_pad = zeros(size(loc{octave,interval}) + 2 * zero_pad);
            loc_pad((zero_pad + 1):(end - zero_pad),(zero_pad + 1):(end - zero_pad)) = loc
                {octave,interval};
```

```
[iy ix] = find(loc_pad == 1);
for k = 1:length(iy)
   x = ix(k);
   y = iy(k);
   wght = g. * mag_pyr{octave,interval}((y - hf_sz):(y + hf_sz),(x - hf_sz):(x + hf_sz));
   grad_window = grad_pyr{octave,interval}((y - hf_sz):(y + hf_sz),(x - hf_sz):
       (x + hf_sz));
   orient_hist = zeros(length(hist_orient),1);
   for bin = 1:length(hist_orient)
      diff = mod( grad_window - hist_orient(bin) + pi, 2 * pi ) - pi;
      orient_hist(bin) = orient_hist(bin) + sum(sum(wght. * max(1 - abs(diff)/
            hist_step,0)));
   end
   % 运用非极大抑制法查找主方向直方图的峰值
   peaks = orient_hist;
   rot_right = [ peaks(end); peaks(1:end - 1) ];
   rot_left = [ peaks(2:end); peaks(1) ];
   peaks( find(peaks < rot_right) ) = 0;
   peaks( find(peaks < rot_left) ) = 0;
   % 提取最大峰值的值和其索引位置
   [max_peak_val ipeak] = max(peaks);
   % 将大于等于最大峰值 80 % 的直方图的也确定为特征点的主方向
   peak_val = max_peak_val;
   while( peak_val > 0.8 * max_peak_val )
      % 最高峰值最近的三个柱值通过抛物线插值精确得到
      A = [];
      b = [];
      for j = -1:1
         A = [A; (hist_orient(ipeak) + hist_step * j).^2 (hist_orient(ipeak) + hist
            _step * j) 1];
          bin = mod( ipeak + j + num_bins - 1, num_bins ) + 1;
         b = [b; orient_hist(bin)];
      end
      c = pinv(A) * b;
      max_orient = - c(2)/(2 * c(1));
      while( max_orient < -pi )
         max_orient = max_orient + 2 * pi;
      end
      while( max_orient >= pi )
         max_orient = max_orient - 2 * pi;
      end
      % 存储关键点的位置、主方向和尺度信息
      pos = [pos; [(x - zero_pad) (y - zero_pad)] * subsample(octave) ];
      orient = [orient; max_orient];
      scale = [scale; octave interval absolute_sigma(octave,interval)];
      keypoint_count = keypoint_count + 1;
      peaks(ipeak) = 0;
      [peak_val ipeak] = max(peaks);
   end
```

```
            end
            if interactive >= 1
                fprintf( 2, '( %d keypoints)\n', keypoint_count );
            end
        end
    end
    clear loc loc_pad
    orient_time = toc;
    if interactive >= 1
        fprintf( 2, 'Orientation assignment time %.2f seconds.\n', orient_time );
    end
    % 在交互模式下显示关键点的尺度和主方向信息
    if interactive >= 2
        fig = figure;
        clf;
        imshow(im);
        hold on;
        display_keypoints( pos, scale(:,3), orient, 'y' );
        resizeImageFig( fig, size(im), 2 );
        fprintf( 2, 'Final keypoints with scale and orientation (2x scale).\nPress any key to 
continue.\n' );
        pause;
        close(fig);
    end
    %%%%%% SIFT 算法的最后一步是特征向量生成%%%%%%
    orient_bin_spacing = pi/4;
    orient_angles = [-pi:orient_bin_spacing:(pi-orient_bin_spacing)];
    grid_spacing = 4;
    [x_coords y_coords] = meshgrid( [-6:grid_spacing:6] );
    feat_grid = [x_coords(:) y_coords(:)]';
    [x_coords y_coords] = meshgrid( [-(2*grid_spacing-0.5):(2*grid_spacing-0.5)] );
    feat_samples = [x_coords(:) y_coords(:)]';
    feat_window = 2*grid_spacing;
    desc = [];
    if interactive >= 1
        fprintf( 2, 'Computing keypoint feature descriptors for %d keypoints', size(pos,1) );
    end
    for k = 1:size(pos,1)
        x = pos(k,1)/subsample(scale(k,1));
        y = pos(k,2)/subsample(scale(k,1));
        % 将坐标轴旋转为关键点的方向,以确保旋转不变性
        M = [cos(orient(k)) -sin(orient(k)); sin(orient(k)) cos(orient(k))];
        feat_rot_grid = M*feat_grid + repmat([x; y],1,size(feat_grid,2));
        feat_rot_samples = M*feat_samples + repmat([x; y],1,size(feat_samples,2));
        % 初始化特征向量.
        feat_desc = zeros(1,128);
        for s = 1:size(feat_rot_samples,2)
            x_sample = feat_rot_samples(1,s);
            y_sample = feat_rot_samples(2,s);
```

```
        % 在采样位置进行梯度插值
        [X Y] = meshgrid( (x_sample - 1):(x_sample + 1), (y_sample - 1):(y_sample + 1) );
        G = interp2( gauss_pyr{scale(k,1),scale(k,2)}, X, Y, '*linear' );
        G(find(isnan(G))) = 0;
        diff_x = 0.5 * (G(2,3) - G(2,1));
        diff_y = 0.5 * (G(3,2) - G(1,2));
        mag_sample = sqrt( diff_x^2 + diff_y^2 );
        grad_sample = atan2( diff_y, diff_x );
        if grad_sample == pi
           grad_sample = - pi;
        end
        % 计算 x、y 方向上的权重
        x_wght = max(1 - (abs(feat_rot_grid(1,:) - x_sample)/grid_spacing), 0);
        y_wght = max(1 - (abs(feat_rot_grid(2,:) - y_sample)/grid_spacing), 0);
        pos_wght = reshape(repmat(x_wght. * y_wght,8,1),1,128);
        diff = mod( grad_sample - orient(k) - orient_angles + pi, 2 * pi ) - pi;
        orient_wght = max(1 - abs(diff)/orient_bin_spacing,0);
        orient_wght = repmat(orient_wght,1,16);
        % 计算高斯权重
        g = exp( - ((x_sample - x)^2 + (y_sample - y)^2)/(2 * feat_window^2))/(2 * pi * feat_
window^2);
        feat_desc = feat_desc + pos_wght. * orient_wght * g * mag_sample;
     end
     % 将特征向量的长度归一化,则可以进一步去除光照变化的影响.
     feat_desc = feat_desc / norm(feat_desc);
     feat_desc( find(feat_desc > 0.2) ) = 0.2;
     feat_desc = feat_desc / norm(feat_desc);
     % 存储特征向量.
     desc = [desc; feat_desc];
     if (interactive >= 1) & (mod(k,25) == 0)
        fprintf( 2, '.' );
     end
  end
  desc_time = toc;
  % 调整采样偏差
  sample_offset = - (subsample - 1);
  for k = 1:size(pos,1)
     pos(k,:) = pos(k,:) + sample_offset(scale(k,1));
  end
  if size(pos,1) > 0
      scale = scale(:,3);
  end
  % 在交互模式下显示运行过程耗时.
  if interactive >= 1
     fprintf( 2, '\nDescriptor processing time %.2f seconds.\n', desc_time );
     fprintf( 2, 'Processing time summary:\n' );
     fprintf( 2, '\tPreprocessing:\t%.2f s\n', pre_time );
     fprintf( 2, '\tPyramid:\t%.2f s\n', pyr_time );
     fprintf( 2, '\tKeypoints:\t%.2f s\n', keypoint_time );
```

```
        fprintf( 2, '\tGradient:\t %.2f s\n', grad_time );
        fprintf( 2, '\tOrientation:\t %.2f s\n', orient_time );
        fprintf( 2, '\tDescriptor:\t %.2f s\n', desc_time );
        fprintf( 2, 'Total processing time %.2f seconds.\n', pre_time + pyr_time + keypoint_
time + grad_time + orient_time + desc_time );
    end
```

在上述实现 SIFT 算法的 MATLAB 程序中，调用了其他一些函数如下：

```
function g = gaussian_filter( sigma)
% 功能:生成一维高斯滤波器
% 输入:
% sigma  - 高斯滤波器的标准差
% 输出:
% g  - 高斯滤波器
  sample = 7.0/2.0;
n = 2 * round(sample * sigma) + 1;
x = 1:n;
x = x - ceil(n/2);
g = exp( - (x.^2)/(2 * sigma^2))/(sigma * sqrt(2 * pi));
**********************************************************
**********************************************************
function im = pgmread( fname );
% 功能:读入.pgm 图像
global SIZE_LIMIT;
if SIZE_LIMIT
 fprintf(1, 'SIZE_LIMIT recognized by pgmread\n');
end
[fid,msg] = fopen( fname, 'r' );
if (fid == -1)
  error(msg);
end
[pars type] = pnmReadHeader(fid);
if (pars == -1)
  fclose(fid);
  error([fname ': cannot parse pgm header']);
end
if ~(type == 'P2' | type == 'P5')
  fclose(fid);
  error([fname ': Not of type P2 or P5.']);
end
xdim = pars(1);
ydim = pars(2);
maxval = pars(3);
sz = xdim * ydim;
if SIZE_LIMIT
if sz >= 16384
   ydim = floor(16384/xdim);
   sz = xdim * ydim;
   fprintf(1, 'truncated image size: cols %d rows %d\n', xdim, ydim)
```

```
end
end
if  (type == 'P2')
  [im,count]  = fscanf(fid,'%d',sz);
elseif  (type == 'P5')
  count = 0;
  im = [];
  stat = fseek(fid, - sz, 'eof');
  if  ~stat
    [im,count]  = fread(fid,sz,'uchar');
  end
  if  (count ~= sz)
    fprintf(1,'Warning: File ended early! %s\n', fname);
    fprintf(1,'...Padding with %d zeros.\n', sz - count);
    im = [im ; zeros(sz - count,1)];
  end
else
  fclose(fid);
  error([fname ': Not of type P2 or P5.']);
end
im = reshape( im, xdim, ydim )';
fclose(fid);
*****************************************************************
*****************************************************************
function  [pars, type] = pnmReadHeader(fid)
% 功能:读入并解析一个 pnm  格式图像的头文件
pars = - 1;
type = 'Unknown';
TheLine = fgetl(fid);
szLine = size(TheLine);
endLine = szLine(2);
if  (endLine < 2)
  fprintf(1, ['Unrecognized PNM file type\n']);
  pars = - 1;
  return;
end
type = TheLine(1:2);
ok = 0;
if  (type(1) == 'P')
   if  (type(2) == '1'  | type(2) == '2'  | ...
        type(2) == '3'  | type(2) == '4'  | ...
        type(2) == '5'  | type(2) == '6'  | ...
        type(2) == 'B'  | type(2) == 'L')
      ok = 1;
   else
      fprintf(1, ['Unrecognized PNM file type: ' type '\n']);
   end
end
if  (type(1) == 'F')
```

```
    if (type(2) == 'P' | type(2) == 'U')
      ok = 1;
    else
      fprintf(1, ['Unrecognized PNM file type: ' type '\n']);
    end
end
if ~ok
    pars = -1;
    return;
end
current = 3;
parIndex = 1;
while(parIndex < 4)
  while (current > endLine)
    TheLine = fgetl(fid);
    if (TheLine == -1)
      fprintf(1, 'Unexpected EOF\n');
      pars = -1;
      return;
    end
    szLine = size(TheLine);
    endLine = szLine(2);
    current = 1;
  end
  [token, count, errmsg, nextindex] = ...
       sscanf(TheLine(current:endLine),'%s',1);
  nextindex = nextindex + current - 1;
  if (count == 0)
    if (nextindex > endLine)
     current = nextindex;
    else
     pars = -1;
     fprintf(1, 'Unexpected EOF\n');
     return;
    end
  else
   if token(1) == '#'
    current = endLine + 1;
   else
    [pars(parIndex), count, errmsg, nextindex] = ...
       sscanf(TheLine(current: endLine), '%d', 1);
    if ~(count == 1)
      fprintf(1,'Confused reading pgm header\n');
      pars = -1;
      return;
    end
    parIndex = parIndex + 1;
    current = current + nextindex - 1;
   end
```

```
  end
end
*******************************************************
*******************************************************
function resizeImageFig(h, sz, frac)
% function resizeImageFig(h, sz, frac)
% 功能:根据句柄重获图像的大小
%  sz = 图像尺寸.
%  frac (默认值 = 1).
if (nargin <3)
 frac = 1;
end
pos = get(h, 'Position');
set(h, 'Units', 'pixels', 'Position', ...
      [pos(1), pos(2) + pos(4) - frac * sz(1), ...
       frac * sz(2), frac * sz(1)]);
set(gca,'Position', [0 0 1 1], 'Visible', 'off');
*******************************************************
*******************************************************
function hh = display_keypoints( pos, scale, orient, varargin )
% 功能:在原始图像上显示特征点
% 输入:
% pos   - 特征点的位置矩阵.
% scale  - 特征点的尺度矩阵.
% orient  - 特征点的主方向向量.
% 输出:
% hh - 返回向量的线句柄.
hold on;
alpha = 0.33;
beta = 0.33;
autoscale = 1.5;
plotarrows = 1;
sym = '';
filled = 0;
ls = '-';
ms = '';
col = '';
varin = nargin - 3;
while (varin > 0) & isstr(varargin{varin}),
   vv = varargin{varin};
   if ~isempty(vv) & strcmp(lower(vv(1)),'f')
      filled = 1;
      nin = nin - 1;
   else
      [l,c,m,msg] = colstyle(vv);
      if ~isempty(msg),
         error(sprintf('Unknown option "%s".',vv));
      end
      if ~isempty(l), ls = l; end
```

```
        if ~isempty(c), col = c; end
        if ~isempty(m), ms = m; plotarrows = 0; end
        if isequal(m,'.'), ms = ''; end % Don't plot '.'
        varin = varin - 1;
    end
end
if varin > 0
    autoscale = varargin{varin};
end
x = pos(:,1);
y = pos(:,2);
u = scale. * cos(orient);
v = scale. * sin(orient);
if prod(size(u)) == 1, u = u(ones(size(x))); end
if prod(size(v)) == 1, v = v(ones(size(u))); end
if autoscale,
  u = u * autoscale; v = v * autoscale;
end
ax = newplot;
next = lower(get(ax,'NextPlot'));
hold_state = ishold;
x = x(:).'; y = y(:).';
u = u(:).'; v = v(:).';
uu = [x;x + u;repmat(NaN,size(u))];
vv = [y;y + v;repmat(NaN,size(u))];
h1 = plot(uu(:),vv(:),[col ls]);
if plotarrows,
  hu = [x + u - alpha * (u + beta * (v + eps));x + u; ...
        x + u - alpha * (u - beta * (v + eps));repmat(NaN,size(u))];
  hv = [y + v - alpha * (v - beta * (u + eps));y + v; ...
        y + v - alpha * (v + beta * (u + eps));repmat(NaN,size(v))];
  hold on
  h2 = plot(hu(:),hv(:),[col ls]);
else
  h2 = [];
end
if ~isempty(ms),
  hu = x; hv = y;
  hold on
  h3 = plot(hu(:),hv(:),[col ms]);
  if filled, set(h3,'markerfacecolor',get(h1,'color')); end
else
  h3 = [];
end
if ~hold_state, hold off, view(2); set(ax,'NextPlot',next); end
if nargout>0, hh = [h1;h2;h3]; end
```

第2章

图像配准和融合

2.1 图像配准及其实现

【温馨提示】 本节主要介绍三种常用的图像配准技术：基于灰度的图像配准、序贯相似性检测算法和基于特征点的图像配准技术，读者应着重掌握三种配准方法的特点和适用条件。

2.1.1 纵览“图像配准”

图像配准(Image registration)是指同一目标的两幅(或者两幅以上)图像在空间位置的对准。图像配准技术过程，称为图像匹配(Image matching)者图像相关(Image correlation)。图像配准应用十分广泛，例如，航空航天技术、地理信息系统、图像镶嵌、图像融合、目标识别、医学图像分析、机器人视觉、虚拟现实等领域。图像配准涉及许多相关知识领域，如图像预处理、图像采样、图像分割、特征提取等，并且将计算机视觉、多维信号处理和数值计算方法等紧密地结合在一起。

图像配准可分为半自动配准和全自动配准。半自动配准是以人——机交互的方式提取特征(如角点等)，然后利用计算机对图像进行特征匹配、变换和重采样。全自动配准是直接利用计算机完成图像配准工作，不需要用户参与，其大致可分为基于灰度的全自动配准和基于特征的全自动配准。

常用的基于灰度的图像配准方法包括基于灰度的配准方法和基于特征的配准方法。

基于灰度的图像配准方法具有精度高的优点，但也存在如下缺点：对图像的灰度变化比较敏感，尤其是非线性化的光照变化，将大大降低算法的性能；计算的复杂度高；对目标的旋转、形变以及遮档比较敏感。

基于特征的图像配准方法有两个重要环节：特征提取和特征匹配。可以选取的特征包括：点、线与区域。特征区域一般采用互相关来度量，但互相关度量对旋转处理比较困难，尤其是图像之间存在部分图像重叠的情况。最小二乘匹配算法和全局匹配的松弛算法能够取得比较理想的结果。小波变换、神经网络和遗传算法等新的数学方法的应用，进一步提高了图像配准的精度和运算速度。基于特征的图像配准方法可以克服基于灰度的图像配准方法的缺点，从而在图像配准领域得到了广泛的应用。其优点主要体现在三个方面：图像的特征点比图像的像素点要少很多，因此大大减少了匹配过程的计算量；特征点的匹配量值对位置的变化比较敏感，可以大大提高匹配的精确程度；特征点的提取过程可以减少噪声的影响，对灰度的变化、图像形变以及遮挡等都有较好的适应能力。

2.1.2 构建“配准模型”

1. 图像配准的一般模型

图像配准可定义成两相邻图像之间的空间变换和灰度变换，即先将一图像像素的坐标 $X=(x,y)$ 映射到一个新坐标系中的某一坐标 $X'=(x',y')$，再对其像素进行重采样。图像配准要求相邻图像之间有一部分在逻辑上是相同的，即相邻的图像有一部分反映了同一目标区域，这一点是实现图像配准的基本条件。如果确定了相邻图像代表同一场景目标的所有像素之间的坐标关系，采用相应的处理算法，即可实现图像配准。

假设两幅图像 $f:\Omega_f\rightarrow Q_f\subset R$ 和 $g:\Omega_g\rightarrow Q_g\subset R$，其中 Ω_f 和 Ω_g 是图像 f 和 g 的定义域，Ω_f 和 Ω_g 是它们的值域。不失一般性，假定图像 f 为参考图像，则图像 f 和 g 之间的配准就变成了 g 经过空间变换和灰度变换与 f 匹配的过程。

如果 S 和 I 分别表示图像的空间变换和灰度变换，g' 表示图像 g 经过变换后的图像，则有：

$$g'(q) = I[g(S(p,\alpha_s)),\alpha_I] \tag{2.1.1}$$

式(2.1.1)中 $p\in\Omega_g$，$q\in\Omega_f$ 且 $q=S(p,\alpha_s)$，α_s 和 α_I 分别表示空间变换和灰度变换的参数集合。记 α 为图像变换中所有参数组成的集合，即 $\alpha=\alpha_s\cup\alpha_I$。

设向量 g' 和 f 为：

$$g' = (g'(q):q\in\Omega_f)^T$$

$$f = (f(q):q\in\Omega_f)^T$$

则它们之间的相似度函数 Θ 可以表示为：

$$\Theta(\alpha) = \Gamma(g',f) \tag{2.1.2}$$

式中，$\Gamma(\cdot,\cdot)$ 表示两图像之间的相似性度量(如距离度量)。一般地，空间变换和灰度变换是非线性变换。

> **经验分享**　图像 f 和 g 的配准问题就是对图像 g 作空间变换和灰度变换，得到图像 g'，使得变换后的图像 g' 和图像 f 之间的相似度准则 Θ 达到最大或最小。

一般地，空间变换要求两幅图像具有相同的分辨率。一般以高分辨率图像为参考图像，先对高分辨率图像进行抽样，使其分辨率与待配准图像的分辨率保持一致；再进行空间变换和灰度变换；最后对配准后图像进行插值，使其分辨率与原始参考图像的分辨率保持一致。

2. 图像变换与重采样

在图像配准中,首先根据参考图像与待配准的图像相对应的点特征,求解两幅图像之间的变换参数;然后将待配准的图像做相应的空间变换,使两幅图像处于同一坐标系下;最后通过灰度变换,对空间变换后的待配准图像灰度值进行重新赋值,即重采样。

图像变换就是寻找一种坐标变换模型,建立从一幅图像坐标(x,y)与另一幅图像坐标(x',y')之间的变换关系。在图像配准中,人们常用到刚体变换、仿射变换、投影变换和非线性变换四种模型。

假定图像 f 为参考图像,图像 g 为待配准图像,对图像 g 的坐标进行空间变换 $T:(x,y)\to(i,j)$,得到点阵 g_T。假设空间变换 T 是可逆的,其逆变换为 T^{-1}。对于点阵 g_T 的坐标点(i,j),其原像为$(x,y)=T^{-1}(i,j)$不一定是整数网络。重采样就是利用图像 g 中与 $T^{-1}(i,j)$最邻近的像素点的灰度,使用逼近的方法得到点阵 g_T 的坐标点(i,j)的灰度 $g_T(i,j)$,从而得到最终的配准图像。重采样的方法主要有:双线性插值法、双三次卷积法与最邻近像元法。

2.1.3　相似性测度

在图像配准中,由于视角畸变和特征不一致性,从最粗层次匹配到细匹配阶段都会出现误匹配,需要剔除这些误匹配。为此,需要选取和确定相应的相似性测度。对相似性测度影响最大的点,很可能是不正确的匹配,首先予以剔除,再用剩下的匹配点计算图像变换参数。这个剔除过程一直继续到相似性测度落在一个预先设置的阈值内为止。这样就克服了图像灰度等级不一致引起的困难,解决了特征不一致的问题。常用的相似性测度共分为三种:距离测度、相似度和概率测度。其中距离测度包括差绝对值和误差、均方根误差和马氏距离。

1. 均方根误差

两图像匹配均方根误差即灰度矢量 $\boldsymbol{x}$ 与矢量 $\boldsymbol{y}$ 之差的模平方根,即

$$S=\sqrt{|x_1-y_1|^2+|x_2-y_2|^2+\cdots+|x_N-y_N|^2}$$
$$=\sqrt{\sum_{i=1}^{N}|x_i-y_i|^2}$$

S 是 N 维空间点 x 和点 y 之间距离的平方。

2. 差绝对值和误差

两图像匹配的差绝对值和(Absolute difference)就是指灰度矢量 $\boldsymbol{x}$ 与矢量 $\boldsymbol{y}$ 之差各分量的绝对值之和,即

$$S=|x_1-y_1|+|x_2-y_2|+\cdots+|x_N-y_N|$$
$$=\sum_{i=1}^{N}|x_i-y_i|$$

与差绝对值和类似的还有平均差绝对值和为:

$$S = \frac{1}{N}\sum_{i=1}^{N} | x_i - y_i |$$

3. 马氏距离

$$d_M(x,y) = (x-y)^T \sum\nolimits_y^{-1} (x-y)$$

式中，假设基准模板 y 是具有协方差矩阵 $\sum_y$ 的正态分布。马氏距离测度考虑了基准模板特征的离散程度，其获得的分类能力要优先于前两种距离测度。

4. 相似度

定义相似测度 $S(x,y)$ 为：

$$S(x,y) = \frac{x^T y}{\| x \| \cdot \| y \|}$$

式中，$\| x \| = (x^T y)^{1/2}$，$\| y \| = (y^T y)^{1/2}$。$S(x,y)$ 表示模板与匹配子图像相间的相似程度，$S(x,y)$ 越大表示模板与匹配子图像越相似。相似度其实就是两矢量间的归一化相关系数，而在此基础上，人们又导出了归一化标准相关系数：

$$S(x,y) = \frac{(x-\bar{x})^T (y-\bar{y})}{\| x-\bar{x} \| \cdot \| y-\bar{y} \|}$$

式中，$\bar{x}$ 与 $\bar{y}$ 分别表示矢量 x 与 y 的均值。

2.1.4 基于灰度的图像配准

假设被搜索图像 S 的大小为 $N \times N$，模板 T 的大小为 $M \times M$。如图 2.1-1 所示，把模板 T 在搜索图像 S 上移动，在模板覆盖下的那块搜索图叫做子图 $S^{i,j}$；i、j 为这块子图的左上角像点在 S 图像中的坐标，称为参考点，其中，i 和 j 的取值范围为 $1 < i, j < N-M+1$。比较 T 和 $S^{i,j}$ 的内容，若两者一致，则 T 和 S 之差为零。例如，在图 2.1-2 中有若干个目标，现在需要寻找一下有无三角形的图像。若在被搜索图像中有待寻找的目标，且模板有一样的尺寸和方向，它的基本原则就是通过相关函数的计算找到它以及其在被搜索图中的位置。

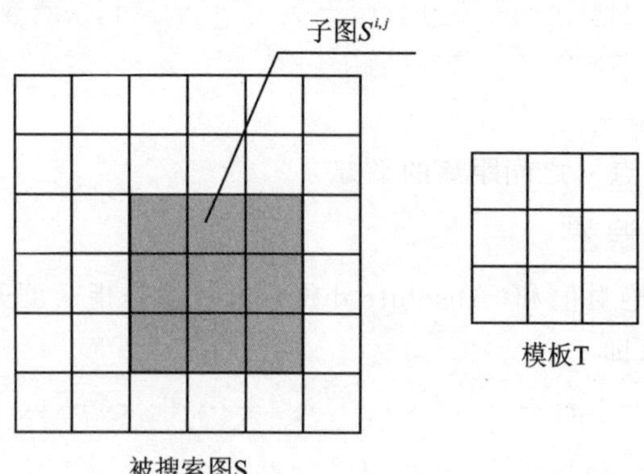

图 2.1-1　搜索图像及模板

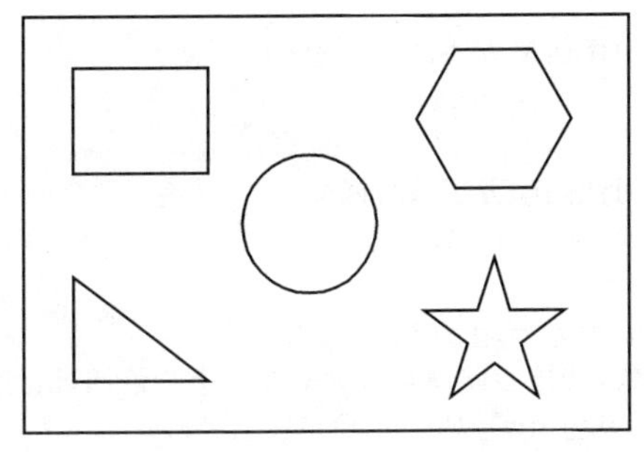
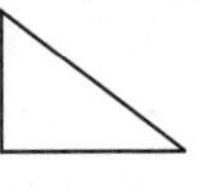

图 2.1－2　被搜索图像与模板

一般采用下列两种测度之一来度量 T 和 $S^{i,j}$ 的相似程度：

$$D(i,j)=\sum_{m=1}^{M}\sum_{n=1}^{M}[S^{i,j}(m,n)-T(m,n)]^2 \tag{2.1.3}$$

或者

$$D(i,j)=\sum_{m=1}^{M}\sum_{n=1}^{M}|S^{i,j}(m,n)-T(m,n)|$$

展开式(2.1.3)，则有：

$$D(i,j)=\sum_{m=1}^{M}\sum_{n=1}^{M}[S^{i,j}(m,n)]^2-2\sum_{m=1}^{M}\sum_{n=1}^{M}[S^{i,j}(m,n)\times T(m,n)]+\sum_{m=1}^{M}\sum_{n=1}^{M}[T(m,n)]^2 \tag{2.1.4}$$

式(2.1.4)中，右边第 3 项表示模板的总能量，是一个常数，与(i,j)无关；第 1 项是模板覆盖下那块子图像的能量，它随(i,j)位置而缓慢改变；第 2 项是子图像和模板的互相关项，随(i,j)而改变。T 和 $S^{i,j}$ 匹配时这项取最大值，因此可用下列相关函数做相似性测度：

$$R(i,j)=\frac{\sum_{m=1}^{M}\sum_{n=1}^{M}[S^{i,j}(m,n)\times T(m,n)]}{\sqrt{\sum_{m=1}^{M}\sum_{n=1}^{M}[S^{i,j}(m,n)]^2}\sqrt{\sum_{m=1}^{M}\sum_{n=1}^{M}[T(m,n)]^2}}$$

根据许瓦尔兹不等式，$0\leqslant R(i,j)\leqslant 1$，当且仅当 $S^{i,j}(m,n)=kT(m,n)$时，$R(i,j)=1$。这里 k 为标量常数。

例程 2.1－1 是进行灰度模板匹配的 MATLAB 源程序。

【例程 2.1－1】

```
function [I_SSD,I_NCC] = template_matching(T,I)
% 功能:图像配准
% [I_SSD,I_NCC] = template_matching(T,I)
% 输入: T-模板              I-输入的原始图像
% I_SSD-采用像素差平方和法(SSD)的匹配结果
% I_NCC-采用标准化互相关匹配法(NCC)的匹配结果

% 将图像转换成双精度型
T = double(T); I = double(I);
```

```
if(size(T,3) == 3)
    % 如果是彩色图像,则按彩色图像匹配方法进行匹配
    [I_SSD,I_NCC] = template_matching color(T,T);
else
    % 如果是灰度图像,则按灰度图像匹配方法进行匹配
    [I_SSD,I_NCC] = template_matching_gray(T,I);
end
function  [I_SSD,I_NCC] = template_matching_color(T,I)
% 功能:对彩色图像进行匹配子函数,其核心原理是从 R、G、B 三个子色调进行匹配
[I_SSD_R,I_NCC_R] = template_matching_gray(T(:,:,1),I(:,:,1));
[I_SSD_G,I_NCC_G] = template_matching_gray(T(:,:,2),I(:,:,2));
[I_SSD_B,I_NCC_B] = template_matching_gray(T(:,:,3),I(:,:,3));
% 融合三次匹配结果
I_SSD = (I_SSD_R + I_SSD_G + I_SSD_B)/3;
I_NCC = (I_NCC_R + I_NCC_G + I_NCC_B)/3;
function  [I_SSD,I_NCC] = template_matching_gray(T,I)
% 功能:对灰度图像进行匹配子函数
T_size = size(T); I_size = size(I);
outsize = I_size  +  T_size - 1;
% 在频域内进行相关运算
if(length(T_size) == 2)
    FT = fft2(rot90(T,2),outsize(1),outsize(2));
    FI = fft2(I,outsize(1),outsize(2));
    Icorr = real(ifft2(FI. * FT));
else
    FT = fftn(rot90_3D(T),outsize);
    FI = fftn(I,outsize);
    Icorr = real(ifftn(FI. * FT));
end
LocalQSumI =  local_sum(I. * I,T_size);
QSumT = sum(T(:).^2);
% 计算模板和图像的像素差平方和
I_SSD = LocalQSumI + QSumT - 2 * Icorr;
% 将其归一化到 0 和 1 之间
I_SSD = I_SSD - min(I_SSD(:));
I_SSD = 1 - (I_SSD./max(I_SSD(:)));
I_SSD = unpadarray(I_SSD,size(I));
if  (nargout>1)
        LocalSumI =  local_sum(I,T_size);
    stdI = sqrt(max(LocalQSumI - (LocalSumI.^2)/numel(T),0) );
    stdT = sqrt(numel(T) - 1) * std(T(:));
    meanIT = LocalSumI * sum(T(:))/numel(T);
    I_NCC =  0.5 + (Icorr - meanIT)./ (2 * stdT * max(stdI,stdT/1e5));
    I_NCC = unpadarray(I_NCC,size(I));
end
function T = rot90_3D(T)
T = flipdim(flipdim(flipdim(T,1),2),3);
function B = unpadarray(A,Bsize)
Bstart = ceil((size(A) - Bsize)/2) + 1;
```

```
Bend = Bstart + Bsize - 1;
if(ndims(A) == 2)
    B = A(Bstart(1):Bend(1),Bstart(2):Bend(2));
elseif(ndims(A) == 3)
    B = A(Bstart(1):Bend(1),Bstart(2):Bend(2),Bstart(3):Bend(3));
end
function local_sum_I = local_sum(I,T_size)
B = padarray(I,T_size);
if(length(T_size) == 2)
    s = cumsum(B,1);
    c = s(1 + T_size(1):end - 1,:) - s(1:end - T_size(1) - 1,:);
    s = cumsum(c,2);
    local_sum_I = s(:,1 + T_size(2):end - 1) - s(:,1:end - T_size(2) - 1);
else
    s = cumsum(B,1);
    c = s(1 + T_size(1):end - 1,:,:) - s(1:end - T_size(1) - 1,:,:);
    s = cumsum(c,2);
    c = s(:,1 + T_size(2):end - 1,:) - s(:,1:end - T_size(2) - 1,:);
    s = cumsum(c,3);
    local_sum_I    = s(:,:,1 + T_size(3):end - 1) - s(:,:,1:end - T_size(3) - 1);
end
```

2.1.5　基于特征点的图像配准

本小节主要介绍基于 Harris 角点的图像配准,其步骤如下:

① 采用 Harris 角点检测算法分别检测两幅输入图像的 Harris 角点。Harris 角点的基本检测原理参见本书的 1.5 节;

② 将两幅图像进行 Harris 角点检测后(设两幅图像检测出的角点数为 N_1 和 N_2,分别得到角点对应于该图像的坐标位置,以该坐标位置为中心,分别取其附近的 8 个像素值,作为匹配特征点向量,则第一幅图像的特征匹配点向量为 $N_1 \times 8$ 维,第二幅图像的特征匹配点为 $N_2 \times 8$ 维;

③ 将特征点向量进行匹配,取相似度小于阈值的作为两幅图像的配准点;

④ 剔除匹配错误点。

上述步骤的 MATLAB 源程序如例程 2.1-2～2.1-7 所示,其运行结果如图 2.1-3～2.1-5 所示。

【例程 2.1-2】

```
function test()
%读入第一幅图像并进行 Harris 角点检测;
    img11 = imread('scence1.jpg');
    img1 = rgb2gray(img11);
    img1 = double(img1(:,:));
    pt1 = kp_harris(img1);
%读入第二幅图像并进行 Harris 角点检测;
    img21 = imread('scence2.jpg');
    img2 = rgb2gray(img21);
```

```
        img2 = double(img2(:,:));
    pt2 = kp_harris(img2);
    % 进行匹配
        result = match(img1,pt1,img2,pt2);
        result(1,intersect(find(result(1,:) > 0),find(result(2,:) == 0))) = 0;
        while(length(find(result(1,:)>0)) > 3)
            result
            draw2(img11,img21,pt1,pt2,result);
            pause;
            [index index] = max(result(2,:));
            result(1,index(1)) = 0;
            result(2,index(1)) = 0;
         end
        draw2(img11,img21,pt1,pt2,result);
    end
```

【例程 2.1-3】

```
    function draw2(img1,img2,pt1,pt2,result)
    % 功能:功能显示匹配特征点子程序
        h = figure;
        subplot(1,2,1);
        imshow(img1);
        subplot(1,2,2);
        imshow(img2);
        s = size(pt1,2);
        subplot(1,2,1);
        for i = 1:size(pt1,1)
           rectangle('Position',[pt1(i,2) - s,pt1(i,1) - s,2 * s,2 * s],'Curvature',[00],
'EdgeColor','b','LineWidth',2);
        end
        subplot(1,2,2);
        for i = 1:size(pt2,1)
           rectangle('Position',[pt2(i,2) - s,pt2(i,1) - s,2 * s,2 * s],'Curvature',[00],
'EdgeColor','b','LineWidth',2);
        end
        for i = 1:size(result,2)
            if(result(1,i)~ = 0)
                subplot(1,2,1);
                text(pt1(result(1,i),2) + 3,pt1(result(1,i),1) + 3,num2str(i),
'BackgroundColor',[1 1 1]);
                subplot(1,2,2);
                text(pt2(i,2) + 3,pt2(i,1) + 3,num2str(i),'BackgroundColor',[1 1 1]);
            end
        end
    end
```

【例程 2.1-4】

```
    function result = match(img1,pt1,img2,pt2)
        %功能:进行匹配子程序
```

```
    regionValue1 = getRegionValue(img1,pt1);
    len1 = size(regionValue1,2);
    regionValue2 = getRegionValue(img2,pt2);
    len2 = size(regionValue2,2);
    %找出最佳匹配点
    result = zeros(2,len2);
    for i = 1:len1
        B = regionValue1(:,i);
        [value,index] = sort(sum(abs(regionValue2 - B(:,ones(1,size(regionValue2,2))))));
        if((result(1,index(1)) == 0)||(result(2,index(1))>value(1)))
            result(1,index(1)) = i;
            result(2,index(1)) = value(1);
        end
    end
end
```

【例程 2.1-5】

```
function regionValue = getRegionValue(img,pt)
% 功能:分别取角点附近的 8 个像素值,作为匹配特征点向量
    len = size(pt,1);
    regionValue = zeros(8,len);
    maxX = size(img,1);
    maxY = size(img,2);
    for i = 1:len
       x = pt(i,1);
       y = pt(i,2);
       %1
       if(x - 1<1||y - 1<1)
           regionValue(1,i) = 100;
       else
           regionValue(1,i) = img(x,y) - img(x - 1,y - 1);
       end
       %2
       if(x - 1<1)
           regionValue(2,i) = 200;
       else
           regionValue(2,i) = img(x,y) - img(x - 1,y);
       end
       %3
       if(x - 1<1||y + 1>maxY)
           regionValue(3,i) = 300;
       else
           regionValue(3,i) = img(x,y) - img(x - 1,y + 1);
       end
       %4
       if(y + 1>maxY)
           regionValue(4,i) = 400;
       else
           regionValue(4,i) = img(x,y) - img(x,y + 1);
```

```
            end
            %5
            if(x+1>maxX||y+1>maxY)
                regionValue(5,i) = 500;
            else
                regionValue(5,i) = img(x,y) - img(x+1,y+1);
            end
            %6
            if(x+1>maxX)
                regionValue(6,i) = 600;
            else
                regionValue(6,i) = img(x,y) - img(x+1,y);
            end
            %7
            if(x+1>maxX||y-1<1)
                regionValue(7,i) = 700;
            else
                regionValue(7,i) = img(x,y) - img(x+1,y-1);
            end
            %8
            if(y-1<1)
                regionValue(8,i) = 800;
            else
                regionValue(8,i) = img(x,y) - img(x,y-1);
            end
        end
end
```


【例程 2.1-6】

```
function points = kp_harris(im)
    % 功能:检测图像的 Harris 角点
    im = double(im(:,:,1));
    sigma = 1.5;
    s_D = 0.7 * sigma;
    x = - round(3 * s_D):round(3 * s_D);
    dx = x .* exp( - x. * x/(2 * s_D * s_D)) ./ (s_D * s_D * s_D * sqrt(2 * pi));
    dy = dx';
    Ix = conv2(im, dx, 'same');
    Iy = conv2(im, dy, 'same');
    s_I = sigma;
    g = fspecial('gaussian',max(1,fix(6 * s_I + 1)), s_I);
    Ix2 = conv2(Ix.^2, g, 'same');
    Iy2 = conv2(Iy.^2, g, 'same');
    Ixy = conv2(Ix. * Iy, g, 'same');
    cim = (Ix2. * Iy2 - Ixy.^2)./(Ix2 + Iy2 + eps);
    [r,c,max_local] = findLocalMaximum(cim,3 * s_I);
    t = 0.6 * max(max_local(:));
    [r,c] = find(max_local> = t);
    points = [r,c];
```

```
end
function [row,col,max_local] = findLocalMaximum(val,radius)

    mask    = fspecial('disk',radius)>0;
    nb      = sum(mask(:));
    highest                = ordfilt2(val, nb, mask);
    second_highest         = ordfilt2(val, nb-1, mask);
    index                  = highest == val & highest ~= second_highest;
    max_local              = zeros(size(val));
    max_local(index)       = val(index);
    [row,col]              = find(index == 1);
end
```

图 2.1-3　输入的两幅原始图像

图 2.1-4　角点提取以及配准的结果

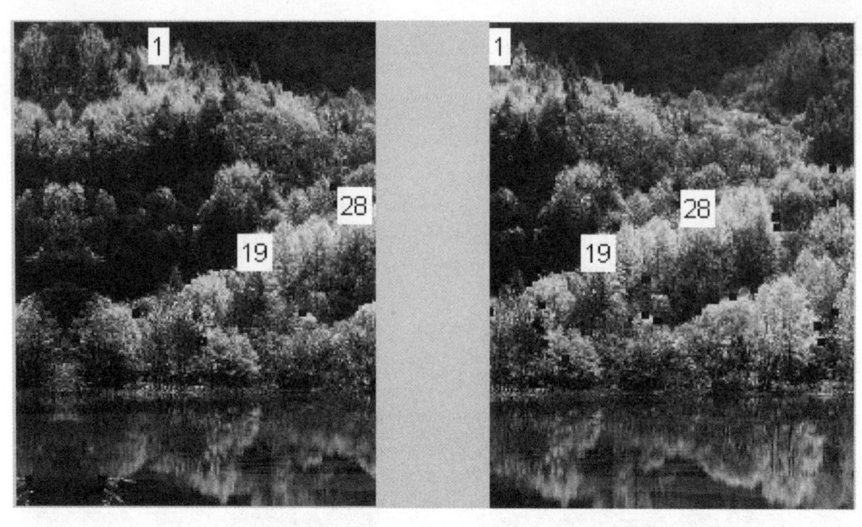

图 2.1-5　剔除匹配错误后的结果

2.2　图像融合及其实现

【温馨提示】 本节主要对图像融合的基本概念和主要融合方法进行讲解。通过本节,读者应掌握图像融合的各种方法的基本原理。

2.2.1　什么是图像融合

图像融合就是将不同来源的同一对象的图像数据进行空间配准,然后采用一定的算法将各图像数据中所含的信息优势或互补性有机地结合起来产生新图像数据的信息技术。这种新数能够较全面地描述被研究对象,同单一信息源相比,能减少或抑制对被感知对象或环境解释中可能存在的多义性、不完全性、不确定性和误差,最大限度地利用各种信息源提供的信息。图像融合的一般模型如图 2.2-1 所示。

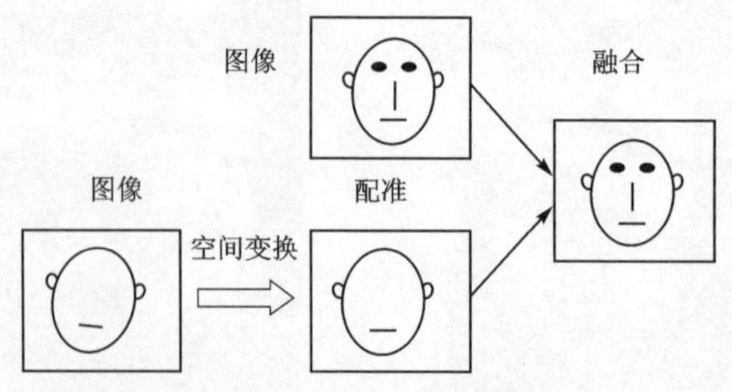

图 2.2-1　图像融合的一般模型

研究表明,融合图像能更好地解释和描述被感知的对象或环境,提高了对图像的信息分析和提取能力。多源遥感图像融合广泛应用于地质、农业、测绘与军事等方面。图

2.2-2～图 2.2-4 是图像融合的典型应用。

图 2.2-2　图像融合在军事跟踪上的应用

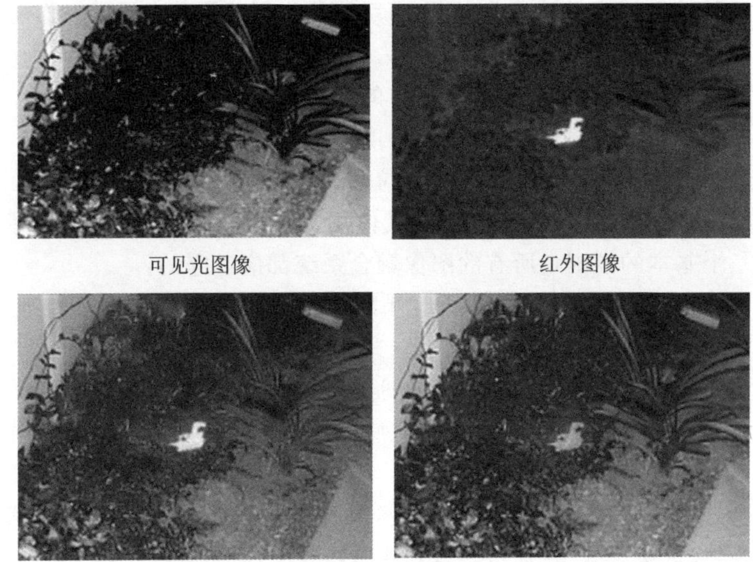

图 2.2-3　图像融合在目标识别中的应用

图像融合通过采用特定的算法，把工作于不同波长范围、具有不同成像机理的图像传感器对同一场景、同一时刻的多个成像信息融合成一个新图像，从而使融合的图像可信度更高，模糊较少，可理解性更好，更适合人的视觉及计算机检测、分类、识别、理解等处理。总的来说，图像融合主要有以下作用：

图 2.2-4　图像融合在安检中的应用

- 扩展系统的空间和时间覆盖率，提高系统的作用范围和全天候工作能；
- 增强系统的抗干扰性和识别伪装能力，并提升系统的生存能力；
- 改善系统的探测性能，减少获取信息的模糊不确定性；
- 提高系统的可靠性，增强系统的可信度；
- 提高获取图像的空间分辨率和数据位数，增强图像信息的可视性。

对于各种图像融合系统而言，由于其具体用途不同，对融合系统的要求也不尽相同，但是，有三个基本的准则是所有的图像融合系统都应遵守的：

准则一：融合后的图像应该尽可能地保留原始输入图像中的显著特征，如边缘信息、纹理信息等。

准则二：融合过程中不应该引进任何与原始图像无关的信息或者不一致的信息。

准则三：原始输入图像中的不合理信息应该在融合后的图像中得到抑制或消除，这些不合理的信息包括噪声和配准误差。

图像融合处理能够在图像信息表征的不同层次上进行，一般将多传感器图像融合由低到高分为：像素级融合、特征级融合和决策级融合三个层次，如图 2.2-5 所示。

1. 像素级融合

像素级图像融合首先对源图像进行预处理和空间配准，然后对处理后的图像采用适当的算法进行融合，得到融合图像并进行显示和相关后续处理。像素级融合最大限度地保留了源图像的信息，在多传感器图像融合 3 个层次中精度最高，同时它也是特征级和决策级融合的基础。像素级融合的缺点是处理的数据量较大、实时性差。

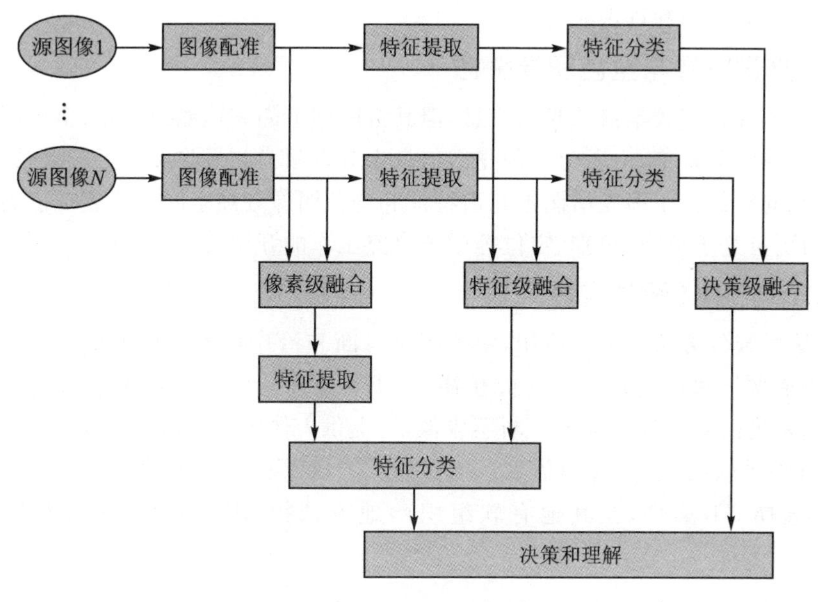

图 2.2-5　图像融合 3 个层次

2. 特征级融合

特征级融合是一种中等水平的融合。特征级融合先是将各图像数据进行特征提取,产生特征矢量;然后对这些特征矢量进行融合;最后,利用融合特征矢量进行属性说明。其优点是实现了可观的信息压缩,有利于实时处理,并且提供的特征直接与决策分析相关;其缺点是精度比像素级融合差。

3. 决策级融合

决策级融合是一种高水平的融合。决策级融合首先对每一数据进行属性说明,然后对结果加以融合,得到目标或环境的融合属性说明。决策级融合的优点是具有良好的容错性和开放性,处理时间较短。

目前,应用最广泛的就是像素级融合,它是特征级和决策级融合的基础,也是适用难度最大的一种融合方式。3 个层次的融合并不是相互独立的,在同一个应用系统中,可能存在多个融合层次的融合。

2.2.2　常见的图像融合类型

1. 可见光与红外图像融合

可见光图像虽然具有丰富的细节信息和色彩,但在恶劣的气候条件下,对大气的穿透能力较差,在夜间的成像能力更差。红外线具有较强的穿透能力。在红外波段,物体不同的反射特性和发射特性都可以较好地表现出来,即使在夜间其所成的影像仍然能够显示出景物的轮廓,但其成像的空间分辨率较低。如果对可见光和红外图像进行有机地融合,则可以消除因光线、大气的衰减、物体遮挡等引起的影像模糊和消失,可有效地提高对目标的探测和辨识能力。

2. 多光谱图像与全色图像融合

多光谱图像含有较丰富的光谱信息，但其空间细节的表达能力较差；全色图像一般具有较高的空间分辨率，但所包含的光谱信息十分有限。如果将两者进行有效地融合，就可以得到同时保持了多光谱图像光谱特征和全色图像较高空间细节表现能力的融合图像，从而更有利于分类、识别、定位等后续研究工作的开展。

3. CT与MRI图像融合

各种医学成像方法的临床应用，使得医学诊断和治疗技术取得了很大的进展。同时，将各种成像技术得到的信息进行互补，已成为临床诊疗及生物医学研究的有力武器。其中，常见的CT图像为X光断层成像，可提供人体的骨骼信息；MRI图像为磁共振图像，可提供软组织、血管等信息。通过将CT图像和MRI图像进行融合，在有骨骼的地方选择CT属性，在其他有软组织的地方选择MRI属性，有利于制订手术计划。

2.2.3 图像融合的主要步骤

目前，国内外已有大量图像融合技术的研究报道，不论应用何种技术方法，必须遵守的基本原则是两张或多张图像上对应的每一点都应对位准确，即实现图像配准。由于研究对象、目的不同，图像融合方法亦可多种多样，其主要步骤归纳如下：

① 预处理：对获取的两种图像数据进行去噪、增强等处理，统一数据格式、图像大小和分辨率。对序列断层图像作三维重建和显示，根据目标特点建立数学模型；

② 进行图像配准：使两幅待融合的图像对应点或对应区域在空间上对齐；

③ 融合图像创建：配准后的两种模式的图像在同一坐标系下将各自的有用信息融合表达成的一幅新的图像。

2.2.4 图像融合的规则

图像融合的规则主要有两大类：基于像素的图像融合规则和基于区域的图像融合规则。基于像素的图像融合规则是根据分解后图像对应位置像素的灰度值确定融合图像分解层上该位置的像素灰度值大小，其融合规则包括：灰度值取大、灰度值取小以及灰度值加权平均(平均是加权平均的特殊情况)。

实际上，绝大多数的基于空域以及基于变换域的图像的融合方法都可采用这种融合规则。只不过由于变换域的融合处理是在非空域或多尺度、多分辨率下分层进行的，不同分解层可采用的融合规则不同，这样其融合处理结果相比简单的图像融合方法更能获得好的融合效果。基于像素的这种融合规则，简单，易实现，运算速度快，但是在融合处理时存在图像边缘、细节信息的不稳定性以及各像素之间的相关性，导致融合后的图像缺乏一致性，这种基于像素的融合规则有待改善。

基于区域的融合规则能获得的视觉特性更佳、细节更丰富的融合效果。其基本思想是:在对图像分解后的系数表示进行融合处理时,不仅考虑某一点的像素值,而且要考虑它相邻像素的值(通常采用固定大小的窗口来衡量)。区域的融合规则主要包括:基于区域梯度的规则、基于区域方差的规则、基于区域能量的规则以及基于区域距离的规则。

2.2.5 图像融合效果评价

图像融合的一个重要步骤是对融合的效果进行评价,当前在图像融合的领域中缺乏对融合效果系统全面的评价,还主要依靠观察者的主观感觉。理想的融合过程既有对新信息的摄入,也有对原有有用信息的保留,融合效果评价应该包括创新性和继承性。因此需要寻找一种可以客观评价图像融合效果的方法,从而为不同的应用选择不同的融合方法提供依据。

主观评定法是由判读人员直接用肉眼对融合图像的质量进行评估,根据人的主观感觉和统计结果对图像质量的优劣来做出评判。例如,可以让观察者对不同融合方法得到的融合图像中的特定目标进行识别,测量出识别时间并统计出识别的正确率等,从而判断出图像融合方法性能的优劣和融合图像质量的好坏主观评定法具有简单、直观的优点,对明显的图像信息可以进行快捷、方便的评价,在一些特定应用中是十分可行的。比如在美国国防部高级研究计划局资助的先进夜视系统开发计划中,研究者就是用主观评价方法来比较两种假彩色图像融合方法的好坏。由于这套系统是用来提高飞行员的夜视能力的,所以主观评价法不失为一种最佳的选择。

主观评价法可以用于判断融合图像是否配准,如果配准的不好,那么图像就会出现重影,反过来通过图像融合也可以检查配准精度;可通过直接比较图像差异来判断光谱是否扭曲和空间信息的传递性能以及是否丢失重要信息;判断融合图像纹理及色彩信息是否一致,融合图像整体色彩是否与天然色彩保持一致,如居民点图像是否明亮突出,水体图像是否呈现蓝色,植物图像是否呈现绿色;判断融合图像整体亮度、色彩反差是否合适,是否有蒙雾或马赛克等现象出现以及判断融合图像的清晰度是否降低、图像边缘是否清楚等。所以主观评价法是最简单、最常用的方法。通过它对图像上的田地边界、道路、居民地轮廓、机场跑道边缘的比较,可直观地得到图像在空间分辨力、清晰度等方面的差异。且由于人眼对色彩具有强烈的感知能力,使得对光谱特征的评价是任何其他方法所无法比拟的。这种方法的主观性比较强,人眼对融合图像的感觉很大程度上决定了遥感图像的质量。融合图像质量评价离不开视觉评价,这是必不可少的。但因为人的视觉对图像上的各种变化并不都是很敏感,图像的视觉质量强烈地取决于观察者,具有主观性、不全面性。因此需要与客观的定量评价标准相结合进行综合评价。即对融合图像质量在主观的目视评价基础上,进行客观定不同图像融合以后,目视判别可以作为一种最简单、最直接的评价方法,其优点在于,可以直接根据图像融合前后的对比做出评价,缺点是主观性较强。

下面简要介绍一下常用的客观评价方法的定义与物理含义。

(1) 均值与标准方差

$$\mu = \frac{1}{n}\sum_{i=1}^{n} x_i$$

$$\sigma^2 = \frac{1}{n-1}\sum_{i=1}^{n}(x_i - \mu)^2$$

以上两个式子中,表示图像总的像素的个数,x_i 为第 i 个像素的灰度值。均值的意义是亮度的平均值,如果亮度适中(灰度值在128附近),那么图像的视觉效果良好。方差反映的是灰度值相对于均值的分散情况,方差值越大,表明图像的灰度范围越趋于分散,图像的信息量也越大。

(2) 信息熵

1984年现代信息论创始人Shannon将平均信息量定义为熵。公式为:

$$H(x) = -\sum_{i=1}^{n} p_i \log_2 p_i$$

信息熵是衡量图像信息丰富程度的一个重要指标,信息熵的大小反映了图像携带信息的多少。如果融合结果图像的熵越大,说明融合结果图像所含的信息越丰富,融合效果越好。

(3) 清晰度

图像清晰度用梯度算法来衡量,图像的梯度由下式确定:

$$\bar{g} = \frac{1}{n}\sum \sqrt{(\Delta I_x^2 + \Delta I_y^2)/2}$$

其中,ΔI_x 与 ΔI_y 分别为 x 与 y 方向上的差分,n 为图像的大小,$\bar{g}$ 越大,表明图像的清晰度越高。

(4) 扭曲程度

图像光谱扭曲程度直接反映了多光谱图像的光谱失真程度,定义为:

$$D = \frac{1}{n}\sum_i \sum_j |V'_{ij} - V_{ij}|$$

其中,n 为图像的大小,V'_{ij},V_{ij} 分别为融合结果图像和原始图像上(i,j)点的灰度值。

(5) 偏差指数

偏差指数用来比较融合图像和原始多光谱图像偏离的程度。

$$D' = \frac{1}{MN}\sum_{i=1}^{M}\sum_{j=1}^{N}\frac{|I(i,j) - I'(i,j)|}{I(i,j)}$$

其中,I、I'分别为融合前后(i,j)点的强度值,M、N 分别为图像的行数和列数。

(6) 相关系数

$$C = \frac{\sum_{i,j}[(f_{i,j} - \mu_f) \times (g_{i,j} - \mu_g)]}{\sqrt{\sum_{i,j}[(f_{i,j} - \mu_f)^2] \times \sum_{i,j}[(g_{i,j} - \mu_g)^2]}}$$

其中,$f_{i,j}$ 和 $g_{i,j}$ 分别为(i,j)点的灰度值,μ_f 与 μ_g 为两幅图像的平均灰度值。相关系数可以用来度量两幅图像之间的相关程度。通过比较融合前后图像的相关系数可以看出原始图像的光谱信息和空间信息的改变程度,差异越小,则融合方法从原始图像中提取的信息越多。

2.2.6 加权平均图像融合方法及其程序实现

加权法是将两幅输入图像 $g_1(i,j)$和 $g_2(i,j)$各自乘上一个权系数,融合而成新的图像 $F(i,j)$。

$$F(i,j) = ag_1(i,j) + (1-a)g_2(i,j)$$

其中:a 为权重因子,且 $0 \leqslant a \leqslant 1$,可以根据需要调节 a 的大小。该算法实现简单,其困难在于如何选择权重系数,才能达到最佳的视觉效果。

基于加权平均图像融合方法的 MATLAB 程序详见例程 2.2-1。

【例程 2.2-1】 基于加权平均的图像融合方法

```
up = imread('high.jpg');                    %读图像
low = imread('low.jpg');
figure(1)
imshow(up);                                              %读 RGB 数值
[M,N,color] = size(up);
title('高分辨率图像');
figure(2)
imshow(low);
title('低分辨率图像');
r = double(up(:,:,1));
g = double(up(:,:,2));
b = double(up(:,:,3));
r_low = double(low(:,:,1));
g_low = double(low(:,:,2));
b_low = double(low(:,:,3));
% 进行加权计算
RGB(:,:,1) = 0.5 * r + 0.5 * r_low;
RGB(:,:,2) = 0.5 * g + 0.5 * g_low;
RGB(:,:,3) = 0.5 * b + 0.5 * b_low;
R = RGB(:,:,1);
G = RGB(:,:,2);
B = RGB(:,:,3);
RGB = uint8(round(RGB));
figure(3)
imshow(RGB)
title('加权 - RGB 转化后的图像');
```

2.2.7 基于主成分分析的图像融合方法及其程序实现

在实际问题中,我们经常会遇到研究多个变量的问题,而且在多数情况下,多个变量之间常常存在一定的相关性。由于变量个数较多再加上变量之间的相关性,势必增加了分析问题的复杂性。如何从多个变量中综合为少数几个代表性变量,既能够代表原始变量的绝大多数信息,又互不相关,并且在新的综合变量基础上,可以进一步的统计分析，这时就需要进行主成分分析。

主成分分析是采取一种数学降维的方法，找出几个综合变量来代替原来众多的变量，使这些综合变量能尽可能地代表原来变量的信息量，而且彼此之间互不相关。这种将把多个变量化为少数几个互相无关的综合变量的统计分析方法就叫做主成分分析或主分量分析。

主成分分析所要做的就是设法将原来众多具有一定相关性的变量，重新组合为一组新的相互无关的综合变量来代替原来变量。通常，数学上的处理方法就是将原来的变量做线性组合，作为新的综合变量，但是这种组合如果不加以限制，则可以有很多，应该如何选择呢？如果将选取的第一个线性组合即第一个综合变量记为 F_1，自然希望它尽可能多地反映原来变量的信息，这里“信息”用方差来测量，即希望 $Var(F_1)$ 越大，表示 F_1 包含的信息越多。因此在所有的线性组合中所选取的 F_1 应该是方差最大的，故称 F_1 为第 1 主成分。如果第 1 主成分不足以代表原来 p 个变量的信息，再考虑选取 F_2 即第 2 个线性组合，为了有效地反映原来信息，F_1 已有的信息就不需要再出现在 F_2 中，用数学语言表达就是要求 $Cov(F_1,F_2)=0$，称 F_2 为第 2 主成分，依此类推可以构造出第 3、4……第 p 个主成分。

对于一个样本资料，观测 p 个变量 $x_1,x_2,\cdots x_p$，n 个样品的数据资料阵为：

$$X=\begin{bmatrix} x_{11} & x_{12} & \cdots & x_{1p} \\ x_{21} & x_{22} & \cdots & x_{2p} \\ \vdots & \vdots & \vdots & \vdots \\ x_{n1} & x_{n2} & \cdots & x_{np} \end{bmatrix}=(x_1,x_2,\cdots x_p)$$

其中：

$$x_j=\begin{bmatrix} x_{1j} \\ x_{2j} \\ \vdots \\ x_{nj} \end{bmatrix},\qquad j=1,2,\cdots p$$

主成分分析就是将 p 个观测变量综合成为 p 个新的变量(综合变量)，即

$$\begin{cases} F_1=a_{11}x_1+a_{12}x_2+\cdots+a_{1p}x_p \\ F_2=a_{21}x_1+a_{22}x_2+\cdots+a_{2p}x_p \\ \qquad\cdots \\ F_p=a_{p1}x_1+a_{p2}x_2+\cdots+a_{pp}x_p \end{cases}$$

简写为：

$$F_j=\alpha_{j1}x_1+\alpha_{j2}x_2+\cdots+\alpha_{jp}x_p$$
$$j=1,2,\cdots,p$$

要求模型满足以下条件：

① F_i,F_j 互不相关($i\neq j,i,j=1,2,\cdots,p$)；

② F_1 的方差大于 F_2 的方差大于 F_3 的方差，依次类推；

③ $a_{k1}{}^2+a_{k2}{}^2+\cdots+a_{kp}{}^2=1\quad k=1,2,\cdots p$。

于是，称 F_1 为第 1 主成分，F_2 为第 2 主成分，依此类推，有第 p 个主成分。主成分

又叫主分量。这里 a_{ij} 我们称为主成分系数。

上述模型可用矩阵表示为：

$$\boldsymbol{F}=\boldsymbol{AX}$$

其中，$\boldsymbol{F}=\begin{pmatrix}F_1\\F_2\\\vdots\\F_p\end{pmatrix}$，$\boldsymbol{X}=\begin{pmatrix}x_1\\x_2\\\vdots\\x_p\end{pmatrix}$，$\boldsymbol{A}=\begin{pmatrix}a_{11}&a_{12}&\cdots&a_{1p}\\a_{21}&a_{22}&\cdots&a_{2p}\\\vdots&\vdots&\vdots&\vdots\\a_{p1}&a_{p2}&\cdots&a_{pp}\end{pmatrix}=\begin{pmatrix}a_1\\a_2\\\vdots\\a_p\end{pmatrix}$，$\boldsymbol{A}$ 称为主成分系数矩阵。

样本观测数据矩阵为：

$$\boldsymbol{X}=\begin{pmatrix}x_{11}&x_{12}&\cdots&x_{1p}\\x_{21}&x_{22}&\cdots&x_{2p}\\\vdots&\vdots&\vdots&\vdots\\x_{n1}&x_{n2}&\cdots&x_{np}\end{pmatrix}$$

第 1 步：对原始数据进行标准化处理。

$$x_{ij}^{*}=\frac{x_{ij}-\bar{x}_j}{\sqrt{\mathrm{var}(x_j)}}\quad(i=1,2,\cdots,n;j=1,2,\cdots,p)$$

其中，$\bar{x}_j=\frac{1}{n}\sum_{i=1}^{n}x_{ij}$，$\mathrm{var}(x_j)=\frac{1}{n-1}\sum_{i=1}^{n}(x_{ij}-\bar{x}_j)^2$。

第 2 步：计算样本相关系数矩阵。

$$\boldsymbol{R}=\begin{bmatrix}r_{11}&r_{12}&\cdots&r_{1p}\\r_{21}&r_{22}&\cdots&r_{2p}\\\vdots&\vdots&\cdots&\vdots\\r_{p1}&r_{p2}&\cdots&r_{pp}\end{bmatrix}$$

为了方便，假定原始数据标准化后仍用 X 表示，则经标准化处理后的数据的相关系数为：

$$r_{ij}=\frac{1}{n-1}\sum_{t=1}^{n}x_{ti}x_{tj}$$

$$(i,j=1,2,\cdots,p)$$

第 3 步：用雅克比方法求相关系数矩阵 $\boldsymbol{R}$ 的特征值($\lambda_1,\lambda_2\cdots\lambda_p$)和相应的特征向量 $a_i=(a_{i1},a_{i2},\cdots a_{ip})$，$i=1,2\cdots p$。

第 4 步：选择重要的主成分，并写出主成分表达式。

主成分分析可以得到 p 个主成分，但是，由于各个主成分的方差是递减的，包含的信息量也是递减的，所以实际分析时，一般不是选取 p 个主成分，而是根据各个主成分累计贡献率的大小选取前 k 个主成分。这里贡献率就是指某个主成分的方差占全部方差的比重，实际也就是某个特征值占全部特征值合计的比重。即

$$\text{贡献率}=\frac{\lambda_i}{\sum_{i=1}^{p}\lambda_i}$$

贡献率越大,说明该主成分所包含的原始变量的信息越强。主成分个数 k 的选取,主要根据主成分的累积贡献率来决定,即一般要求累计贡献率达到85%以上,这样才能保证综合变量能包括原始变量的绝大多数信息。

另外,在实际应用中,选择了重要的主成分后,还要注意主成分实际含义解释。主成分分析中一个很关键的问题是如何给主成分赋予新的意义,给出合理的解释。一般而言,这个解释是根据主成分表达式的系数结合定性分析来进行的。主成分是原来变量的线性组合,在这个线性组合中个变量的系数有大有小,有正有负,有的大小相当,因而不能简单地认为这个主成分是某个原变量的属性的作用。线性组合中各变量系数的绝对值大者表明该主成分主要综合了绝对值大的变量。有几个变量系数大小相当时,应认为这一主成分是这几个变量的总和。这几个变量综合在一起应赋予怎样的实际意义,这要结合具体实际问题和专业,给出恰当的解释,进而才能达到深刻分析的目的。

第5步:计算主成分得分。

根据标准化的原始数据,按照各个样品,分别代入主成分表达式,就可以得到各主成分下的各个样品的新数据,即为主成分得分。具体形式可如下:

$$\begin{pmatrix} F_{11} & F_{12} & \cdots & F_{1k} \\ F_{21} & F_{22} & \cdots & F_{2k} \\ \vdots & \vdots & \vdots & \vdots \\ F_{n1} & F_{n2} & \cdots & F_{nk} \end{pmatrix}$$

第6步:依据主成分得分的数据,则可以进行进一步的统计分析。其中,常见的应用有主成份回归,变量子集合的选择,综合评价等。

通过主成分分析后,原始数据中的显著特征将主要集中于变换后数据的第一主分量中,便于后续处理工作的开展。主成分分析中涉及协方差矩阵及其特征值(向量)的计算,其对应的逆变换可将数据变换回原数据空间。基于主成分分析的图像融合主要用于提高图像的空间分辨率,常见的用法是先对低空间分辨率多波段图像进行主成分分析,然后用高分辨率的图像代替低分辨率图像经过主成分分析后的第一主分量,然后经过主成分分析逆变换获得融合后的图像。

基于主成分分析的图像融合方法的MATLAB程序详见例程2.2-2。

【例程2.2-2】

```
up = imread('high.jpg');                %读图像
low = imread('low.jpg');
figure(1)
imshow(up);                                   %读RGB数值
title('PCA - RGB 表示的高分辨率图像');
figure(2)
imshow(low);
title('PCA - RGB 表示的低分辨率图像');
[up_R] = double(up(:,:,1));
[up_G] = double(up(:,:,2));
[up_B] = double(up(:,:,3));
```

```
[low_R] = double(low(:,:,1));
[low_G] = double(low(:,:,2));
[low_B] = double(low(:,:,3));
[M,N,color] = size(up);
up_Mx = 0;
low_Mx = 0;
for i = 1 : M
    for j = 1 : N
         up_S = [up_R(i,j),up_G(i,j),up_B(i,j)]'; % 生成由 R,G, B 组成的三维列向量
         up_Mx = up_Mx + up_S;
         low_S = [low_R(i,j),low_G(i,j),low_B(i,j)]';
         low_Mx = low_Mx + low_S;
    end
end
up_Mx = up_Mx / (M * N);     % 计算三维列向量的平均值
low_Mx = low_Mx / (M * N);
up_Cx = 0;
low_Cx = 0;
for i = 1 : M
    for j = 1 : N
         up_S = [up_R(i,j),up_G(i,j),up_B(i,j)]';
         up_Cx = up_Cx + up_S * up_S';
         low_S = [low_R(i,j),low_G(i,j),low_B(i,j)]';
         low_Cx = low_Cx + low_S * low_S';
    end
end
up_Cx = up_Cx / (M * N) - up_Mx * up_Mx';            % 计算协方差矩阵
low_Cx = low_Cx / (M * N) - low_Mx * low_Mx';
[up_A,up_latent] = eigs(up_Cx); % 协方差矩阵的特征向量组成的矩阵----PCA 变换的系数
                                % 矩阵,特征值
[low_A,low_latent] = eigs(low_Cx);
for i = 1 : M
    for j = 1 : N
       up_X = [up_R(i,j),up_G(i,j),up_G(i,j)]';      % 生成由 R,G, B 组成的三维列
       up_Y = up_A' * up_X;                          % 每个像素点进行 PCA 变换正变换
       up_Y = up_Y';
       up_R(i,j) = up_Y(1);                          % 高分辨率图片的第 1 主分量
       up_G(i,j) = up_Y(2);                          % 高分辨率图片的第 2 主分量
       up_B(i,j) = up_Y(3);                          % 高分辨率图片的第 3 主分量
       low_X = [low_R(i,j),low_G(i,j),low_G(i,j)]';
       low_Y = low_A' * low_X;
       low_Y = low_Y';
       low_R(i,j) = low_Y(1);                        % 低分辨率图片的第 1 主分量
       low_G(i,j) = low_Y(2);                        % 低分辨率图片的第 2 主分量
       low_B(i,j) = low_Y(3);                        % 低分辨率图片的第 3 主分量
  end
end
for i = 1 : M
    for j = 1 : N
```

```
            up_Y = [up_R(i,j),up_G(i,j),up_B(i,j)]';      % 生成由 R,G, B 组成的三维列向量
            up_X = up_A * up_Y;                          % 每个象素点进行 PCA 变换反变换
            up_X = up_X';
            up_r(i,j) = up_X(1);
            up_g(i,j) = up_X(2);
            up_b(i,j) = up_X(3);
            low_Y = [up_R(i,j),low_G(i,j),low_B(i,j)]';
            low_X = low_A * low_Y;
            low_X = low_X';
            low_r(i,j) = low_X(1);
            low_g(i,j) = low_X(2);
            low_b(i,j) = low_X(3);
        end
    end
    % RGB(:,:,1) = up_r;
    % RGB(:,:,2) = up_g;
    % RGB(:,:,3) = up_b;
    RGB(:,:,1) = low_r;
    RGB(:,:,2) = low_g;
    RGB(:,:,3) = low_b;
    figure(3)
    imshow(uint8(RGB));
    title('PCA - RGB 表示的转化图像 ');
```

2.2.8 基于金字塔分解的图像融合

在数字图像处理领域,多分辨率金字塔化是图像多尺度表示的主要形式。图像处理中的金字塔算法最早是由 Burt 和 Adelson 提出的，是一种多尺度、多分辨率的方法。图像金字塔化一般包括两个步骤：

① 图像经过一个低通滤波器进行平滑；

② 然后对这个平滑图像进行抽样,一般是抽样比例在水平和垂直方向上都为 1/2,从而得到一系列尺寸缩小、分辨率降低的图像。

将得到的依次缩小的图像顺序排列,看上去很像金字塔,这便是这种多尺度处理方法名称的由来。图像金字塔的构建过程如图 2.2-6 所示。

P. J. Burt 和 E. H. Adelson 于 1983 年提出了拉普拉斯金字塔变换算法,并将其应用与图像处理中。这种算法分解的子图像其空间分辨率不同,高分辨率(尺寸较小)的放在下层,低分辨率(尺寸较大)的放在上层,这样就构成了金字塔。其中下层主要用于分析细节,上层主要用于分析较大的物体它是一种多尺度、多分辨率的方法,与简单图像融合算法相比融合效果更好,应用场景更广。

图像拉普拉斯金字塔分解的目的是将源图像分别分解到不同的空间频带上，融合过程是在各空间频率层上分别进行的。这样就可以针对不同分解层的不同频带上的特征与细节，采用不同的融合算子以达到突出特定频带上特征与细节的目的,即有可能将来自不同图像的特征与细节融合在一起。

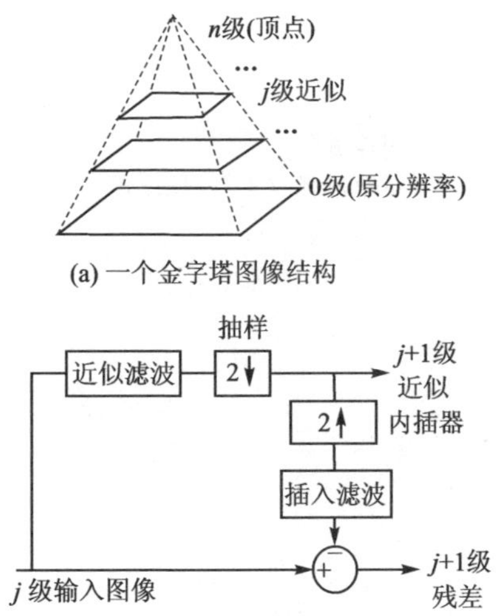

图 2.2-6　图像金字塔构建过程

A,B 表示原图像,F 为融合图像,其基本步骤如下:

① 对原图像进行拉普拉斯分解,建立每个图像的拉普拉斯金字塔;

② 对各分解层按照融合规则分别进行融合处理,分解层不同采用的融合算子也可以不同,以便得到融合后图像的拉普拉斯金字塔;

③ 再对其进行逆变换(图像重构),得到融合图像。

拉普拉斯分解是为了将源图像在不同的空间频带进行分解,然后采用不同的融合算子融合,将来自不同图像的特征与细节融合在一起。

我们可以用图 2.2-7 来表示基于拉普拉斯金字塔变换的图像融合的过程。

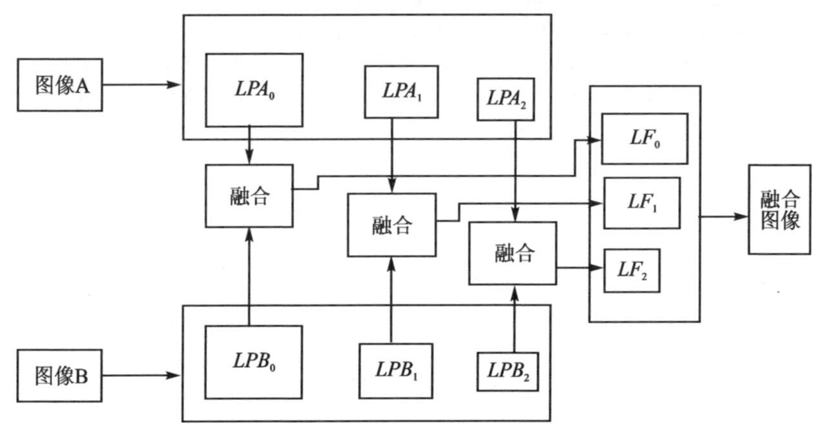

图 2.2-7　基于基于拉普拉斯金字塔变换的图像融合过程

例程 2.2-3 是基于拉普拉斯金字塔变换的图像融合的 MATLAB 源程序;其运行结果如图 2.2-8 所示。

【例程 2.2-3】

```
function Y = fuse_lap(M1, M2, zt, ap, mp)
% 功能:基于拉普拉斯金字塔对输入的两幅灰度图像进行融合
% 输入:M1  - 输入的灰度图像 A          M2  - 输入的灰度图像 B
%    zt  - 最大分解层数                ap  - 高通滤波器系数选择 (见 selc.m)
%    mp  - 基本图像系数选择 (见 selb.m)
%输出:%      Y  - 融合后的图像
% 检验输入的图像大小是否相同
[z1 s1] = size(M1);
[z2 s2] = size(M2);
if (z1 ~= z2) | (s1 ~= s2)
  error('Input images are not of same size');
end;
% 定义滤波器
w   = [1 4 6 4 1] / 16;
E = cell(1,zt);
for i1 = 1:zt
% 计算并存储实际图像尺寸
    [z s]   = size(M1);
  zl(i1) = z; sl(i1)   = s;
  % 检验图像是否需要扩展
  if (floor(z/2) ~= z/2), ew(1) = 1; else, ew(1) = 0; end;
  if (floor(s/2) ~= s/2), ew(2) = 1; else, ew(2) = 0; end;
  % 如果需要扩展的话对图像进行扩展
  if (any(ew))
    M1 = adb(M1,ew);
    M2 = adb(M2,ew);
  end;
  % 进行滤波
  G1 = conv2(conv2(es2(M1,2), w, 'valid'),w', 'valid');
  G2 = conv2(conv2(es2(M2,2), w, 'valid'),w', 'valid');
  M1T = conv2(conv2(es2(undec2(dec2(G1)), 2), 2 * w, 'valid'),2 * w', 'valid');
  M2T = conv2(conv2(es2(undec2(dec2(G2)), 2), 2 * w, 'valid'),2 * w', 'valid');
E(i1) = {selc(M1 - M1T, M2 - M2T, ap)};
  M1 = dec2(G1);
  M2 = dec2(G2);
end;
M1 = selb(M1,M2,mp);
for i1 = zt: - 1:1
  M1T = conv2(conv2(es2(undec2(M1), 2), 2 * w, 'valid'), 2 * w', 'valid');
  M1   = M1T + E{i1};
  M1     = M1(1:zl(i1),1:sl(i1));
end;
Y = M1;
*************************************************************************
function Y = selb(M1, M2, mp)
% 功能:对基本图像选择系数
% 输入:
```

```
%     M1    - 系数 A
%     M2    - 系数 B
%     mp    - 类型选择
%            mp == 1：选择 A
%            mp == 2：选择 B
%            mp == 3：选择 A 和 B 的均值
%输出：
%     Y     - 融合系数
switch (mp)
  case 1, Y = M1;
  case 2, Y = M2;
  case 3, Y = (M1 + M2) / 2;
  otherwise, error('unknown option');
end;
**************************************************************
function Y = selc(M1, M2, ap)
%功能:选择高通滤波器系数
%输入:M1   - 系数 A     M2   - 系数 B    mp   - 类型选择(输入 1,2,3,4)
%输出:Y    - 融合系数
% 检验输入的图像大小是否相同
[z1 s1] = size(M1);
[z2 s2] = size(M2);
if (z1 ~= z2) | (s1 ~= s2)
  error('Input images are not of same size');
end;
% 方法选择
switch(ap(1))
    case 1,
    mm = (abs(M1)) > (abs(M2));
    Y = (mm. * M1) + ((~mm). * M2);
    case 2,
    um = ap(2); th = .75;
    S1 = conv2(es2(M1. * M1, floor(um/2)), ones(um), 'valid');
    S2 = conv2(es2(M2. * M2, floor(um/2)), ones(um), 'valid');
    MA = conv2(es2(M1. * M2, floor(um/2)), ones(um), 'valid');
    MA = 2 * MA ./ (S1 + S2 + eps);
    m1 = MA > th; m2 = S1 > S2;
    w1 = (0.5 - 0.5 * (1 - MA) / (1 - th));
    Y = (~m1) . * ((m2. * M1) + ((~m2). * M2));
    Y = Y + (m1 . * ((m2. * M1. * (1 - w1)) + ((m2). * M2. * w1) + ((~m2). * M2. * (1 -
            w1)) + ((~m2). * M1. * w1)));
  case 3,
        um = ap(2);
    A1 = ordfilt2(abs(es2(M1, floor(um/2))), um * um, ones(um));
    A2 = ordfilt2(abs(es2(M2, floor(um/2))), um * um, ones(um));
    mm = (conv2((A1 > A2), ones(um), 'valid')) > floor(um * um/2);
    Y = (mm. * M1) + ((~mm). * M2);
case 4,
   mm = M1 > M2;
```

```
        Y = (mm. * M1)  +  ((~mm). * M2);
    otherwise,
        error('unkown option');
end;
***********************************************************
function Y = dec2(X);
% 功能：以步长 2 降采样
% 输入：X  - 输入的灰度图像
% 输出：Y  - 采样后的图像
[a b] = size(X);
Y = X(1:2:a, 1:2:b);
***********************************************************
function Y = undec2(X)
% 功能:以步长 2 升采样
% 输入:X  - 需要升采样的二维图像
% 输出:Y  - 升采样后的图像
[z s] = size(X);
Y = zeros(2 * z, 2 * s);
Y(1:2:2 * z,1:2:2 * s) = X;
***********************************************************
function Y = es2(X, n)
% 功能:将图像矩阵进行扩展
% 输入:X   - 输入的二维图像矩阵      n   - 要扩展的行数和列数
% 输出:Y   - 扩展后的矩阵
 [z s] = size(X);
Y = zeros(z + 2 * n, s + 2 * n);
Y(n + 1:n + z,n: - 1:1)             = X(:,2:1:n + 1);
Y(n + 1:n + z,n + 1:1:n + s)        = X(:,:);
Y(n + 1:n + z,n + s + 1:1:s + 2 * n) = X(:,s - 1: - 1:s - n);
Y(n: - 1:1,n + 1:s + n)             = X(2:1:n + 1,:);
Y(n + z + 1:1:z + 2 * n,n + 1:s + n) = X(z - 1: - 1:z - n,:);
```

图 2.2-8　例程 2.2-3 的运行结果

2.2.9　基于小波变换的图像融合

小波变换本质是一种高通滤波，当采用不同的小波基，就会产生不同的滤波效果。小波变换可将原始图像分解成一系列具有不同空间分辨率和频域特性的子图像，针对不同频带子图像的小波系数进行组合，形成融合图像的小波系数。

基于小波变换的图像融合具体步骤为：

① 分解：对每一幅图像分别进行小波变换，得到每幅图像在不同分辨率下不同频带上的小波系数；

② 融合：针对小波分解系数的特性，对各个不同分辨率上的小波分解得到的频率分量采用不同的融合方案和融合算子分别进行融合处理；

逆变换：对融合后系数进行小波逆变换，得到融合图像。

基于小波变换的图像融合的流程如图 2.2－9 所示。

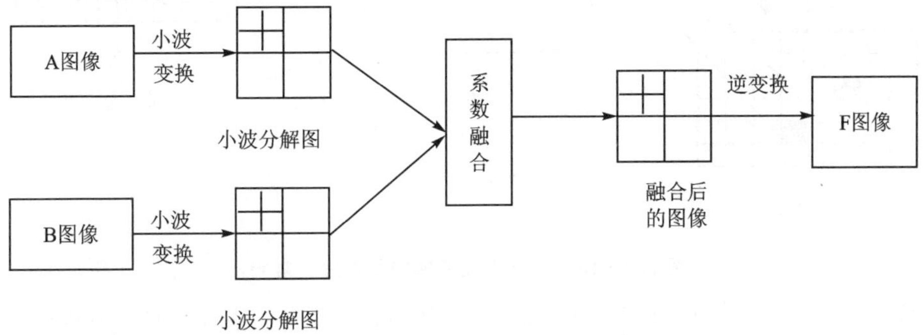

图 2.2－9　基于小波变换的图像融合流程图

从图 2.2－9 可以看出设计合理的融合规则是获得高品质融合的关键。小波变换应用于图像融合的优势在于它可以将图像分解到不同的频率域，在不同的频率域运用不同的融合规则，得到合成图像的多分辨率分析，从而在合成图像中保留原图像在不同频率域的显著特征。

基于小波变换的图像融合的规则主要包括：

① 低频系数融合规则　通过小波分解得到的低频系数都是正的变换值，反映的是源图像在该分辨率上的概貌。低频小波系数的融合规则可有多种方法：既可以取源图像对应系数的均值，也可以取较大值，这要根据具体的图像和目的来定。

② 高频系数融合规则　通过小波分解得到的三个高频子带都包含了一些在零附近的变换值，在这些子带中，较大的变换值对应着亮度急剧变化的点，也就是图像中的显著特征点，如边缘、亮线及区域轮廓。这些细节信息，也反映了局部的视觉敏感对比度，应该进行特殊的选择。

高频子带常用的融合规则有三大类，即基于像素点的融合规则、基于窗口的融合规则和基于区域的融合规则，如图 2.2－10 所示。

基于像素点的融合规则是逐个考虑源图像相应位置的小波系数，要求源图是经过严格对准处理的。因为基于像素的选择方法具有其片面性，其融合效果有待改善。第二类是基于窗口的融合规则，是对第一类方法的改进。由于相邻像素往往有相关性，该方法以像素点为中心，取一个 $M \times N$ 的窗口，综合考虑区域特征来确定融合图像相应位置的小波系数。该类方法的融合效果好，但是也相应地增加了运算量和运算时间。

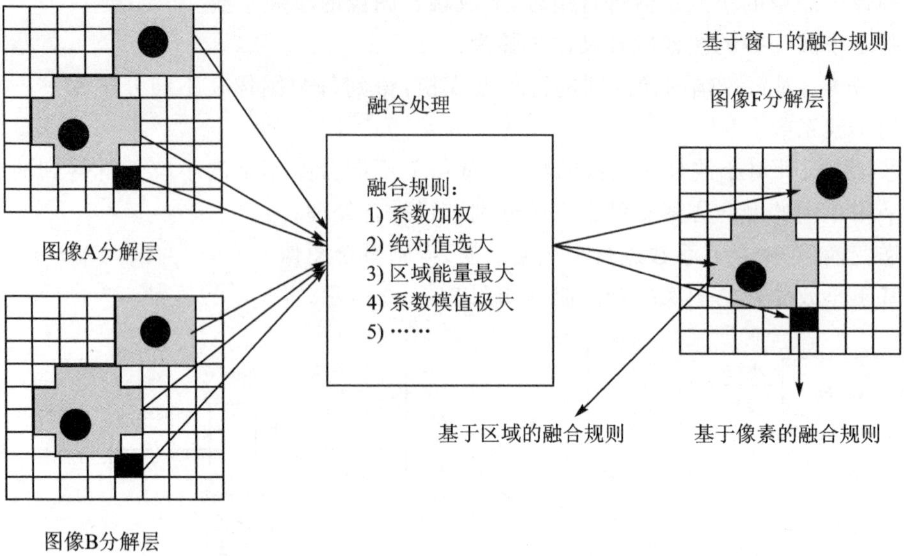

图 2.2-10　基于小波变换的图像融合规则

由于窗口是一个矩形，是规则的；而实际上，图像中相似的像素点往往具有不规则性，因此，近年来又提出了基于区域的融合规则。该类方法常常利用模糊聚类来寻找具有相似性的像素点集。下面介绍几种小波分解系数的融合规则。

① 小波系数加权法，如下式所示：

$$C_J(F,p) = aC_J(A,p) + (1-a)C_J(B,p), \quad 0 \leqslant a \leqslant 1$$

式中，$C_J(A,p)$、$C_J(B,p)$、$C_J(F,p)$分别表示源图像 A、B 和融合图像 F 在 J 层小波分解时，p 点的系数，下同。

② 小波分解系数绝对值极大法：

$$C_J(F,p) = \begin{cases} C_J(A,p) & |C_J(A,p)| \geqslant |C_J(B,p)| \\ C_J(B,p) & |C_J(A,p)| < |C_J(B,p)| \end{cases}$$

③ 小波分解系数绝对值极小法：

$$C_J(F,p) = \begin{cases} C_J(A,p) & |C_J(A,p)| \leqslant |C_J(B,p)| \\ C_J(B,p) & |C_J(A,p)| > |C_J(B,p)| \end{cases}$$

④ 区域能量最大法。

在 J 层小波分解的情况下，局部区域 Q 的能量定义为：

$$E(A,p) = \sum_{q \in Q} \omega(q) C_J^2(A,q)$$

式中：$\omega(q)$表示权值，q 点离 p 点越近，权值越大，且 Q 是 p 的一个邻域；同理可得 $E(B,p)$。

区域能量最大法的数学表达式为：

$$C_J(F,p) = \begin{cases} C_J(A,p) & E(A,p) \geqslant E(B,p) \\ C_J(B,p) & E(A,p) < E(B,p) \end{cases}$$

例程 2.2-4 是一个基于小波变换的图像融合程序，其基本原理是将两幅分别进行小波分解，将分解后的低频分量和高频分量分别叠加，然后将叠加后的高频分量和低频分量进行重构。

【例程 2.2-4】

```
% 导入待融合图像 1
 load bust
X1 = X;
map1 = map;
subplot(131);image(X1);
colormap(map1);title('原始图像 1');
axis square
% 导入待融合图像 2
  load mask
X2 = X;
map2 = map;
 % 对灰度值大于 100 的像素进行增强，小于 100 的像素进行减弱
for i = 1:256
      for j = 1:256
          if(X2(i,j)>100)
             X2(i,j) = 1.2 * X2(i,j);
           else
             X2(i,j) = 0.5 * X2(i,j);
           end
       end
   end
subplot(132)
image(X2);colormap(map2);title('原始图像 2');
axis square
% 对原始图像 1 进行小波分解
[c1,s1] = wavedec2(X1,2,'sym4');
% 对分解后的低频部分进行增强
sizec1 = size(c1);
for I = 1:sizec1(2)
        c1(I) = 1.2 * c1(I);
   end
% 对原始图像 2 进行分解
[c2,s2] = wavedec2(X2,2,'sym4');
% 将分解后的低频分量和高频分量进行相加，并乘以权重系数 0.5
c = c1 + c2;
c = 0.5 * c;
s = s1 + s2;
s = 0.5 * s;
 % 进行小波重构
xx = waverec2(c,s,'sym4');
subplot(133);image(xx);title('融合图像');
axis square
```

例程 2.2-4 的运行结果如图 2.2-11 所示。

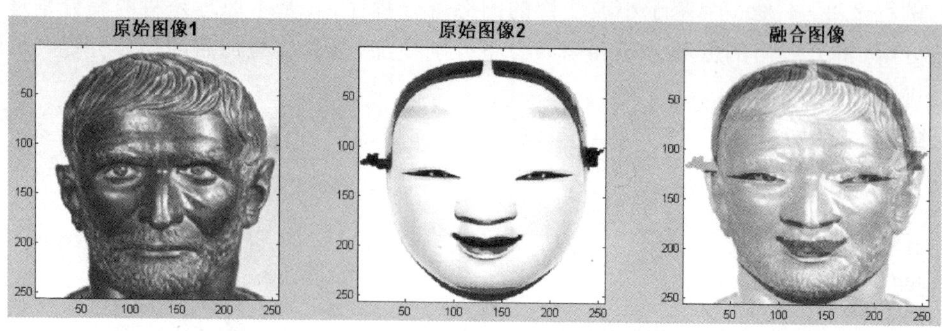

图 2.2-11　例程 2.2-4 运行的结果

2.2.10　基于余弦变换的多聚焦图像融合

多聚焦图像存在聚焦区和离焦区，其特点是同一幅图像中聚焦区域清晰，而离焦区域模糊。多聚焦图像融合是将场景相同、但镜头所聚焦目标不同的多幅图像融合成多个目标都清晰的一幅图像。

对于一幅输入图像 $x(m,n)$，将其分成 $N\times N$ 块，可以通过式(2.2.1)对分块后的图像进行离散余弦变换(DCT)：

$$d(k,l)=\frac{2\alpha(k)\alpha(l)}{N}\times\sum_{m=0}^{N-1}\sum_{n=0}^{N-1}x(m,n)\times\cos\left[\frac{(2m+1)\pi k}{2N}\right]\times\cos\left[\frac{(2n+1)\pi k}{2N}\right] \tag{2.2.1}$$

其中，$k,l=0,1,\cdots,N-1$，$\alpha(k)=\begin{cases}\frac{1}{\sqrt{2}}, & \text{当 } k=0 \text{ 时}\\ 1, & \text{其他}\end{cases}$，

其离散余弦逆变换为：

$$x(m,n)=\sum_{k=0}^{N-1}\sum_{l=0}^{N-1}\frac{2\alpha(k)\alpha(l)}{N}\times d(k,l)\times\cos\left[\frac{(2m+1)\pi k}{2N}\right]\times\cos\left[\frac{(2n+1)\pi k}{2N}\right] \tag{2.2.2}$$

其中，$m,n=0,1,\cdots,N-1$。

在(2.2.1)式中，$d(0,0)$是直流系数，$d(k,l)$是每一块的交流系数，归一化的交流系数如下式所示：

$$\hat{d}(k,l)=\frac{d(k,l)}{N} \tag{2.2.3}$$

每一块的均值 μ、σ^2 可通过(2.2.4)、(2.2.5)式进行计算。

$$\mu=\frac{1}{N^2}\sum_{m=0}^{N-1}\sum_{n=0}^{N-1}x(m,n) \tag{2.2.4}$$

$$\sigma^2=\frac{1}{N^2}\sum_{m=0}^{N-1}\sum_{n=0}^{N-1}x^2(m,n)-\mu^2 \tag{2.2.5}$$

在计算 σ^2 过程中,

$$\mu \simeq \hat{d}(0,0) \tag{2.2.6}$$

$$\begin{aligned}\sum_{m=0}^{N-1}\sum_{n=0}^{N-1}x^2(m,n) &= \sum_{m=0}^{N-1}\sum_{n=0}^{N-1}x(m,n)\times x(m,n)\\ &= \sum_{m=0}^{N-1}\sum_{n=0}^{N-1}x(m,n)\times\left\{\sum_{k=0}^{N-1}\sum_{l=0}^{N-1}\frac{2\alpha(k)\alpha(l)}{N}\times d(k,l)\times\right.\\ &\quad\left.\cos\left[\frac{(2m+1)\pi k}{2N}\right]\times\cos\left[\frac{(2n+1)\pi k}{2N}\right]\right\}\\ &= \sum_{k=0}^{N-1}\sum_{l=0}^{N-1}\frac{2\alpha(k)\alpha(l)}{N}\times d(k,l)\times\sum_{m=0}^{N-1}\sum_{n=0}^{N-1}x(m,n)\times\\ &\quad\cos\left[\frac{(2m+1)\pi k}{2N}\right]\times\cos\left[\frac{(2n+1)\pi k}{2N}\right]\\ &= \sum_{k=0}^{N-1}\sum_{l=0}^{N-1}\frac{2\alpha(k)\alpha(l)}{N}\times d(k,l)\times\frac{N\times d(k,l)}{2\alpha(k)\alpha(l)}\\ &= \sum_{k=0}^{N-1}\sum_{l=0}^{N-1}d(k,l)\times d(k,l)\end{aligned}$$

通过上述推导可知,

$$\sum_{m=0}^{N-1}\sum_{n=0}^{N-1}x^2(m,n) = \sum_{k=0}^{N-1}\sum_{l=0}^{N-1}d^2(k,l) \tag{2.2.7}$$

将(2.2.6)、(2.2.7)代入(2.2.5)中可得:

$$\sigma^2 = \sum_{k=0}^{N-1}\sum_{l=0}^{N-1}\frac{d^2(k,l)}{N^2} - \hat{d}^2(0,0) \tag{2.2.8}$$

由(2.2.8)式可知,方差可以余弦变换的直流分量以及归一化的交流分量计算得出。

在多聚焦图像中,聚焦清楚的区域信息量大,每一块的方差也大。因此,将 σ^2 作为一个图像融合的判别准则。

为减少噪声的影响,我们引入一致性判别准则:若某一像素点 Q 的周围像素均来自图像 B,而该像素点来自于图像 A,则将点 Q 称为孤点;对孤点 Q 处理的策略是:对其重新取值,将其值取自图像 B(与周围像素点来源相同的图像)。

在经过上述分析后,我们可以总结出基于二维离散 DCT 变换的多聚焦图像融合的步骤如下:

① 将输入的两幅源图像进行分块;

② 对每一块图像分别进行二维离散余弦变换;

③ 根据(2.2.8)式,求出每一块图像的方差;

④ 将方差的大小作为一个融合准则,取方差大的像素块作为融合后图像的对应图像块的像素值;

⑤ 采用一致性判别准则去除孤点。

基于余弦变换的多聚焦图像融合的 MATLAB 程序实现如例程 2.2-5 所示,其运行结果如图 2.2-12 所示。

【例程 2.2-5】

```
function [fusedDctVarCv, fusedDctVar] = dctVarFusion(im1, im2)
% 功能:基于 DCT 变换进行图像融合
% 输入:
%        im1 :   第一幅输入图像
%        im2 :   第二幅输入图像
%
% 输出:
%        fusedDctVarCv     :    添加了修正后的融合结果
%        fusedDctVar       :    未添加修正后的融合结果
%
%示例:
% im1 = imread('pepsi1.tif');
% im2 = imread('pepsi2.tif');
% [fusedDctVarCv, fusedDctVar] = dctVarFusion(im1, im2);
if nargin ~= 2   % 检验输入变量的数量
    error('There should be two input images! ')
end
if size(im1,3) == 3   % 检验输入图像是否是灰度图像,若不是,则将其转换成灰度图像
    im1 = rgb2gray(im1);
end
if size(im2,3) == 3
    im2 = rgb2gray(im2);
end
if size(im1) ~= size(im2)    % 检验输入的两幅图像是否具有相同的大小
    error('Size of the source images must be the same! ')
end
% 获取输入图像的大小
[m,n] = size(im1);
fusedDctVar = zeros(m,n);
fusedDctVarCv = zeros(m,n);
cvMap = zeros(floor(m/8),floor(n/8));    % 一致性验证判别矩阵
% 使输入图像的范围在:-128~127 之间
im1 = double(im1) - 128;
im2 = double(im2) - 128;
% 将源图像分成 8*8 块,然后对每块进行基于 DCT 变换的图像融合
for i = 1:floor(m/8)
    for j = 1:floor(n/8)
        im1Sub = im1(8*i-7:8*i,8*j-7:8*j);
        im2Sub = im2(8*i-7:8*i,8*j-7:8*j);
        % 计算每一块的二维离散余弦变换
        im1SubDct = dct2(im1Sub);
        im2SubDct = dct2(im2Sub);
        % 计算归一化的二维离散余弦变换
```

```
        im1Norm = im1SubDct ./ 8;
        im2Norm = im2SubDct ./ 8;
        % 计算每一小块图像的均值
        im1Mean = im1Norm(1,1);
        im2Mean = im2Norm(1,1);
        % 计算每一小块图像的方差
        im1Var = sum(sum(im1Norm.^2)) - im1Mean.^2;
        im2Var = sum(sum(im2Norm.^2)) - im2Mean.^2;
        % 进行融合
        if im1Var > im2Var
            dctVarSub = im1SubDct;
            cvMap(i,j) = -1;      % 对一致性验证矩阵赋值
        else
            dctVarSub = im2SubDct;
            cvMap(i,j) = +1;      % 对一致性验证矩阵赋值
        end
        % 对融合后的图像进行二维离散余弦逆变换
        fusedDctVar(8*i-7:8*i,8*j-7:8*j) = idct2(dctVarSub);
    end
end
% 以下加入了一致性验证准则
% 采用一致性性滤波来实现一致性验证准则
fi = ones(7)/49;
cvMapFiltered = imfilter(cvMap, fi, 'symmetric');
cvMapFiltered = imfilter(cvMapFiltered, fi, 'symmetric');
for i = 1:m/8
    for j = 1:n/8
        if cvMapFiltered(i,j) <= 0
            fusedDctVarCv(8*i-7:8*i,8*j-7:8*j) = im1(8*i-7:8*i,8*j-7:8*j);
        else
            fusedDctVarCv(8*i-7:8*i,8*j-7:8*j) = im2(8*i-7:8*i,8*j-7:8*j);
        end
    end
end
% 将图像像素恢复到 0:255
im1 = uint8(double(im1) + 128);
im2 = uint8(double(im2) + 128);
fusedDctVar = uint8(double(fusedDctVar) + 128);
fusedDctVarCv = uint8(double(fusedDctVarCv) + 128);
% 显示融合结果
subplot(2,2,1), imshow(im1), title('输入源图像 1');
subplot(2,2,2), imshow(im2), title('输入源图像 2');
subplot(2,2,3), imshow(fusedDctVar), title('未添加一致性准则的融合结果');
subplot(2,2,4), imshow(fusedDctVarCv), title('添加一致性准则的融合结果');
```

输入源图像1

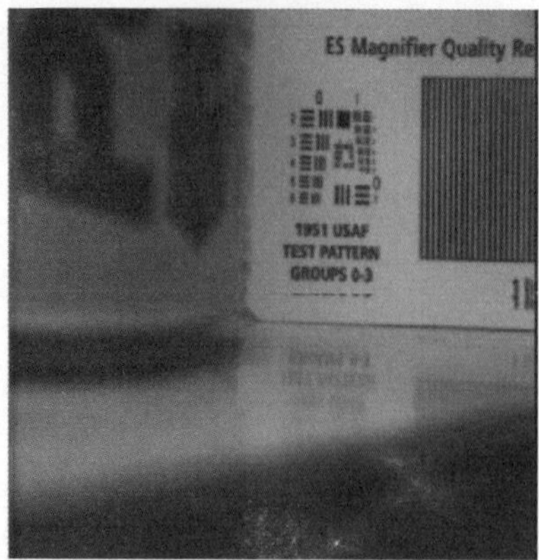

输入源图像2

未添加一致性准则的融合结果

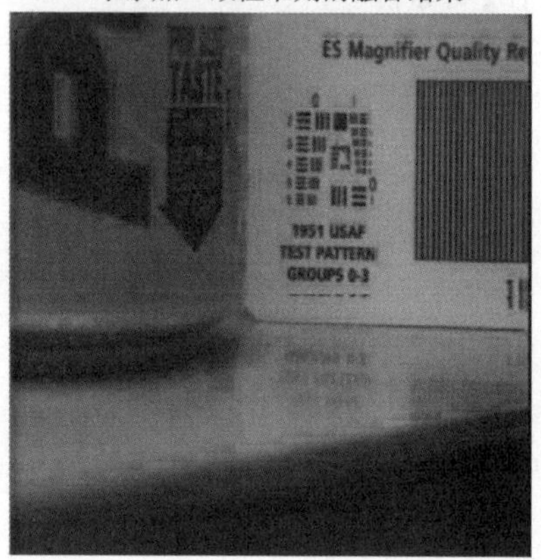

添加一致性准则的融合结果

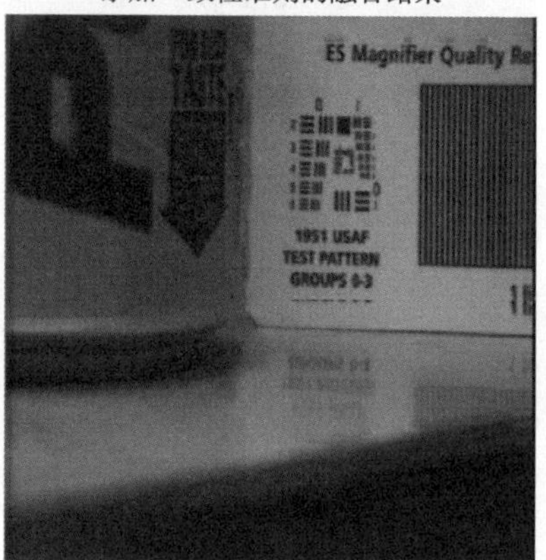

图 2.2-12　例程 2.2-5 的运行结果

应用篇

- 品读“典型应用实例”
- 活用“数字图像处理”

应用才是硬道理

第3章

品读“典型应用实例”

3.1 图像去噪技术及其实现

【温馨提示】 本节主要讲解图像去噪的相关理论和技术，它是图像预处理的重要环节，读者应认真掌握和理解。本节例程涉及图像的离散余弦变换、图像的小波变换等基础知识。

3.1.1 什么是“图像的噪声”

噪声可以理解为“妨碍人们感觉器官对所接收的信源信息理解的因素”。例如一幅黑白图片，其平面亮度分布假定为 $f(x,y)$，那么对其接收起干扰作用的亮度分布 $R(x,y)$ 即可称为图像噪声。噪声在理论上定义为“不可预测、只能用概率统计方法来认识的随机误差”。因此，将图像噪声看成是多维随机过程是合适的，因而描述噪声的方法完全可以借用随机过程的描述，即用其概率分布函数和概率密度分布函数。但在很多情况下，这样的描述方法是很复杂的，甚至是不可能的，而实际应用往往也不必要。通常是用其数字特征，即均值方差、相关函数等，因为这些数字特征都可以从某些方面反映出噪声的特征。

目前大多数数字图像系统中，输入图像都是采用先冻结再扫描的方式，将多维图像变成一维电信号，再对其进行处理、存储、传输等加工变换，最后往往还要再组成多维图像信号，而图像噪声也将同样受到这样的分解和合成。在这些过程中，电气系统和外界影响将使得图像噪声的精确分析变得十分复杂；另一方面，图像只是传输视觉信息的媒介，对图像信息的认识理解是由人的视觉系统所决定的，不同的图像噪声，人的感觉程度是不同的，这就是所谓人的噪声视觉特性课题。

图像噪声在数字图像处理技术中的重要性越来越明显，如高放大倍数航片的判读、X 射线图像系统中的噪声去除等，已经成为不可缺少的关键技术。

图像噪声按其产生的原因可以分为：

① 外部噪声，即指系统外部干扰以电磁波的形式进入系统内部而引起的噪声，如电气设备、天体放电现象等引起的噪声。

② 内部噪声：一般又可分为以下四种。

- 由光和电的基本性质所引起的噪声。

- 电器的机械运动产生的噪声，如各种接头因抖动引起电流变化所产生的噪声，磁头、磁带等抖动。
- 器材材料本身引起的噪声，如正片和负片的表面颗粒性和磁带磁盘表面缺陷所产生的噪声。随着材料科学的发展，这些噪声有望不断减少，但目前还是不可避免的。
- 系统内部设备电路所引起的噪声，如电源引入的交流噪声，偏转系统、箝位电路所引起的噪声等。

图像噪声从统计理论观点可以分为平稳和非平稳噪声两种：统计特性不随时间变化的噪声称为平稳噪声；统计特性随时间变化而变化的噪声称为非平稳噪声。

3.1.2 图像去噪常用方法

图像的去噪处理方法可分为空间域法和变换域法两大类。前者是在原图像上直接进行数据运算，对像素的灰度值进行处理。后者是在图像的变换域上进行处理，对变换后的系数进行相应的处理，然后进行反变换达到图像去噪的目的。

1. 基于离散余弦变换的图像去噪

基于离散余弦变换对图像的噪声抑制原理如下：一般而言，我们认为图像的噪声在离散余弦变换结果中处在其高频部分，而高频部分的幅值一般很小，利用这一性质，就很容易实现图像的噪声抑制。当然，这会同时失去图像的部分细节。例程3.1-1为基于离散余弦变换的图像去噪的MATLAB源程序，运行结果见图3.1-1。

【例程3.1-1】

```
%读取图像
X = imread('wangshi.jpg');
X = rgb2gray(X);
%读取图像尺寸
[m,n] = size(X);
%给图像加噪
Xnoised = imnoise(X,'speckle',0.01);
%输出加噪图像
figure(1);
imshow(Xnoised);
%DCT变换
Y = dct2(Xnoised);
I = zeros(m,n);
%高频屏蔽
I(1:m/3,1:n/3) = 1;
Ydct = Y.*I;
%逆DCT变换
Y = uint8(idct2(Ydct));
%结果输出
figure(2);
imshow(Y);
```

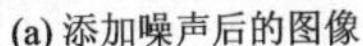
(a) 添加噪声后的图像

(b) 去噪后的图像

图 3.1－1　例程 3.1－1 的运行结果

2. 基于小波变换的图像去噪

小波去噪是小波变换较为成功的一类应用，其去噪的基本思路可用图 3.1－2 来概括。带噪信号经过预处理，然后利用小波变换把信号分解到各尺度中，在每一尺度下把属于噪声的小波系数去掉，保留并增强属于信号的小波系数，最后再经过小波逆变换恢复检测信号。

带噪图像 → 小波分解 → 分尺度去噪 → 逆小波变换 → 恢复图像

图 3.1－2　小波去噪框图

因此，利用小波变换在去除噪声时可提取并保存对视觉起主要作用的边缘信息。而传统的基于傅里叶变换去噪方法在去除噪声和边沿保持上存在着矛盾，原因是傅里叶变换方法在时域不能局部化，难以检测到局域突变信号，在去除噪声的同时，也损失了图像边沿信息。由此可见，与基于傅里叶变换去噪方法相比，基于小波变换去噪方法具有明显的优越性。

Donoho 提出的小波阈值去噪方法的基本思想是：当小波系数小于某个临界阈值时，认为这时的小波系数主要是由噪声引起的，予以舍弃；当小波系数大于这个临界阈值时，认为这时的小波系数主要是由信号引起，那么就把这部分小波系数直接保留下来（硬阈值方法），或者按某一个固定量向零收缩（软阈值方法），然后用新的小波系数进行小波重构得到去噪后的信号。实现步骤如下：

① 先对含噪声信号 $f(t)$ 做小波变换，得到一组小波分解系数 $w_{j,k}$；

② 通过对分解得到的小波系数 $w_{j,k}$ 进行阈值处理，得出估计小波系数 $\overline{w}_{j,k}$；

③ 利用估计小波系数 $\overline{w}_{j,k}$ 进行小波重构，得到估计信号 $\bar{f}(t)$，即为去噪之后的信号。

阈值函数关系着重构信号的连续性和精度，对小波去噪的效果有很大影响。目前，阈值的选择主要分为硬阈值和软阈值两种处理方式。其中，软阈值处理是将信号的绝对值与阈值进行比较，当数据的绝对值小于或等于阈值时，令其为零；大于阈值的数据点则向零收缩，变为该点值与阈值之差。而硬阈值处理是将信号的绝对值阈值进行比较,小于或等于阈值的点变为零,大于阈值的点不变。硬阈值函数的不连续性使消噪后的信号仍然含有明显的噪声;采用软阈值方法虽然连续性好,但估计小波系数与含噪信号的小波系数之间存在恒定的偏差。

在基于小波变换的图像去噪中,阈值函数体现了对小波分解稀疏的不同处理策略和估计方法,常用的阈值函数有硬阈值和软阈值函数。硬阈值函数可以很好地保留图像边缘等局部特征,但图像会出现伪吉布斯效应等视觉失真现象;而软阈值处理相对较平稳,但可能会出现边缘模糊等失真现象,为此人们又提出了半软阈值函数。小波阈值去噪方法处理阈值选取的另一个关键因素是阈值的具体估计,如果阈值太小,去噪后的图像仍然存在噪声;相反如果阈值太大,重要图像特征又将被滤掉,引起偏差。从直观上讲,对给定的小波系数,噪声越大,阈值就越大。

图像信号的小波去噪步骤与一维信号的去噪步骤完全相同,只使用二维小波分析工具代替了一维小波分析工具。对于基于小波变换的图像去噪技术,主要分为以下三步:

① 二维信号的小波分解。选择一个小波和小波分解的层次 N,然后计算信号 S 到第 N 层的分解。

② 对高频系数进行阈值量化。对于从 1 到 N 的每一层,选择一个阈值,并对这一层的高频系数进行软阈值化处理。

③ 二维小波的重构。根据小波分解的第 N 层的低频系数和经过修改的从第 1 层到第 N 层的高频系数,来计算二维信号的小波重构。

例程 3.1-2 是基于小波变换的图像去噪的 MATLAB 源程序,图 3.1-3 是其运行结果。

【例程 3.1-2】

```
clear;
X = imread('life.jpg');
X = rgb2gray(X);
subplot(221);
imshow(X);
title('原始图像');
% 生成含噪图像并图示
init = 2055615866;
randn('seed',init);
X = double(X);
% 添加随机噪声
XX = X + 8 * randn(size(X));
subplot(222);
imshow(uint8(XX));
title(' 含噪图像 ');
%用小波函数 coif2 对图像 XX 进行 2 层处理
[c,l] = wavedec2(XX,2,'coif2');          % 分解
n = [1,2];                               % 设置尺度向量
% 设置阈值向量,对高频小波系数进行阈值处理
```

```
p = [10.28,24.08];
nc = wthcoef2('h',c,l,n,p,'s');
% 图像的二维小波重构
X1 = waverec2(nc,l,'coif2');
subplot(223);
imshow(uint8(X1));
% colormap(map);
title('第一次消噪后的图像');
mc = wthcoef2('v',nc,l,n,p,'s');        % 再次对高频小波系数进行阈值处理
% 图像的二维小波重构
X2 = waverec2(mc,l,'coif2');
subplot(224);
imshow(uint8(X2));
title(' 第二次消噪后的图像 ');
```

(a) 输入的原始图像

(b) 添加噪声后图像

(c) 第一次去噪声后的图像

(d) 第二次去噪声后的图像

图 3.1-3　例程 3.1-2 的运行结果

一语中的　图像在数字化和传输过程中常受到成像设备与外部环境噪声干扰等影响，称为含噪图像。去除或减轻在获取数字图像中的噪声的过程称为图像去噪。

3.2　从向量相关角度实现图像匹配

3.2.1　基于相关运算图像匹配的过程

基于相关运算的图像匹配技术可以直接用于在一幅图像中寻找某个子图，并确定子图的位置。对于大小为 $M\times N$ 的图像 $f(x,y)$ 和大小为 $J\times K$ 的子图模板 $w(x,y)$，$f(x,y)$ 与 $w(x,y)$ 的相关运算可以表示为：

$$c(x,y)=\sum_{s=1}^{K+1}\sum_{t=1}^{J+1}w(s,t)f(x+s,y+t)$$

其中，$x=1,2,\cdots,N-K+1$，$y=1,2,\cdots,M-J+1$。子图模板 $w(x,y)$ 的原点设置在子图像的左上角。

计算相关 $c(x,y)$ 的过程就是在图像 $f(x,y)$ 中逐点地移动子图像 $w(x,y)$，使 $w(x,y)$ 的原点和图像 $f(x,y)$ 中点 (x,y) 重合，然后计算 $w(x,y)$ 与 $f(x,y)$ 中被 $w(x,y)$ 覆盖的图像区域对应像素的乘积之和，以此计算结果作为相关图像 $c(x,y)$ 在点 (x,y) 处的响应。

相关可用于在图像 $f(x,y)$ 中找到与子图像 $w(x,y)$ 匹配的所有位置。实际上，当 $w(x,y)$ 按照上述描述的过程移过整幅图像 $f(x,y)$ 之后，最大的响应点 (x_0,y_0) 即为最佳匹配的左上角点。我们也可以设定一个阈值 T，认为响应值大于该阈值点的均是可能匹配的位置。

3.2.2　在向量空间分析图像相关匹配

相关的计算是通过将图像元素和子模式图像元素联系起来获得的，将相关元素相乘后再累加。我们完全可以将子图像 $w(x,y)$ 视为一个按行或按列存储的向量 $\vec{b}$，将计算过程中被 $w(x,y)$ 覆盖的图像区域视为另一个按照同样方式存储的向量 $\vec{a}$。这样一来，相关运算就成了向量之间的点积运算。

两个向量的点积为：

$$\vec{a}\cdot\vec{b}=|\vec{a}||\vec{b}|\cos\theta \tag{3.2.1}$$

其中，θ 为向量 $\vec{a}$、$\vec{b}$ 之间的夹角。显然，当 $\vec{a}$ 和 $\vec{b}$ 具有完全相同的方向(平行)时，$\cos\theta=1$，从而式(3.2.1)取得其最大值 $|\vec{a}||\vec{b}|$，这就意味着当图像的局部区域类似于子图像模式时，相关运算产生最大的响应。然而，式(3.2.1)最终的取值还与 $\vec{a}$、$\vec{b}$ 自身的模有关，这将导致式(3.2.1)计算的相关响应存在着对 $f(x,y)$ 和 $w(x,y)$ 的灰度幅值比较敏感的缺陷。这样一来，在 $f(x,y)$ 的高灰度区，可能尽管其内容与子图像

$w(x,y)$的内容并不相近,但由于$|\vec{a}|$自身较大而产生一个很高的响应。我们可通过对向量以其模值来归一化解决这个问题,即通过式(3.2.2)来计算。

$$r = \frac{\vec{a} \cdot \vec{b}}{|\vec{a}||\vec{b}|} \tag{3.2.2}$$

3.2.3 基于向量相关的图像匹配的 MATLAB 实现

例程3.2-1实现基于向量相关的图像匹配。

【例程3.2-1】

```
function Icorr = imcorr(I,w)
% 功能:实现基于向量相关的图像匹配
% 输入:I- 输入的图像
%        w-模板图像
%
% 输出:Icoor-相关系数矩阵
if nargin ~= 2   % 检查输入的个数是否正确
    error('请输入两幅图像')
end
if size(I,3) == 3        % 检查图像是否是灰度图像,如果是RGB图像,将其转换成灰度图像
    I = rgb2gray(I);
end
if size(w,3) == 3
    w = rgb2gray(w);
end
[m,n] = size(I);
[m0,n0] = size(w);
Icoor = zeros(m - m0 + 1,n - n0 + 1); %   为相关系数图像分配空间,以提高运算效率
vecW = double(w(:)); % 按列存储为向量
normW = norm(vecW); %对应的向量模
for ii = 1:m - m0 + 1
    for jj = 1:n - n0 + 1
        subMat = I(ii:ii + m0 - 1,jj:jj + n0 - 1);
        vec = double(subMat(:)); % 按列存储为向量
        Icorr(ii,jj) = vec' * vecW/(norm(vec) * normW + eps);   %计算当前位置的相关系数
    end
end
%找出最大响应位置
[iMaxRes,jMaxRes] = find(Icorr == max(Icorr(:)));
figure,
imshow(I)
hold on
for ii = 1:length(iMaxRes)
    plot(jMaxRes(ii),iMaxRes(ii),'*');
    % 用矩形框标记出匹配区域
    plot([jMaxRes(ii),jMaxRes(ii) + n0 - 1],[iMaxRes(ii),iMaxRes(ii)]);
    plot([jMaxRes(ii) + n0 - 1,jMaxRes(ii) + n0 - 1],[iMaxRes(ii),iMaxRes(ii) + m0 - 1]);
    plot([jMaxRes(ii),jMaxRes(ii) + n0 - 1],[iMaxRes(ii) + m0 - 1,iMaxRes(ii) + m0 - 1]);
```

```
plot([jMaxRes(ii),jMaxRes(ii)],[iMaxRes(ii),iMaxRes(ii) + m0 - 1]);
```

将“3.3 图像拼接技术及其实现”改为“3.3 基于图像的车牌自动识别技术”

3.3　基于图像的车牌自动识别技术

【温馨提示】 本节主要介绍基于图像的车牌自动识别技术，属于数字图像处理技术在智能交通中的应用。本节内容涉及图像分割、基于数学形态学的图像变换和图像配准等基础知识。

现代社会已进入信息化时代，随着计算机技术、通信技术和计算机网络技术的发展，自动化的信息处理能力和水平不断提高，并在人们社会活动和生活的各个领域得到了广泛应用。自动检测、图像识别技术越来越受到人们的重视。作为现代社会的主要交通工具之一的汽车，在人们的生产、生活的各个领域得到了大量的使用，对它的信息自动采集和管理在交通车辆管理、园区车辆管理、停车场管理等方面有着十分重要的意义，成为信息处理技术的一项重要课题。本节主要介绍数字图像处理在车牌定位与字符识别方面的应用。

3.3.1　汽车牌照自动识别系统

汽车牌照自动识别系统是以汽车牌照为特定目标的专用计算机视觉系统，是计算机视觉和模式识别技术在智能交通领域的应用。车牌的自动识别系统主要包括车牌定位和车牌字符识别两部分，其广泛应用于交通流量检测、交通指挥与疏导、车辆管理、交通自动收费、违章监控、车辆防盗等领域，具有广泛的应用前景。但是，由于车牌识别要适应各种复杂背景以及不同光照条件的影响，使得车牌分割及识别的难度大增。

3.3.2　车牌自动识别的步骤

待处理的图像如图 3.3 - 1 所示，图像整体比较清晰干净，车牌方向端正，字体清楚，与周围颜色的反差较大。

图 3.3 - 1　待处理图像

要定位汽车牌照并识别其中的字符，我们采用基于数学形态学与模板匹配为核心思想的定位识别方法，基本步骤如下：

① 读取待处理的图像，将其转化为二值图像；

② 去除图像中面积过小的、可以肯定不是车牌的区域；

③ 为定位车牌，将白色区域膨胀，腐蚀去无关的小物件(包括车牌字符)；

④ 查找连通域边界，同时保留此图形，以备后面在它上面做标记；

⑤ 找出所有连通域中最可能是车牌的那一个，判断的标准是：测得该车牌的长宽比约为4.5∶1，其面积和周长存在关系：$(4.5\times L\times L)/(2\times(4.5+1)\times L)^2\approx 1/27$，以此为特征，取 metric＝27 * area/perimeter^2 作为连通域的匹配度，它越接近1，说明对应的连通域越有可能是4.5∶1的矩形；

⑥ 在可能是车牌的区域利用基于傅里叶变换的模板匹配的方法查找特征字符。

3.3.3 例程一点通

将3.3.2节所述的步骤编写成MATLAB程序如例程3.3-1所示，处理结果如图3.3-2所示。

【例程3.3-1】

```
% 读取待处理的图像,将其转化为二值图像
I = imread('car.jpg');
I2 = rgb2gray(I);
I4 = im2bw(I2, 0.2);
% 去除图像中面积过小的、可以肯定不是车牌的区域
bw = bwareaopen(I4, 500);
% 为定位车牌,将白色区域膨胀,腐蚀去无关的小物件
se = strel('disk',15);
bw = imclose(bw,se);
bw = imfill(bw,[1 1]);
% 查找连通域边界
[B,L] = bwboundaries(bw,4);
imshow(label2rgb(L, @jet, [.5 .5 .5]))
hold on
% 找出所有连通域中最可能是车牌的那一个
for k = 1:length(B)
 boundary = B{k};
 plot(boundary(:,2),boundary(:,1),'w','LineWidth',2)
end
% 找到每个连通域的质心
stats = regionprops(L,'Area','Centroid');
% 循环历遍每个连通域的边界
for k = 1:length(B)
   % 获取一条边界上的所有点
  boundary = B{k};
   % 计算边界周长
```

```
delta_sq = diff(boundary).^2;
perimeter = sum(sqrt(sum(delta_sq,2)));
% 获取边界所围面积
area = stats(k).Area;
% 计算匹配度
metric = 27 * area/perimeter^2;
% 要显示的匹配度字串
metric_string = sprintf('%2.2f',metric);
% 标记出匹配度接近 1 的连通域
if metric >= 0.9 && metric <= 1.1
  centroid = stats(k).Centroid;
  plot(centroid(1),centroid(2),'ko');
  % 提取该连通域所对应在二值图像中的矩形区域
  goalboundary = boundary;
  s = min(goalboundary, [], 1);
  e = max(goalboundary, [], 1);
goal = imcrop(I4,[s(2) s(1) e(2) - s(2) e(1) - s(1)]);
end
% 显示匹配度字串
text(boundary(1,2) - 35,boundary(1,1) + 13,...
  metric_string,'Color','g',...
'FontSize',14,'FontWeight','bold');
end
goal = ~goal;
goal(256,256) = 0;
figure;
imshow(goal);
w = imread('P.bmp');
w = ~w;
C = real(ifft2(fft2(goal). * fft2(rot90(w,2),256,256)));
thresh = 240;
figure;
imshow(C > thresh);
```

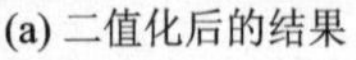

(a) 二值化后的结果

(b) 膨胀后的结果

图 3.3-2　例程 3.3-1 的运行结果

(c) 查找连通区域

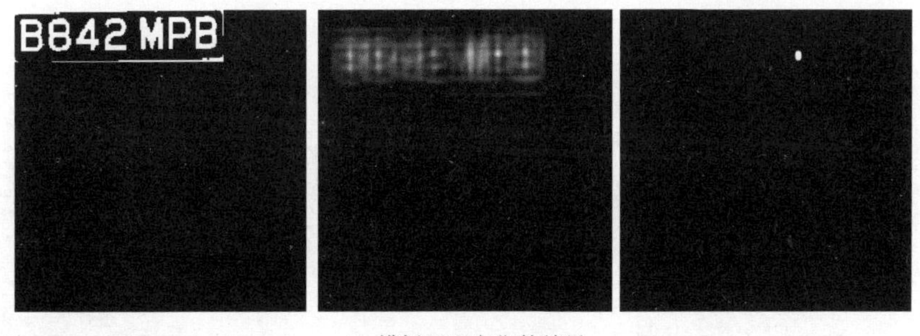

(d) 模板匹配定位的结果

图 3.3-2　例程 3.3-1 的运行结果(续)

3.4　图像数字水印技术及其实现

【温馨提示】 图像数字水印技术在保护数字作品的知识产权中起着重要的作用。通过本节的介绍，读者应着重了解图像数字水印嵌入和提取的基本原理。本节例程中用到了图像余弦变换的相关知识。

数字水印(Digital Watermarking)是一种新的十分有效的数字水印产品版权保护和数据安全维护的技术，它是一种十分贴近实际应用的信息隐藏技术。数字水印是将具有特定意义的标记(水印)，利用数字嵌入的方法将水印隐藏在数字图像、声音、文档、图书、视频等数字产品中，用以证明创作者对其作品的所有权，并作为鉴定、起诉非法侵权的证据，同时通过对水印的检测和分析，保证数字信息的完整可靠性，从而成为知识产权保护和数字多媒体防伪的有效手段。图 3.4-1 和图 3.4-2 分别表示了嵌入可见数字水印和不可见数字水印的过程。

3.4.1　追根溯源话“水印”

数字水印技术是信息隐藏领域一个非常重要的分支。由于数字图像很容易被未授权的用户复制，用传统的密码方法也不能很好解决上述问题，这使图像版权保护和服务

图 3.4-1 嵌入可见数字水印

嵌入水印

图 3.4-2 嵌入不可见数字水印

认证等面临日益严峻的挑战。而数字水印技术则以信号处理的方法,在数字化的图像数据中嵌入隐含的版权标识,非常适合对于数字图像的版权保护,这也就使图像数字水印技术在强劲的市场需求下取得了惊人的发展,并在近几年逐渐发展为继小波、神经网络之后,数字图像处理领域的又一个研究热点。

虽然,数字水印的提出是在 20 世纪 90 年代,但是,通过向艺术品中嵌入标识码以证明所有权的技术思想可以追溯到 20 世纪 50 年代。1954 年,美国的 Muzac 公司的 Emil Hembrooke 申请了一项名为"Indetification of sound like signals"的专利。该专利描述了一种将标识码不可感知地嵌入到音乐中而证明所有权的方法。Hembrooke 在专利中指出:该发明使得对音乐制作人的身份认证和有效地防止盗版成为可能,它的作用类似于纸张中的水印。这是迄今为止所知道的最早的电子水印技术。

关于图像数字水印技术的论述首先是 Tirel 等人在 1994 年发表的一篇题为《A digital watermark》的论文，正式提出了“数字水印”这一术语。为了提高数字水印的稳健性，1995 年 Cox 等人提出了一种基于扩频通信的思想，将水印嵌入图像感知上最重要的频域因子中的水印方案。他们通过利用离散余弦变换（DCT）技术向图像中添加标记，以提高水印对图像处理的稳健性。1996 年，Pitas 在其论文《A method for signature casting on digital images》中提出了一种盲水印的方案。

随着 1996 年第一届信息隐藏国际学术研讨会的召开，数字水印技术的研究得到了迅速的发展，不少政府机构和研究部门加大了对其的研究力度，其中包括美国财政部、美国版权工作组、美国洛斯阿莫斯国家实验室、美国海陆空军研究实验室、欧洲电信联盟、德国国家信息技术研究中心、日本 NTT 信息与通信系统研究中心、麻省理工学院、南加利福尼亚大学、普渡大学、剑桥大学、瑞士洛桑联邦工学院、微软公司、CA 公司等研究机构。另外，在 IEEE 和 SPIE 等一些重要国际会议上，也专门开辟了与数字水印相关的专题。欧洲几项较大的工程项目（如 VIVA 和 ACTS）中也均有关于图像水印方面的专题研究。我国在这一领域的研究也基本与欧美等科技强国保持同步，目前国内已经有不少科研机构投入到数字水印方面的研究中去。1999 年底，第一届全国信息隐藏学术研讨会（CIHW）在北京电子技术应用研究所召开。国家“863 计划”、“973 项目”（国家重点基础研究发展规划）、国家自然科学基金等也都对图像水印的研究有项目资金支持。

3.4.2 “图像数字水印技术”面对面

(1) 基本原理

图像数字水印技术以一定的算法将一些标志性信息嵌入到图像中，而不影响原图像的画质和使用。水印信息可以是序列号或有特殊意义的文本等，通过和载体图像的紧密结合而达到识别图像来源、作者等版权信息的目的。与传统加密技术不同，图像水印技术的目的并不在于直接阻止对图像的盗版，而是着眼于如何将版权信息加入到正版图像，并能够从盗版图像中提取出先期加入的版权方面的证据（水印），在能够证明图像确系盗版之后再以法律的手段对盗版者实施制裁。

图像数字水印处理可分为对水印的嵌入处理和对已嵌入的水印的检测处理两部分。从图像处理的角度看，嵌入水印可以看作是在强背景（原始图像）下叠加一个弱信号（水印），由于人的视觉系统对图像的分辨率有限，因此只要叠加的信号在幅度上低于某个对比度门限，就可以使人眼完全感受不到叠加信号的存在，这个对比度门限主要受系统的空间、时间和频率特征的影响。因此，在不改变视觉效果的前提下，对原始图像做一定的调整，嵌入一些额外信息是完全有可能的。

对于水印的检测方法，则通常按照以下的假设进行：

$$\begin{cases} H_0: E = F' - F = N(\text{无水印}) \\ H_1: F = F' - F = W' + N(\text{有水印}) \end{cases}$$

式中，F'、F 分别代表待测图像和原始图像中用来隐藏水印的像素或特征值，W' 为待测水印序列，N 为噪声。在嵌入水印的过程中有可能引起图像的失真，因此从中检测到的图像水印与原始水印在一定程度上也有一些区别。为了准确地断定图像中是否含有水印，可通过计算两者的相似度来进行识别。图 3.4-3 中(a)和(b)分别给出了嵌入水印和检测水印的过程。

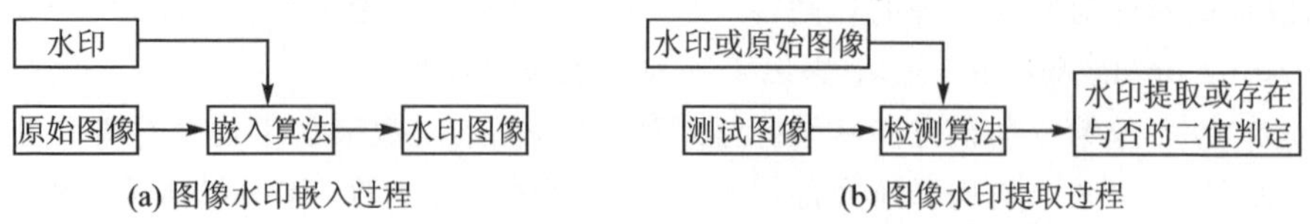

图 3.4-3　图像水印的嵌入与提取过程示意图

(2) 图像数字水印的特点

由于图像数字水印的目的不在于限制其正常的图像复制，而在于保证隐藏其内的水印不被侵犯和发现。因此，在向图像嵌入水印时，必须考虑到正常的信息操作对水印所造成的威胁，以及要求水印能够对通常的图像编辑处理操作具有一定的抵御、免疫能力。根据图像水印的目的和技术要求，可以总结出图像水印的一些特点。

① 鲁棒性(robustness)：图像一旦嵌入了水印后，图像与水印将紧密地融合在一起，而且不因图像的某种处理而导致隐含的水印信息丢失。这里所谓的“处理”，包括了噪声干扰、滤波、平滑、增强、重采样、有损编码压缩、D/A 或 A/D 转换等各种常规的图像处理手段。图像水印除了能对无意识的图像处理操作具有抵御能力外，还应具备抵抗恶意删除攻击、迷惑攻击等有意识攻击的能力，除非攻击方对加入的水印有足够的先验知识，否则任何破坏和去除水印的企图都将严重损坏图像的画质，使破解后的图像毫无利用价值。

② 不可检测性(undetectability)：水印和图像应具有一致的特性，如统计噪声分布等，这样可以使非法攻击者无从确认该图像是否含有水印信息。

③ 透明性(invisibility)：此特性主要应用了人眼的生理特点，经过隐藏处理的图像水印不会对原始图像有视觉可察的画质降低现象。

④ 低复杂性：水印的嵌入和提取识别算法应简单易行。

⑤ 自恢复性：嵌入了水印的图像在经过一系列的处理和变换后，可能对原图产生了较大的破坏，这就要求从留下的片段中仍可提取出水印(或水印残片)，并根据检验出的结果确认出水印的存在。

(3) 图像数字水印技术的应用

数字图像水印技术在数字作品的知识产权保护、印刷品防伪和电子商务的票据防伪、图像数据的隐藏标识和篡改提示、隐蔽通信及其对抗等领域有着广泛的应用。

3.4.3 “图像数字水印算法”精讲

按水印嵌入处理方法的不同，可将目前的图像水印处理算法分成空域水印处理算法和变换域水印处理算法两大类。除此以外，还有其他一些新兴的水印处理算法，如

NEC水印处理算法和基于视觉模型的水印处理算法等，这些算法统称为其他水印处理算法。下面分类对其进行介绍。

(1) 空域水印处理算法

该类水印添加算法典型的处理方式：将水印信息以比特流的形式嵌入到原始图像各像素点最不重要位(Least Significant Bit，LSB)上，这可充分保证嵌入的水印不可见。但是由于使用的是图像不重要的像素位，因此算法的鲁棒性稍差，抵御滤波、平滑以及几何变形等普通图像处理操作的能力也不是太强。另一个常用的方法是空域扩频隐藏方法，通过扩频码将水印信息调制成类似噪声的信号，然后在叠加到原始图像中去，由于水印信号在调制后能量分布于整个频带，因此一般很难抵抗频域滤波处理。

空域水印处理算法的最大优点在于实现比较简单方便，隐藏的水印容量也比较大，而且还能根据图像的局部特性进行自适应调整；其主要缺点是较脆弱，抗攻击能力差。

(2) 变换域水印处理算法

变换域水印处理算法是先将原始图像通过离散余弦变换或小波变换，将图像变换到变换域，然后再在变换域嵌入水印信息，最后经过反变换输出含有水印信息的空域图像。这一类水印处理算法广泛采用了扩展频谱通信(spread spectrum communication)技术，其具体实现过程为：先计算图像的离散余弦变换，然后将水印叠加到变换域幅值最大的前 k 系数上(不包括直流分量)，通常对应图像的低频分量。若DCT系数的前 k 个最大分量表示为：$D=\{d_i\}, i=1,\cdots,k$，并且水印是服从高斯分布的随机实数序列；$W=\{w_i\}, i=1,\cdots,k$，那么水印的嵌入算法就可以表示为：$d_i=d_i(1+\mathrm{A}w_i)$，其中常数A为尺度因子，用以控制水印的添加强度。然后用新产生的系数做反变换处理而得到嵌入水印的图像。验证函数则分别计算原始图像和水印图像的离散余弦变换，从中提取出水印，并通过相关性的检验来判定水印的存在与否。

加在DCT变换域上的数字水印具有很强的鲁棒性，能有效抵御各种基本的图像处理操作。由于JPEG、MPEG等一些常用数据压缩算法也是在DCT变换域中进行的，所以这种添加在DCT变换域中的数字水印算法，对于有损压缩具有相当强的抵御能力。但是由于此类算法对图像自身的自适应能力不是很好，因此在嵌入水印后，往往在图像的亮度上造成较为明显的损害。为此可以将水印嵌入到变换域的中频分量，即在水印的鲁棒性和不可检测性之间寻找平衡。此外，除了DCT变换还可以考虑离散傅里叶变换或离散小波变换，将图像从空间域数据转化为相应的频域系数，然后根据水印的信息类型和大小，对其进行适当的编码或变形，并选择合适的频域系数序列(高频、中频或低频分量)。最后用水印的相应数据去修改前面选定的频域系数序列，并在反变换到空域数据后完成水印的嵌入。此类算法的水印嵌入和检测过程较为复杂，容量也不是太大，但是抗攻击能力特别强。

(3) 其他的水印处理算法

除了上述两大类主流水印处理算法外，尚有为数不少的新兴水印处理算法，主要有：利用RST/RSC不变性的算法、量化水印算法、基于感兴趣区域和机基于视觉模型的方法以及利用分形技术的水印添加算法等。

3.4.4 例程一点通

例程 3.4-1 是一个综合运用实例，它以数字图像为载体，将水印信息嵌入到图像的 DCT 系数中；然后，对加入数字图像中的水印进行了提取。运行结果见图 3.4-4。

【例程 3.4-1】

```
clear all;
clc;
start_time = cputime;
%%%%%% 读取水印图像 %%%%%%
I = imread('mark.bmp');
I = rgb2gray(I);
I = double(I)/255;
I = ceil(I);
%%%%%%显示水印图像%%%%%%
figure(1);
subplot(2,3,1);
imshow(I),title('水印图像')
dimI = size(I);
rm = dimI(1);cm = dimI(2);
%%%%%%以下生成水印信息 %%%%%%
mark = I;
alpha = 50,
k1 = randn(1,8);
k2 = randn(1,8);
a0 = imread('lena.bmp');
psnr_cover = double(a0);
subplot(2,3,2),imshow(a0,[]),title('载体图像');
[r,c] = size(a0);
cda0 = blkproc(a0,[8,8],'dct2');
%%%%%% 嵌入 %%%%%%
cda1 = cda0;    % cda1 = 256_256
for i = 1:rm    % i = 1:32
    for j = 1:cm    % j = 1:32
        x = (i-1) * 8;y = (j-1) * 8;
        if mark(i,j) == 1
        k = k1;
        else
        k = k2;
        end
    cda1(x+1,y+8) = cda0(x+1,y+8) + alpha * k(1);
    cda1(x+2,y+7) = cda0(x+2,y+7) + alpha * k(2);
    cda1(x+3,y+6) = cda0(x+3,y+6) + alpha * k(3);
    cda1(x+4,y+5) = cda0(x+4,y+5) + alpha * k(4);
    cda1(x+5,y+4) = cda0(x+5,y+4) + alpha * k(5);
    cda1(x+6,y+3) = cda0(x+6,y+3) + alpha * k(6);
    cda1(x+7,y+2) = cda0(x+7,y+2) + alpha * k(7);
    cda1(x+8,y+1) = cda0(x+8,y+1) + alpha * k(8);
```

```
    end
end
%%%%%%嵌入水印后图像 %%%%%%
a1 = blkproc(cda1,[8,8],'idct2');
a_1 = uint8(a1);
imwrite(a_1,'withmark.bmp','bmp');
subplot(2,3,3),imshow(a1,[]),title('嵌入水印后的图像');
disp('嵌入水印处理时间');
embed_time = cputime - start_time,
%%%%%% 攻击实验 测试鲁棒性 %%%%%%%
disp('对嵌入水印的图像的攻击实验,请输入选择项:');
disp('1 - -添加白噪声');
disp('2 - -高斯低通滤波');
disp('3 - -JPEG 压缩');
disp('4 - -图像剪切');
disp('5 - -旋转 10 度');
disp('6 - -直接检测水印');
disp('其他 - -不攻击');
d = input('请输入选择(1 - 6):');
start_time = cputime;
    figure(1);
            switch d
                case 6
            subplot(2,3,4);
            imshow(a1,[]);
            title('未受攻击的含水印图像');
            M1 = a1;
                case 1
             WImage2 = a1;
             noise0 = 20 * randn(size(WImage2));
             WImage2 = WImage2 + noise0;
             subplot(2,3,4);
             imshow(WImage2,[]);
             title('加入白噪声后图像');
             M1 = WImage2;
             M_1 = uint8(M1);
             imwrite(M_1,'whitenoise.bmp','bmp');
                case 2
             WImage3 = a1;
             H = fspecial('gaussian',[4,4],0.2);
             WImage3 = imfilter(WImage3,H);
             subplot(2,3,4);
             imshow(WImage3,[]);
             title('高斯低通滤波后图像');
             M1 = WImage3;
             M_1 = uint8(M1);
             imwrite(M_1,'gaussian.bmp','bmp');
                case 4
             WImage4 = a1;
```

```
        WImage4(1:64,1:512) = 512;
        % WImage4(224:256,1:256) = 256;
        % WImage4(1:256,224:256) = 256;
        % WImage4(1:256,1:32) = 256;
        WImage4cl = mat2gray(WImage4);
        figure(2);
        subplot(1,1,1);
        % subplot(2,3,4);
        imshow(WImage4cl);
        title('部分剪切后图像');
        figure(1);
        M1 = WImage4cl;
        % M_1 = uint8(M1);
        % imwrite(M_1,'cutpart.bmp','bmp');
            case 3
        WImage5 = a1;
        WImage5 = im2double(WImage5);
        cnum = 10;
        dctm = dctmtx(8);
        P1 = dctm;
        P2 = dctm.';
        imageDCT = blkproc(WImage5,[8,8],'P1 * x * P2',dctm,dctm.');
        DCTvar = im2col(imageDCT,[8,8],'distinct').';
        n = size(DCTvar,1);
        DCTvar = (sum(DCTvar. * DCTvar) - (sum(DCTvar)/n).^2)/n;
        [dum,order] = sort(DCTvar);
        cnum = 64 - cnum;
        mask = ones(8,8);
        mask(order(1:cnum)) = zeros(1,cnum);
        im88 = zeros(9,9);
        im88(1:8,1:8) = mask;
        im128128 = kron(im88(1:8,1:8),ones(16));
        dctm = dctmtx(8);
        P1 = dctm.';
        P2 = mask(1:8,1:8);
        P3 = dctm;
WImage5 = blkproc(imageDCT,[8,8],'P1 * (x. * P2) * P3',dctm.',mask(1:8,1:8),dctm);
        WImage5cl = mat2gray(WImage5);
        subplot(2,3,4);
        imshow(WImage5cl);
        title('经 JPEG 压缩后图像');
        % figure(1);
        M1 = WImage5cl;
            case 5
       WImage6 = a1;
       WImage6 = imrotate(WImage6,10,'bilinear','crop');
       WImage6cl = mat2gray(WImage6);
       figure(2);
       subplot(1,1,1);
```

```
            imshow(WImage6cl);
            title('旋转 10 度后图像');
            figure(1);
            M1 = WImage6cl;
                otherwise
            disp('你输入的是无效数字,图像未受攻击,将直接检测水印');
            subplot(2,3,4);
            imshow(a1,[]);
            title('未受攻击的含水印图像');
            M1 = a1;
                end
%%%%%% 提取水印%%%%%%
psnr_watermarked = M1;
dca1 = blkproc(M1,[8,8],'dct2');
p = zeros(1,8);
for i = 1:dimI(1)
    for j = 1:dimI(2)   % j = 1:32
        x = (i - 1) * 8;y = (j - 1) * 8;
    p(1) = dca1(x + 1,y + 8);
    p(2) = dca1(x + 2,y + 7);
    p(3) = dca1(x + 3,y + 6);
    p(4) = dca1(x + 4,y + 5);
    p(5) = dca1(x + 5,y + 4);
    p(6) = dca1(x + 6,y + 3);
    p(7) = dca1(x + 7,y + 2);
    p(8) = dca1(x + 8,y + 1);
    % sd1 = sum(sum(p. * k1))/sqrt(sum(sum(p.^2)));
    % sd2 = sum(sum(p. * k2))/sqrt(sum(sum(p.^2)));
     % if sd1>sd2
     if corr2(p,k1)>corr2(p,k2),warning off MATLAB:divideByZero;
        mark1(i,j) = 1;
     else
        mark1(i,j) = 0;
     end
    end
end
subplot(2,3,5);
imshow(mark1,[]),title('提取的水印图像');
subplot(2,3,6);
imwrite(mark1,'getmark.bmp','bmp');
imshow(mark),title('原嵌入水印比较');
%%%%%%显示时间%%%%%%
disp('攻击与提取处理时间')
attack_recover_time = cputime - start_time,
%%%%%% psnr %%%%%%
disp('载体图像与含水印图像峰值信噪比')
PSNR = psnr(psnr_cover,psnr_watermarked,c,r),
%%%%%%% Oringinal mark and mark test %%%%%%%%%
disp('原水印图像与提取水印图像互相关系数')
```

```
NC = nc(mark1,mark)
```

(a) 需要嵌入的水印及原始图像

(b) 嵌入水印后的图像

(c) 添加水印后受到噪声干扰的图像

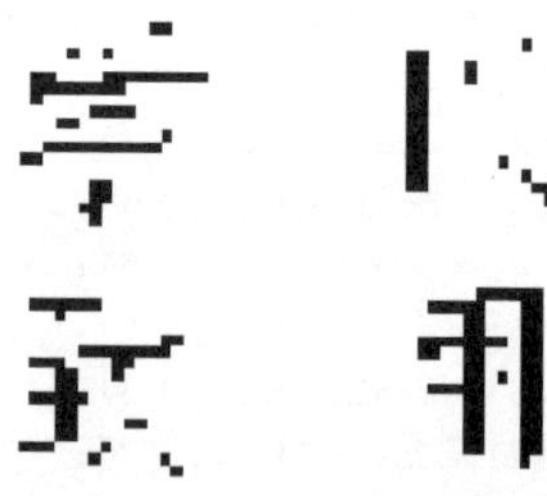

(d) 水印提取的结果

图 3.4-4　例程 3.4-1 的运行结果

3.4.5　融会贯通

视频序列图像是由一帧一帧具有相互关联的图像构成，对一段视频的处理可以转换成对每一帧数字图像的处理。因此，对视频图像添加数字水印就是将待添加的水印嵌入到视频图像序列的每一帧当中。

例程 3.4-2 是基于离散余弦变换(DCT)对视频图像添加数字水印的 MATLAB 源程序，读者可通过该程序理解如何在视频图像中嵌入数字水印。

【例程 3.4-2】

```
clear all
clc
clf
%定义一个新的avi文件
aviobj = avifile('withed11.avi','fps',15,'quality',85,'compression','RLE')
%产生高斯水印,并显示水印信息
I = imread('Y.BMP');
```

```
I = double(I)/255;
I = ceil(I);
mark0 = I;
[rm,cm] = size(mark0);
subplot(2,3,1);imshow(mark0);title('原始水印图像');
alpha = 0.5;
k1 = randn(1,8);
k2 = randn(1,8);

%显示原图
%mov1 用来记录原始载体 avi
%mov2 用来记录水印载体 avi
mov1 = aviread('lww.avi');
subplot(2,3,2);title('origine video');
movie(mov1)
fileinfo = aviinfo('lww.avi');
%嵌入水印
%p 表示的是对视频中的每个帧进行操作
%p = 0
for p = 1:fileinfo.NumFrames
    %对每个帧进行水印嵌入
    %提取视频中的每一帧
    movI = aviread('lww.avi',p);
    movII = aviread('lww.avi',p);
    [l1,l2] = size(movI.cdata);
        block_dct1 = blkproc(movI.cdata,[8,8],'dct2');
    block_dct2 = block_dct1;
    for i = 1:rm
        for j = 1:cm
            x = (i-1)*8;y = (j-1)*8;
            if mark0(i,j) == 1
                k = k1;
            else
                k = k2;
            end
    block_dct2(x+1,y+8) = block_dct1(x+1,y+8) + alpha*k(1);
    block_dct2(x+2,y+7) = block_dct1(x+2,y+7) + alpha*k(2);
    block_dct2(x+3,y+6) = block_dct1(x+3,y+6) + alpha*k(3);
    block_dct2(x+4,y+5) = block_dct1(x+4,y+5) + alpha*k(4);
    block_dct2(x+5,y+4) = block_dct1(x+5,y+4) + alpha*k(5);
    block_dct2(x+6,y+3) = block_dct1(x+6,y+3) + alpha*k(6);
    block_dct2(x+7,y+2) = block_dct1(x+7,y+2) + alpha*k(7);
    block_dct2(x+8,y+1) = block_dct1(x+8,y+1) + alpha*k(8);
    end
end
    %下面的命令用来把水印嵌入的结果放入到 movII 的 cdata 中
  a1 = blkproc(block_dct2,[8,8],'idct2');
  [x1,x2] = size(a1);
  movII.cdata = uint8(a1);
```

```
    [x3,x4] = size(movII.cdata);
     aviobj = addframe(aviobj,movII)
   end
aviobj = close(aviobj);
pause(4)
%用来调试的语句
% finishfileinfo = aviinfo('withwater8.avi')
fileinfo = aviinfo('withed11.avi');
pause(3);
movIII = aviread('withed11.avi',2)
[l1,l2] = size(movIII.cdata);
subplot(2,3,3);title('有水印的视频:');
mov2 = aviread('withed11.avi');
movie(mov2)
```

一语中的 从数字图像处理角度看,图像数字水印的嵌入可以视为在强背景下迭加一个弱信号,只要迭加的水印信号强度低于人眼的视觉系统的感知门限,人就无法感知到水印信号的存在。

3.5 数字图像压缩技术及其实现

【温馨提示】 本节着重介绍数字图像处理的一个重要应用——图像压缩技术。例程及相关内容涉及图像的离散余弦变换、小波变换以及图像质量的评价等基础知识。

3.5.1 从几个"为什么"看"图像压缩"

提到数字图像压缩,大家不禁会问:好好的图像,为什么要进行图像压缩呢?

众所周知,图像的数据量非常大,为了有效地传输和存储图像,有必要压缩图像的数据量;而且随着现代通信技术的发展,要求传输的图像信息的种类和数据量越来越大,若不对其进行数据压缩,便难以推广应用。就拿遥感探测领域来说,随着卫星影像数据规模的日益增长,有限的卫星信道容量与传输大量遥感数据的需求之间的矛盾日益突出,图像压缩技术作为解决这一问题的有效途径,其必要性和经济社会效益越来越明显。图像压缩就是对图像数据按照一定的规则进行变换和组合,用尽可能少的数据量来表示影像,形象地说,就是对影像数据"瘦身"。由于遥感卫星影像数据量巨大,受限于星上存储能力的大小和卫星下行链路的带宽,几乎所有卫星影像都要进行星上压缩后才能下传。图3.5-1便是一幅经过压缩后传回的卫星摇感图片。

再来看日常生活中的一个例子:一段图像分辨率为640×480的32位色彩的视频影像,其中一幅画面所占数据量约为1.2 MB,如果视频播放速率是25帧/秒,那每秒钟播放的数据量是30 MB。如果不经过压缩,那么一张650 MB的光盘只能放21秒的内容,一部2个小时的电影需要300多张光盘,这是不可想象的。

因此,在遥感探测、多媒体录放、视频通信、互联网络等领域进行图像压缩十分必要。

图 3.5－1　经过压缩后传回的卫星遥感图片

【一点通】 图像压缩的目的就是改变图像的表达方式，以尽量少的比特数表征图像，同时保持复原图像的质量。

谈到这儿，又一个问题便随之而来：为什么可以进行图像压缩呢？这个问题，我们可以从“客体”和“主体”两个大的方面进行回答。

① 从压缩的客体——“数字图像”来看，原始图像数据是高度相关的，存在很大的冗余。数据冗余造成比特数浪费，消除这些冗余可以节约码字，也就是达到了数据压缩的目的。大多数图像内相邻像素之间有较大的相关性，这称为空间冗余，见图 3.5－2。序列图像前后帧内相邻之间有较大的相关性，这称为时间冗余，见图 3.5－3。而压缩的目的就是尽可能地消除这些冗余。

图 3.5－2　空间冗余示意图

经验分享　图像的规则性可以用图像的自相关系数来衡量，图像越有规则，其自相关系数越大，图像的空间冗余就越大。

② 从图像感知的主体——“人的视觉系统和大脑”来看，有些图像信息（如色度信

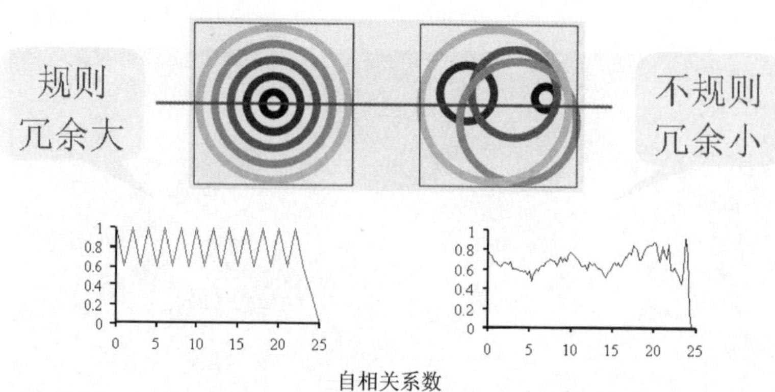

图 3.5-3　规则性与空间冗余的关系

息、高频信息)在通常的视感觉过程中与另外一些信息相比来说不那么重要,这些信息可以认为是心理视觉冗余,去除这些信息并不会明显地降低人眼所感受到的图像质量,因此在压缩的过程中可以去除这些人眼不敏感的信息,从而实现数据压缩,见图 3.5-4。

图 3.5-4　心理视觉冗余

3.5.2 从几个“如何”看“图像压缩”

在谈了进行数字图像的必要性和可行性之后,我们再来共同探讨一下图像压缩的各种方法,也就是“如何进行图像压缩”。从不同的角度出发,对图像压缩编码技术有着有不同的分类方法。根据压缩过程有无信息损失,可分为有损编码和无损编码,如图 3.5-5 所示。下面对常见的一些数字图像压缩方法进行介绍。

(1) 行程压缩

该方法的原理是将一行程中的颜色值相同的相邻像素用一个计数值和那些像素的颜色值来代替。例如:aaabccccccddeee,则可用 3a1b6c2d3e 来代替。对于拥有大面积相同颜色区域的图像,用行程压缩方法非常有效。由行程压缩原理派生出许多具体行程压缩方法。

① PCX 行程压缩方法。

该算法是位映射格式到压缩格式的转换算法,原理为:对于连续出现 1 次的字节 0xC,若 0xC>0xC0,则压缩时在该字节前加上 0xC1,否则直接输出 0xC;对于连续出现 N 次的字节 0xC,则压缩成 0x(C+N)、0xC 这两个字节。

② BI_RLE8 压缩方法。

在 WINDOWS3.0、WINDOWS3.1 的位图文件中采用了这种压缩方法。该压缩方法编码也是以两个字节为基本单位。其中第 1 个字节规定了用第 2 个字节指定的颜色重复次数。如编码 0504 表示从当前位置开始连续显示 5 个颜色值为 04 的像素。当第 2 个字节为零时第 2 个字节有特殊含义:0 表示行末,1 表示图末。这种压缩方法所能压缩的图像像素位数最大为 8 位(256 色)图像。

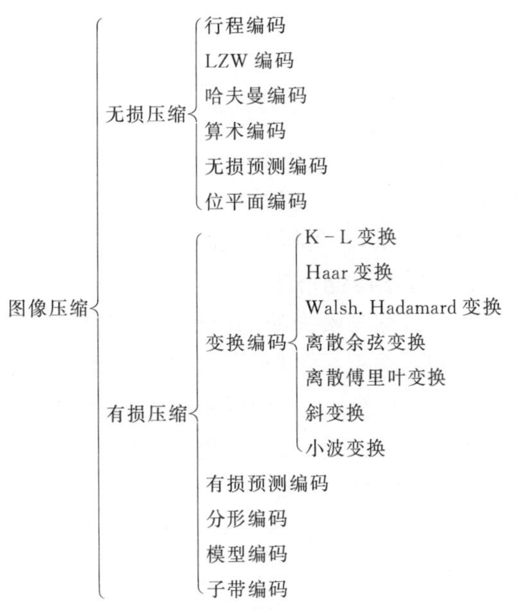

图 3.5-5　图像压缩的分类

③ BI_RLE 压缩方法。

该方法也用于 WINDOWS3.0/3.1 位图文件中,它与 BI_RLE8 编码类似,唯一不同是,BI_RLE4的一个字节包含了两个像素的颜色,因此,它只能压缩颜色数不超过 16 的图像。因而这种压缩应用范围有限。

④ 紧缩位压缩方法(Packbits)。

该方法是用于 Apple 公司的 Macintosh 机上的位图数据压缩方法,TIFF 规范中使用了这种方法。这种压缩方法与 BI_RLE8 压缩方法相似,如 1c1c1c1c2132325648 压缩为:831c2181325648。显而易见,这种压缩方法最好情况是每连续 128 个字节相同,这 128 个字节可压缩为一个数值 7f。

(2) 哈夫曼编码压缩

哈夫曼编码压缩是 1952 年为文本文件建立的,其基本原理是:频繁使用的数据用较短的代码代替,很少使用的数据用较长的代码代替,每个数据的代码各不相同。这些代码都是二进制码,且码的长度是可变的。如:有一个原始数据序列为 ABACCDAA 则其编码为 A(0),B(10),C(110),D(111),压缩后为 010011011011100。产生哈夫曼编码需要对原始数据扫描两遍:第 1 遍扫描要精确地统计出原始数据中的每个值出现的频率,第 2 遍是建立哈夫曼树并进行编码。由于需要建立二叉树并遍历二叉树生成编码,因此数据压缩和还原速度都较慢,但简单有效,因而得到广泛的应用。

(3) LZW 压缩方法

LZW 压缩技术比其他大多数压缩技术都复杂,压缩效率也较高。其基本原理是把每一个第一次出现的字符串用一个数值来编码,在还原程序中再将这个数值还成原来的字符串,如用数值 0x100 代替字符串"abccddeee",这样每当出现该字符串时,都用 0x100 代替,起到了压缩的作用。至于 0x100 与字符串的对应关系则是在压缩过程中动态生成的,而且这种对应关系是隐含在压缩数据中,随着解压缩的进行这张编码表会从压缩数据中逐步得到恢复,后面的压缩数据再根据前面数据产生的对应关系产生更多的对应关系,直到压缩文件结束为止。LZW 是可逆的,所有信息全部被保留。

(4) 算术压缩方法

算术压缩与哈夫曼编码压缩方法类似,但它比哈夫曼编码更加有效。算术压缩适合于由相同的重复序列组成的文件,算术压缩接近压缩的理论极限。这种方法是将不同的序列映像到 0～1 的区域内,该区域表示成可变精度(位数)的二进制小数,越不常见的数据需要的精度越高(更多的位数),这种方法比较复杂,因而不太常用。

(5) 变换编码压缩

变换编码压缩是将空域中描述的图像数据经过某种正交变换(如离散傅里叶变换 DFT、离散余弦变换 DCT、离散小波变换 DWT 等),转换到另一个变换域(频率域)中进行描述,变换后的结果是一批变换系数,然后对这些变换系数进行编码处理,从而达到压缩图像数据的目的。变换编码压缩将在 3.5.3 小节中给出 MATLAB 编程实例。

那么,如何评价压缩的效果呢?

在图像压缩中,压缩的质量是一个非常重要的概念,怎样以尽可能少的比特数来存储或传输一幅图像,同时又让接收者感到满意,这是图像编码的目标。对于有失真的压缩算法,有相关的评价准则,用来对压缩后解码图像的质量进行评价。常用的评价准则有两种:一种是客观评价准则;另一种是主观评价准则。主观质量评价是指由一批观察者对编码图像进行观察并打分,然后综合所有人的评价结果,给出图像的质量评价。而对于客观质量评价,主要是基于最小均方误差(MSE)和峰值信燥比(PSNR)准则的编码方法,在此不再详述。

3.5.3 例程一点通

1. 基于离散余弦变换(DCT)的图像压缩

离散余弦变换在图像压缩中具有广泛的应用,在对图像进行 JPEG 压缩处理时,首先将输入的图像分为 8×8 或 16×16 的图像块,然后对每个图像块进行二维 DCT 变换,最后将变换得到的 DCT 系数进行量化、编码,形成压缩后的 JPEG 图像格式。在显示 JPEG 图像时,首先将量化、编码后的 DCT 系数进行解码,并对每个 8×8 或 16×16 的块进行二维 DCT 反变换,最后将操作完成后的所有块重构成一幅完整的图像。对于一幅典型的图像而言,进行 DCT 变换后,大部分的 DCT 系数的值非常接近于 0,如果舍弃这些接近于 0 的 DCT 系数,在重构图像时并不会因此带来画面质量的显著下降,这就是 JPEG 算法能够对图像进行压缩的原理。例程 3.5-1 是采用二维离散余弦变换(DCT)进行图像压缩的 MATLAB 程序。

【例程 3.5-1】

```
% 功能:利用 JPEG 的压缩原理,输入一幅图像,将其分成 8×8 的图像块,计算每个图像块的 DCT
% 系数。DCT 变换的特点是变换后图像大部分能量集中在左上角,因此左上角反映图像低频部
% 分数据,右下角反映原图像高频部分数据,而图像的能量通常集中在低频部分。因此,对二
% 维图像进行 DCT 变换后,只保留 DCT 系数矩阵最左上角的 10 个系数,然后对每块图像利用这
% 10 个系数进行 DCT 反变换来重构
I = imread('hangtian.jpg');
I = rgb2gray(I);
I1 = I;
I = im2double(I);                              %图像存储类型转换
T = dctmtx(8);                                 %离散余弦变换矩阵
B = blkproc(I,[8 8],'P1 * x * P2',T,T');       %对原始图像进行余弦变换
%定义一个二值掩模矩阵,用来压缩 DCT 的系数
%该矩阵只保留 DCT 变换矩阵的最左上角的 10 个系数
mask = [1 1 1 1 0 0 0 0
        1 1 1 0 0 0 0 0
        1 1 0 0 0 0 0 0
        1 0 0 0 0 0 0 0
        0 0 0 0 0 0 0 0
        0 0 0 0 0 0 0 0
        0 0 0 0 0 0 0 0
        0 0 0 0 0 0 0 0];
% 数据压缩,丢弃右下角高频数据
B2 = blkproc(B,[8 8],'P1. * x',mask);
I2 = blkproc(B2,[8 8],'P1 * x * P2',T',T);
% 进行 DCT 反变换,得到压缩后的图像
subplot(1,2,1),imshow(I1),title('原始图像');
subplot(1,2,2),imshow(I2),title('压缩后的图像');
```

例程 3.5-1 的运行结果如图 3.5-6 所示。可以看出,在图像被压缩后,图像的边缘部位出现了一定的模糊和锯齿效果,这是因为在压缩时程序只选取了 10 个 DCT 系数,摒弃了其他的 DCT 系数。重构的图像并没有造成视觉质量的显著下降,重构图像的失真在可以接受的范围之内。当然,如果选取稍多的 DCT 中低频系数(通过修改 mask 变量中的 DCT 系数),可以获得更好质量的压缩图像。

2. 基于小波变换的图像压缩

小波变换用于图像压缩,具有压缩比高、压缩速度快、压缩后能保持图像的特征基本不变的特点,且在传递过程中可以抗干扰。基于小波变换进行图像压缩的基本原理是:根据二维小波分解算法,一幅图像做小波分解后,可得到一些不同分辨率的图像,而表现一幅图像最主要的部分是低频部分,如果去掉图像的高频部分而只保留低频部分,则可以达到图像压缩的目的。基于小波分析的图像压缩方法有很多,比较成功的有小波包最优基方法、小波域纹理模型方法、小波变换零树压缩、小波变换向量量化压缩等。

例程 3.5-2 是采用小波变换进行图像压缩的 MATLAB 程序,图 3.5-7 是其运行结果。

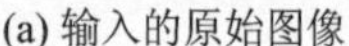

(a) 输入的原始图像

(b) 压缩后的图像

图3.5-6 例程3.5-1的运行结果

【例程3.5-2】

```
X = imread('robot.jpg');
X = rgb2gray(X);
X1 = X;
% 分解图像,提取分解结构中的第一层系数
[c,l] = wavedec2(X,2,'bior3.7');
cA1 = appcoef2(c,l,'bior3.7',1);
cH1 = detcoef2('h',c,l,1);
cD1 = detcoef2('d',c,l,1);
cV1 = detcoef2('v',c,l,1);
% 重构第一层系数
A1 = wrcoef2('a',c,l,'bior3.7',1);
H1 = wrcoef2('h',c,l,'bior3.7',1);
D1 = wrcoef2('d',c,l,'bior3.7',1);
V1 = wrcoef2('v',c,l,'bior3.7',1);
c1 = [A1 H1;V1 D1];
subplot(221),imshow(X1),title('原始图像'); axis square;
subplot(222),image(c1);title('分解后的高频和低频信息');
axis square
% 对图像进行压缩,保留第一层低频信息并对其进行量化编码
```

```
cal = wcodemat(cA1,440,'mat',0);
cal = 0.5 * cal;
subplot(223);image(cal);
axis square;
title('第一次压缩图像的大小:');
% 压缩图像,保留第二层低频信息并对其进行量化编码
cA2 = appcoef2(c,l,'bior3.7',2);
ca2 = wcodemat(cA2,440,'mat',0);
ca2 = 0.5 * ca2;
subplot(224);
image(ca2);
title('第二次压缩图像');
axis square;
```

(a) 原始图像

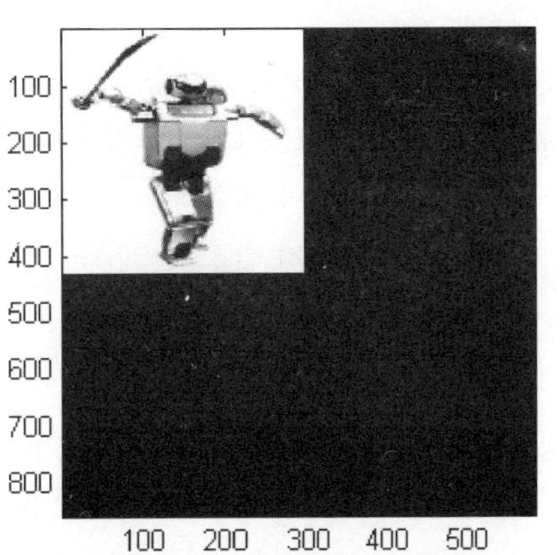

(b) 小波分解后的低频和高频信息

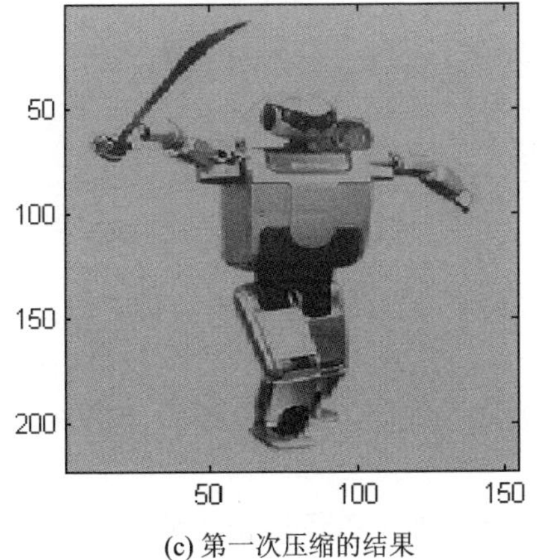

(c) 第一次压缩的结果

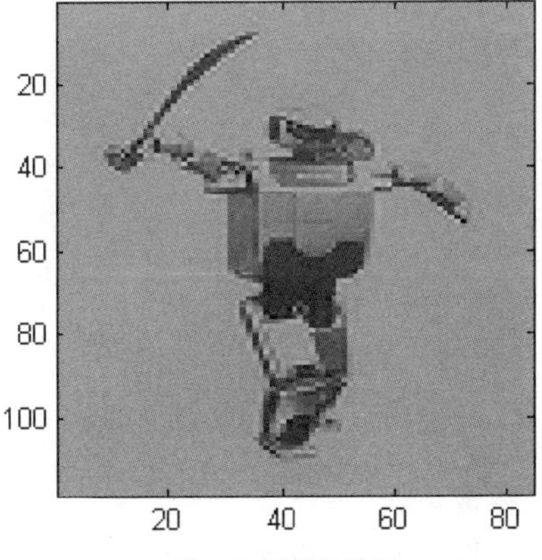

(d) 第二次压缩的结果

图 3.5－7　例程 3.5－2 的运行结果

应用小波变换进行图像压缩时,在理论上可以获得任何压缩比的压缩图像,且实现起来也较为简单。当然任何方法既有区别于其他方法的优点,同时有具有一定的缺陷。因此,要很好地对图像进行压缩处理,需要综合利用多种技术进行。这对基于小波分析

的图像压缩也不例外，往往也需要利用小波分析和其他相关技术的有机结合才能达到较为完美的结果。

3. 图像加密压缩技术

在图像压缩传输过程中，有时为了安全保密，经常对图像进行加密压缩传输。很多的图像变换方法都可以用于图像加密。下面介绍基于小波变换与混沌方法的图像压缩加密。

基于小波变换与混沌方法的图像压缩加密算法的核心思想是：首先把图像进行小波分解，然后使用混沌序列重新排列小波系数，以实现图像加密。其具体步骤和实现代码如下：

① 首先确定一个能够给出混沌的表达式。

例如，给定函数 $f(x)=\mu x(1-x)$，当 $\mu=4$ 时，给定初始值 x_0 介于 0 与 1 之间，进行迭代运算。迭代运算对初始值具有极强的敏感性，即使初始值相差很小，但当迭代几次后，两条轨迹便相差很多了，对每一个初始值的轨迹来说，轨迹上的点不会重复。

② 将图像进行小波分解。具体程序段如下：

```
A0 = imread('tank1.jpg');
A1 = rgb2gray(A0);
A = double(A1);
[C,S] = wavedec2(A,2,'bior3.7');
```

分解后得到的一维数组 C 就是小波系数集合。

③ 取初始值 $x_0=0.100\,001$，使表达式 $f(x)=4x(1-x)$进行迭代，程序段如下：


```
x(1) = 0.100001;
u = 4;
n = input(' 请输入迭代次数 ');
for i = 1:n
    x(i + 1) = u * x(i) * (1 - x(i));
    end
```

将得到的 x(i)的值存放在数组 Y 中。

④ 将 C 中的元素与数组 Y 中的元素建立对应关系。

传输时，即使信息泄漏后也很难破译该信息的含义。当传输后，只要告诉对方如下信息：初始值取 $x_0=0.100\,001$，使用表达式 $f(x)=4x(1-x)$进行迭代，小波分解函数使用的参数为 wavedec2(A,2,'bior3.7')后，对方根据这些信息就可以把图像恢复，即图像解密。

例程 3.5-3 和例程 3.5-4 是基于小波变换与混沌排序图像加密压缩、解密重构的 MATLAB 源程序，其运行结果见图 3.5-8。

【例程 3.5-3】

```
%该程序针对图像近似系数和高频系数进行加密，以达到加密的效果
clear all;
t0 = clock;                    %测试程序运行时间
```

```
im = imread('tank.jpg');
im1 = rgb2gray(im);        % 图像灰度化
im1 = medfilt2(im1,[3 3]);% 图像平滑处理
figure;
imshow(im1);
title('灰度化处理');
im1 = double(im1);
% 小波变换,获取图像的低频高频系数
[ca1,ch1,cv1,cd1] = dwt2(im1,'bior3.7');
figure(3);
subplot(231);
imshow(ca1,[]);
title('图像近似');
subplot(232);
imshow(ch1);
title('低频水平分量');
subplot(233);
imshow(cv1);
title('低频垂直分量');
subplot(234);
imshow(cd1),;
title('高频分量');
%%%%%% 以下为混沌加密算法 %%%%%%
[M,N] = size(ca1);
e = hundungen(M,N,0.1);
tt = 0.1;
fca1 = mod(tt * ca1 + (1 - tt) * e,256);
subplot(235);
imshow(fca1,[]);
title('加密');
im2 = idwt2(ca1,ch1,cv1,cd1,'bior3.7');
figure(4);
imshow(uint8(im2),[]);
title('灰度图像小波重构');
im3 = idwt2(fca1,ch1,cv1,cd1,'bior3.7');
figure(5);
imshow(uint8(im3),[]);
title('加密图像小波重构');
%%%%%% 以下为混沌解密算法 %%%%%%
e = hundungen(M,N,0.1);
[fca1,ch1,cv1,cd1] = dwt2(im3,'bior3.7');
fca2 = (fca1 - (1 - tt) * e)/tt;
im4 = idwt2(fca2,ch1,cv1,cd1,'bior3.7');
figure(6);
imshow(uint8(im4),[]);
title('解密图像小波重构');
```

```
%置乱后图像的均值
figure(7);
subplot(221)
imhist(uint8(im1));
title('初始图像的直方图');
subplot(222)
imhist(uint8(fca1));
title('ca1 系数加密之后的直方图');
subplot(223)
imhist(uint8(im3));
title('加密之后的直方图');
subplot(224)
imhist(uint8(im4));
title('解密之后的直方图');
ssy = sum(sum(im3));
%置乱后图像的均值
uy = ssy/(M * N);
vy = sum(sum((im3 - uy)^2));
ssx = sum(sum(im1));
%原图像的均值
ux = ssx/(M * N);
vx = sum(sum((im1 - ux)^2));
Variancey = vy/uy; %置乱后图像的方差
Variancex = vx/ux; %原图像的方差
%置乱度
DDD = Variancey/Variancex;
etime(clock,t0)
```


【例程 3.5-4】

```
function e = hundungen(M,N,key0)
% 功能:产生混沌序列
for(i = 1:200)
key0 = 3.925 * key0 * (1 - key0);
end
key1 = 3.925;
for(i = 1:M)
    for(j = 1:N)
        key0 = key1 * key0 * (1 - key0);
        a(i,j) = key0;
    end
end
key3 = 0.2;
key2 = 3.925;
for(i = 1:M)
    for(j = 1:N)
        key3 = key2 * key3 * (1 - key3);
```

```
        b(i,j) = key3;
    end
end
key4 = 0.3;
key2 = 3.925;
for(i = 1:M)
    for(j = 1:N)
        key4 = key2 * key4 * (1 - key4);
        c(i,j) = key4;
    end
end
t = 0.4;
w0 = 0.2;
w1 = 0.5;
w2 = 0.3;
w = (1 - t)^2 * w0 + 2 * t * (1 - t) * w1 + t^2 * w2;
for(i = 1:M)
   for(j = 1:N)
        P(i,j) = (1 - t)^2 * a(i,j) * w0 + 2 * t * (1 - t) * b(i,j) * w1 + t^2 * c(i,j) * w2;
   %     d(i,j) = P(i,j)/w;
   d(i,j) = P(i,j);
    end
end
x = d;
e = round(x * 255);
end
```

(a) 输入的原始图像

图 3.5-8　例程 3.5-3 和例程 3.5-4 的运行结果

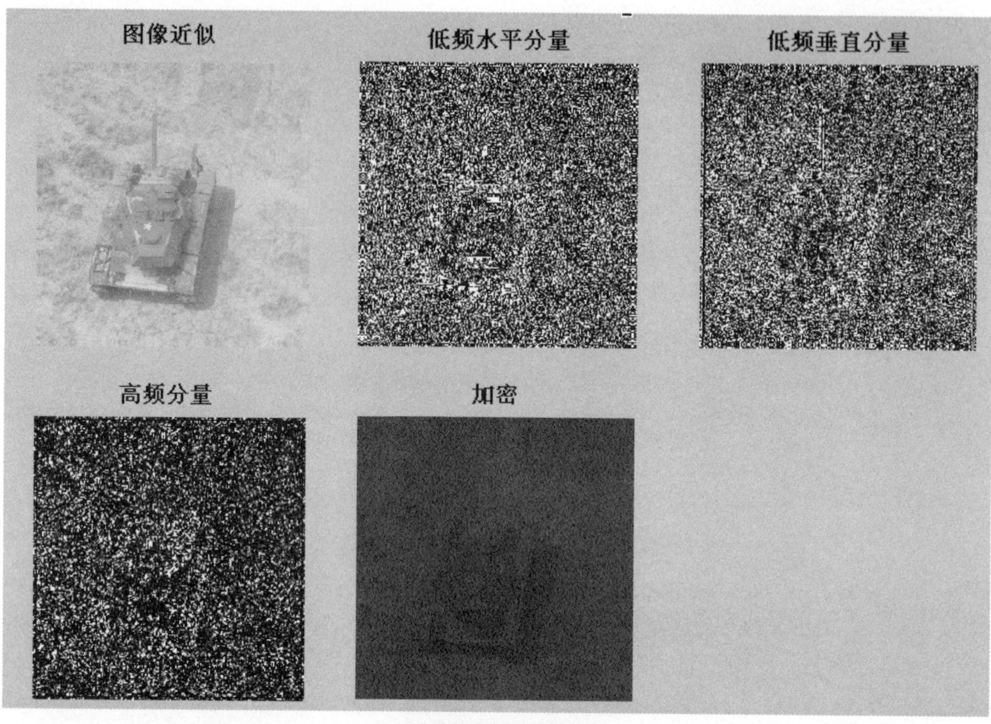

(b) 分解及加密的过程

(c) 加密后小波重构的结果

(d) 解密后小波重构的结果

图 3.5-8　例程 3.5-3 和例程 3.5-4 的运行结果(续)

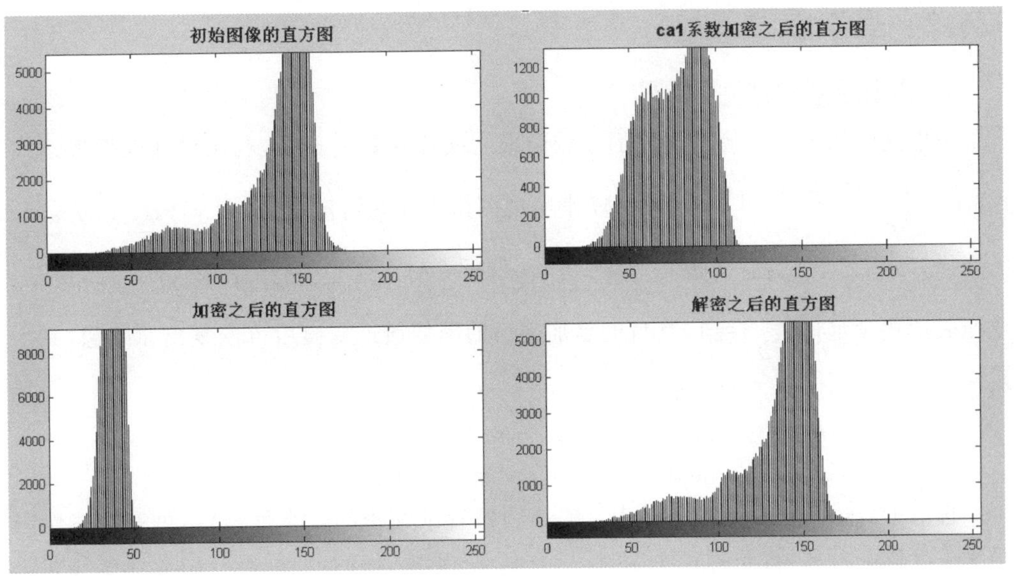

(e) 整个过程的直方图变化

图3.5-8　例程3.5-3和例程3.5-4的运行结果(续)

一语中的　从实质上来说,图像压缩就是通过一定的规则及方法对数字图像的原始数据进行组合和变换,以达到用最少的数据传输最大的信息。

3.6　基于Arnold变换的图像加密技术

3.6.1　图像加密概述

随着Internet技术与多媒体技术的飞速发展,数字化信息可以以不同的形式在网络上方便、快捷地传输,多媒体通信逐渐成为人们之间信息交流的重要手段。在人们通过网络交流各种信息,进行网上贸易的过程中,敏感信息可能轻易地被窃取、篡改、非法复制和传播,因此,信息的安全与保密显得越来越重要。

数字图像加密是在发送端采用一定的算法作用于一幅图像明文,使其变成不可识别的密文,达到图像保密的目的。在接收端采用相应的算法解密,恢复出原文。其通用算法模型如图3.6-1所示。

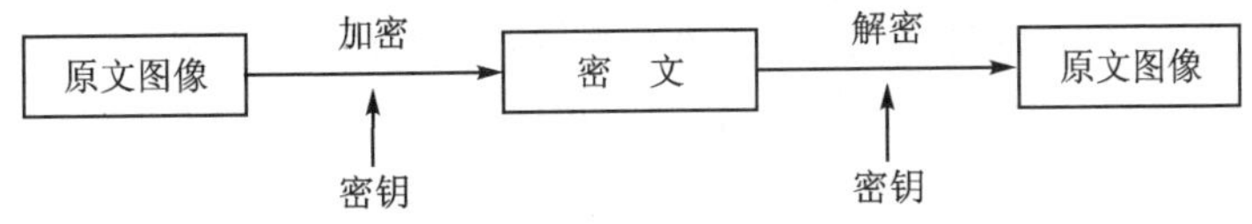

图3.6-1　数字图像加密通用模型

3.6.2 基本原理

1. 置乱变换的加密原理

考虑到图像中任意像素与周围邻域像素之间存在紧密关系，利用线性变换表达式 $\begin{pmatrix}x'\\y'\end{pmatrix}=\left[\begin{pmatrix}a & b\\c & d\end{pmatrix}\begin{pmatrix}x\\y\end{pmatrix}+\begin{pmatrix}x_0\\y_0\end{pmatrix}\right]\bmod M$ 来实现图像中任意给定位置$(x,y)(1\leqslant x,y\leqslant M)$的变换，$(x,y)$经变换后变成$(x',y')(1\leqslant x',y'\leqslant M)$，这里$M$指图像大小的高或宽。变换表达式满足$\begin{vmatrix}a & b\\c & d\end{vmatrix}=1$，其目的是加密后的图像通过变换后可恢复出原图像，其中(x,y)与(x',y')满足下列关系：

$x'=((ax+by)+x_0)\bmod M$ 且若 $x'=0$ 则 $x'=M$；

$y'=((cx+dy)+y_0)\bmod M$ 且若 $y'=0$ 则 $y'=M$。

选取参数$(x_0,y_0)\neq(0,0)$是为了提高图像置乱加密的安全性需要，可避免线性密码攻击分析。另外，若参数$a=1,b=1,c=1,d=2$且$(x_0,y_0)=(0,0)$则上述线性变换是著名Arnold变换，它是数学家Arnold在研究遍历理论时提出的一种变换。当$a=b=c=1,d=0$且$(x_0,y_0)=(0,0)$时，就是著名的Fibonacci变换。迭代地对一幅数字图像使用Arnold变换，即将左端输出的(x',y')作为下一次Arnold变换的输入，可得到一系列置乱图像。

需要注意的是，Arnold变换具有周期性，即当迭代到某一步时，将重新得到原始图像。

对于图像的色彩空间而言，在这里我们提出两种基于推广的高维Arnold变换的置乱方式。

(1) 基于RGB色彩空间的图像置乱加密

RGB色彩空间可以看作是三维空间中的一个正方体，其中一个顶点位于坐标原点。由于通常计算机中表示的RGB颜色分量都是整数，所以我们使用的实际上是这个正方体中的离散网格点：$V_{\mathrm{RGB}}=\{(x,y,z)\mid x,y,z=0,1,\cdots,255\}$。

对于如上表示的RGB颜色，可以使用扩展三维Arnold变换在这个三维网格上做置乱，达到对图像的RGB颜色进行置乱的效果。

$$\begin{pmatrix}x'\\y'\\z'\end{pmatrix}=\begin{pmatrix}1 & 1 & 1\\1 & 2 & 2\\1 & 2 & 3\end{pmatrix}\begin{pmatrix}x\\y\\z\end{pmatrix}\bmod 256,\ (x,y,z)\in V_{\mathrm{RGB}}$$

此外，这种置乱的一个问题是：对于不同位置的同一种颜色无法进行置乱，因为其R,G,B分量值是固定的，所以经过这种置乱变换(无论多少次迭代)后，这些不同位置点的颜色仍是一样的，这样就产生了原始图像(特别是颜色数比较少的图像)轮廓可见的问题。对于这个问题的一个简单的改进是采用下面的置乱方法。

(2) 基于数字图像行列的RGB色彩空间置乱

对于一个数字图像F，可以将它表示为一个函数在矩形网格点处的函数值：$F=$

$\{F_{x,y}|x,y=0,1,\cdots,M-1,y=0,1,\cdots,N-1\}$，即数字图像可以表示为如下矩阵

$$\begin{pmatrix} F_{00} & F_{10} & \cdots & F_{M-1,0} \\ F_{01} & F_{11} & \cdots & F_{M-1,1} \\ \vdots & \vdots & \vdots & \vdots \\ F_{0,N-1} & F_{1,N-1} & \cdots & F_{M-1,N-1} \end{pmatrix}$$

对于 RGB 色彩而言，其中 R、G 和 B 各基色面，有 $F_{x,y}=0,1,\cdots,255$。

针对某一基色面，以列为例，任取图像的某一列$(F_{i0},F_{i1},\cdots,F_{i,N-1})^T$，使用 N 阶扩展 Arnold 变换矩阵 A_N，作如下变换：

$$(F'_{i0},F'_{i1},\cdots,F'_{i,N-1})^T = A_N\ (F_{i0},F_{i1},\cdots,F_{i,N-1})^T \bmod 256$$

即可得到一幅置乱图像，将左侧的输出列放回到原始图像的相应位置，还可以迭代重复此过程。

2. 基于 Arnold 反变换的图像解密原理

针对标准 Arnold 变换$\begin{pmatrix} x' \\ y' \end{pmatrix}=\begin{pmatrix} 1 & 1 \\ 1 & 2 \end{pmatrix}\begin{pmatrix} x \\ y \end{pmatrix} \bmod M$ 进行大小为 $M\times M$ 的图像加密所得结果进行解密时，考虑到图像位置下标是$(x,y)(x,y=0,1,\cdots,M-1)$，此时有：

$$x' = (x+y) \bmod M, y' = (x+2y) \bmod M$$

这意味着存在整数 p,q 使得：

$$x+y-x' = pM, x+2y-y' = qM$$

即

$$x+y = pM+x', x+2y = qM+y'$$

该方程组有无数多组解，但是在图像处理的背景下，却能得到其唯一解。因为如下条件：

$$0\leqslant x\leqslant M-1, 0\leqslant y\leqslant n-1, 0\leqslant x'\leqslant M-1, 0\leqslant y'\leqslant n-1$$

成立，所以

$$0\leqslant x+y\leqslant 2M-2, 0\leqslant x+2y\leqslant 3M-3$$

再由不等式的性质以及图像处理的背景可推出 p,q 非负，从而

$$0\leqslant x+y-x'\leqslant 2M-2, 0\leqslant x+2y-y'\leqslant 3M-3$$

即

$$0\leqslant pM\leqslant 2M-2, 0\leqslant qM\leqslant 3M-3$$

故 p 只能取 0 和 1，q 只能取 0,1,2。这样可得到 6 组方程组且求解麻烦。我们可充分利用图像的性质来确定 p 和 q 的值，以下为分析求解过程。

由于 $0\leqslant(x+2y)-(x+y)=y=y'-x'+(q-p)M\leqslant M-1$，因此，可根据 x',y'的情况具体判别：

① 若 $x'\leqslant y'$，则 $y'-x'\geqslant 0$，从而有 $p=q$，故 $y=y'-x'$。

若 $x'<y$，则 $x=M+x'-y$；否则 $x=x'-y$。

② 若 $x'>y'$，则 $y'-x'<0$，从而 $q=p+1$，故 $y=M+y'-x'$。

若 $x'<y$，则 $x=M+x'-y$；否则 $x=x'-y$。

由于 Arnold 变换是一个双射，以上所求则为它的逆映射，于是解集一定在原图像支集范围内，并且刚好填满该支集。由于正、反变换是相对的，故可该算法求出的反变换作为正变换，则相应的反变换就是 Arnold 变换。

下面，进一步将二维 Arnold 反变换推广至三维情形。三维 Arnold 变换定义为：

$$\begin{pmatrix} x' \\ y' \\ z' \end{pmatrix} = \begin{pmatrix} 1 & 1 & 1 \\ 1 & 2 & 2 \\ 1 & 2 & 3 \end{pmatrix} \begin{pmatrix} x \\ y \\ z \end{pmatrix} \bmod M$$

其中，(x,y,z)是原三维图像中的像素点，(x',y',z')是变换后图像的像素点，M 为图像的阶数。由三维 Arnold 变换的定义，存在整数 p,q,r，满足

$$\begin{cases} x+y+z=pM+x' \\ x+2y+2z=qM+y' \text{且 } 0 \leqslant x,y,z,x',y',z' \leqslant M-1 \\ x+2y+3z=rM+z' \end{cases}$$

由隐含条件，不等式性质及图像的背景知识，有

$$0 \leqslant x+y+z-x' \leqslant 3M-3,$$

$$0 \leqslant x+2y+2z-y' \leqslant 5M-5,$$

$$0 \leqslant x+2y+3z-z' \leqslant 6M-6$$

即

$$\begin{cases} 0 \leqslant pM \leqslant 3M-3 \\ 0 \leqslant qM \leqslant 5M-5 \text{ ,} \\ 0 \leqslant rM \leqslant 6M-6 \end{cases} \quad \text{所以} \begin{cases} p=0,1,2 \\ q=0,1,2,3,4 \\ r=0,1,2,3,4,5 \end{cases}$$

这样可形成 90 个方程组且其求解麻烦。下面给出简单快速方法。

由上述结论，可得知有

$$0 \leqslant (x+2y+3z)-(x+2y+2z)=z=z'-y'+(r-q)M \leqslant M-1$$

$$0 \leqslant (x+2y+2z)-(x+y+z)=y+z=y'-x'+(q-p)M \leqslant 2M-2$$

从而可根据 x',y',z'之间关系来简化计算过程。

① 若 $y' \leqslant z'$，于是 $r=q$，故 $z=z'-y'$。把 z 代入上述第 2 个不等式，于是 y 的值由 x',y',z 唯一确定。即 $y=y'-x'-z+(q-p)M$。若 $y'<(x'+z)$且$(x'+z)<M$ 时，则 $y=y'-x'-z+M$；若 $y'<(x'+z)-M$ 时，则 $y=y'-x'-z+2M$；若 $y'>(x'+z)$时，则 $y=y'-x'-z$。

② 若 $y'>z'$，则 $r-q=1$，故 $z=n+z'-y'$。同理可求 y,z 的值。

3.6.3 实现流程

- 选取一幅将需要加密的图片；
- 读取图片内容像素值并存储于矩阵；
- 采用 Arnold 变换对图像像素位置移动实现图像加密；
- 输出加密图像。

3.6.4 例程精讲

例程 3.6-1 是基于 Arnold 变换进行图像加密的 MATLAB 源程序，读者可以结合程序对基于 Arnold 变换进行图像加作进一步的理解。例程 3.6-1 的运行结果如图 3.6-2 所示。

【例程 3.6-1】

```
clear all;
data = imread('lena.jpg');
if isrgb(data)
    data = rgb2gray(data);
end
[M,N] = size(data);
data = double(data);
%M 与 N 相等；
data0 = data;
% l 为控制置乱加密次数；
% Arnold 变换参数：a = 1,b = 1,c = 1,d = 2;
% x0 = 0,y0 = 0;
for l = 1:20
  x0 = 0;
  y0 = 0;
  for x = 0:M - 1
    for y = 0:N - 1
        x1 = x + y + x0;
        y1 = x + 2 * y + y0;
        x1 = mod(x1,M);
        y1 = mod(y1,N);
        x1 = x1 + 1;
        y1 = y1 + 1;
        data1(x1,y1) = data0(x + 1,y + 1);
    end
end
if l == 6
  figure(1)
  subplot(1,2,1);
  imshow(uint8(data));
  title('原图像');
  subplot(1,2,2);
  imshow(uint8(data1));
  title('加密后图像');
end
end
```

图 3.6-2 例程 3.6-1 的运行结果

3.7 基于最大类间方差阈值与遗传算法的道路分割

【温馨提示】 本节主要介绍如何将传统的图像分割算法与现代智能理论相结合来提高图像分割的效能,并将其运用到智能交通的道路分割中。本节主要内容涉及图像分割和遗传算法等相关知识。

3.7.1 最大类间方差阈值分割法

这种算法是由日本大津展之在 1980 年提出的,它是在最小二乘法原理的基础上推导出来的,其基本思路是将图像的直方图以某一灰度为阈值,将图像分成两组并计算两组的方差,当被分成的两组之间的方差最大时,就以这个灰度值为阈值分割图像。设一幅图像的灰度值为 m 个,灰度值为 i 的像素数为 n_i,则得到总像素数为:

$$N = \sum_{i=1}^{m} n_i \tag{3.7.1}$$

各灰度值的概率为:

$$P_i = \frac{n_i}{N} \tag{3.7.2}$$

然后用 k 值将其分成两组 $C_0=[1\cdots k]$ 和 $C_1=[k+1\cdots m]$,则 C_0、C_1 组产生的概率分别为:

$$w_0 = \frac{\sum_{i=1}^{k} n_i}{N} = \sum_{i=1}^{k} p_i \qquad w_1 = \frac{\sum_{i=k+1}^{m} n_i}{N} = \sum_{i=k+1}^{m} p_i = 1 - w_0 \tag{3.7.3}$$

C_0、C_1 组的平均灰度值为:

$$u_0 = \frac{\sum_{i=1}^{k} n_i * i}{\sum_{i=1}^{k} n_i} = \frac{\sum_{i=1}^{k} p_i * i}{w_0} \qquad u_1 = \frac{\sum_{i=k+1}^{m} n_i * i}{\sum_{i=k+1}^{m} n_i} = \frac{\sum_{i=k+1}^{m} p_i * i}{w_1} \tag{3.7.4}$$

整体平均灰度值为：

$$u = \sum_{i=1}^{m} p_i * i \tag{3.7.5}$$

其中，阈值为 k 时灰度的平均值为：

$$u(k) = \sum_{i=1}^{k} p_i * i \tag{3.7.6}$$

采样的灰度平均值为 $\mu = w_0 u_0 + w_1 u_1$，两组间的方差公式如下：

$$d(k) = w_0 (u_0 - u)^2 + w_1 (u - u_1)^2 \tag{3.7.7}$$

把整体灰度平均值代入式(3.7.7)得：

$$d(k) = w_0 w_1 (u_1 - u_2)^2 \tag{3.7.8}$$

在 $1 \sim m$ 范围内改变 k 值，求 k^*，使得 $d(k^*) = \max(d(k))$；然后，以 k^* 为阈值分割图像，这样就得到最佳的分割效果。显然要得到式(3.7.8)的最大值为 $d(k^*)$，必须对 $1 \sim m$ 范围内所有的灰度值进行方差计算，最后比较得到最大的方差。上述计算量是非常大的，因此有必要寻找一种有效的计算方法来快速求解。

3.7.2　遗传算法的基本原理及其特点

自然界在长期的自我选择过程中往往能够达到惊人的优化水平，遗传算法就是借鉴自然界的进化过程首先由 Holland 提出来的，在计算上具有通用、稳定、简单、并行处理的特点。遗传算法从 20 世纪 80 年代末及 90 年代初开始流行，在大型工业自动化处理上得到了广泛的应用。遗传算法是一个群体优化过程，为了达到目标函数的最大值或者最小值，从一组初值(即一个群体)出发进行繁衍优化，这过程包括了群体的繁衍竞争、杂交与变异，具体步骤如下：

① 定义染色体及其表达式，即把问题的解数值化(又称为编码)，在对问题解的编码过程中，必须合理安排其编码结构，一个染色体表示一种可能的解，因此所有的染色体集合应能表示问题的所有解空间。如进行二进制的编码，形成二进制的串，一个这样的二进制串就表示一条染色体，当然这样的染色体并不是问题的一个直接解，还必须把它还原成为一个实际值，还原过程称为解码。

② 初始化群体。初始化的过程较为简单，随机产生一个染色体组成一个种群体，设定一种群的规模(包含的染色体的个数)为 pop_size。一般从运算的角度来考虑，种群的规模不要选取过大也不能太少，其选取与实际问题有关。

③ 评价函数(又称适应函数)。遗传算法中定义了一个与实际问题相关的评价函数，对每一个染色体，都按照评价函数计算一个值，表示这个染色体对实际问题的适应度。评价函数在遗传算法中起到一个环境的作用，其值用于评价潜在解，值越大的染色体也就越好，说明其生存能力就越强。

④ 遗传种子的选取。根据上述的评价函数按照染色体适应值定义一个选择概率，对于整个种群建立一个累计概率，每一个染色体按照随机方式选择，得到一个用于遗传运算的种子，每一个染色体都可能被选取，而选择概率大的可能有多次被选取的机会，

这符合自然界中适者生存的道理。

⑤ 对新的遗传种子进行遗传运算——杂交与变异。对于杂交运算，按照杂交概率对染色体中的一些位进行交换，产生两个新的染色体；变异是按照变异率对染色体中一位进行变异，这样对于一个种群的染色体经过上述过程后便得到了新的染色体种群。

⑥ 繁衍。按上面的遗传算子，产生了一个新的种群，然后按照新的种群，反复地进行。随着新种群的产生，从而得到新的值，遗传算法在不断繁衍中求得最优解。但我们没有必要让程序永远运行下去，当遗传到一定代数后，其值已经达到我们的期望值，可以终止程序，从而实现了问题的优化。

由此可知，遗传算法是非线性求解的过程，对于每一个染色体其评价函数的求解是分开的，其遗传运算相对独立，这一点适应于并行计算，可满足实时性的要求。

3.7.3 基于最大类间方差遗传算法的道路分割

最大类间方差的求解过程，就是在解空间中查找到一个最优的解，使得其方差最大，而遗传算法能非线性快速查找最优解 k^* 及最大的方差，其步骤如下：

① 为了使用遗传算法，首先必须对实现解空间的数值编码，产生染色体单元。由于所采集到的道路图像的灰度图由 0～255 个灰度值组成，正好对应着一个 8 位二进制即一个字节，因此使用一个字节作为一个染色体。对于染色体的解码正好是编码的逆过程，就是这个字节的十进制数。

② 初使化种群，产生一个规模的染色体种群，并随机初始化每一染色体，得到多个不同的染色体，这个过程实际上决定了解的起始值，如果其选取过偏，则会造成最优解收敛慢、计算时间长的缺点。

③ 对每个染色体进行解码。由最大类方差的分割阈值方法，可以设定其方差作为每一个染色体的评价函数，染色体的方差越大，就越有可能逼近最优解。按照式(3.7.8)的定义求出每一个染色体的适应值，对于所求得的适应值，求出每一个染色体的选择概率及累计概率并产生多个随机数。选择出随机概率对应的染色体作为遗传运算的一组种子，其中适应值大的被选取的可能性大，而适应值小的被选取的机会少，其值对染色体进行优胜劣汰的自然选择，又称为竞争。被选中的染色体作为遗传种子，进行遗传运算，这样一代一代地进行，每一代所得到的适应值都不相同，新一代中的染色体得到的适应值较高，因此，其解也更逼近于最大的值。

④ 接下来进行遗传运算。首先进行杂交运算，杂交运算就是对染色体中的某些基因进行交换，此过程中为了控制交换的位数，必须给定一个杂交率。杂交率越大，其交换的基因越多，其值变化就越快，解的收敛速度就越快；但杂交率太大，不利于求得最优解。

由最大类间方差分割算法可知，对于每一个灰度值 k，必须求得以下几个参数：w_0、w_1、u_0、u_1。不难发现对于每一个表达式都要求出 p_i 的值，因此，可先求出每个 p_i 的值。

3.7.4 例程一点通

例程 3.7-1 是运用最大类间方差遗传算法进行道路分割的 MATLAB 源程序,运行结果见图 3.7-1 和图 3.7-2。

【例程 3.7-1】

```
function main()
clear all
close all
clc
%定义全局变量
global chrom oldpop fitness lchrom popsize cross_rate mutation_rate yuzhisum
global maxgen m n fit gen yuzhi A B C oldpop1 popsize1 b b1 fitness1 yuzhi1
%读入道路图像
A = imread('road1.jpg');
A = imresize(A,0.4);
B = rgb2gray(A);          %将 RGB 图像转化成灰度图像
C = imresize(B,0.1);      %将读入的图像缩小
lchrom = 8;               %染色体长度
popsize = 10;             %种群大小
cross_rate = 0.7;         %杂交概率
mutation_rate = 0.4;      %变异概率
%最大代数
maxgen = 150;
[m,n] = size(C);
'计算中,请稍等...'
%初始种群
initpop;
%遗传操作
for gen = 1:maxgen
    generation;
end
findresult; %图像分割结果
%%%%%%输出进化各曲线%%%%%%
figure;
gen = 1:maxgen;
plot(gen,fit(1,gen));
title('最佳适应度值进化曲线');
figure;
plot(gen,yuzhi(1,gen));
title('每一代的最佳阈值进化曲线');
%%%%%%初始化种群%%%%%%
function initpop()
global lchrom oldpop popsize chrom C
imshow(C);
for i = 1:popsize
    chrom = rand(1,lchrom);
    for j = 1:lchrom
```

```
            if chrom(1,j)<0.5
                chrom(1,j) = 0;
            else
                chrom(1,j) = 1;
            end
        end
        oldpop(i,1:lchrom) = chrom;
    end
    %%%%%%子函数:产生新一代个体%%%%%%
    function generation()
    fitness_order; %计算适应度值及排序
    select; %选择操作
    crossover;   %交叉
    mutation;   %变异
    %%%%%%计算适度值并且排序%%%%%%
    function fitness_order()
    global lchrom oldpop fitness popsize chrom fit gen C m n  fitness1 yuzhisum
    global lowsum higsum u1 u2 yuzhi gen oldpop1 popsize1 b1 b yuzhi1
    if popsize> = 5
        popsize = ceil(popsize - 0.03 * gen);
    end
    %当进化到末期的时候调整种群规模和交叉、变异概率
    if gen = = 75
    cross_rate = 0.3;                %交叉概率
    mutation_rate = 0.3;             %变异概率
    end
    %如果不是第一代则将上一代操作后的种群根据此代的种群规模装入此代种群中
    if gen>1
        t = oldpop;
        j = popsize1;
        for i = 1:popsize
            if j> = 1
                oldpop(i,:) = t(j,:);
            end
            j = j - 1;
        end
    end
    %计算适度值并排序
    for i = 1:popsize
        lowsum = 0;
        higsum = 0;
        lownum = 0;
        hignum = 0;
        chrom = oldpop(i,:);
        c = 0;
        for j = 1:lchrom
            c = c + chrom(1,j) * (2^(lchrom - j));
        end
        %转化到灰度值
```

```
        b(1,i) = c * 255/(2^lchrom - 1);
        for x = 1:m
            for y = 1:n
                if C(x,y)< = b(1,i)
                lowsum = lowsum + double(C(x,y)); % 统计低于阈值的灰度值的总和
                lownum = lownum + 1; % 统计低于阈值的灰度值的像素的总个数
                else
                higsum = higsum + double(C(x,y)); % 统计高于阈值的灰度值的总和
                hignum = hignum + 1; % 统计高于阈值的灰度值的像素的总个数
                end
            end
        end
        if lownum~ = 0
            % u1、u2 为对应于两类的平均灰度值
        u1 = lowsum/lownum;
        else
            u1 = 0;
        end
        if hignum~ = 0
            u2 = higsum/hignum;
        else
            u2 = 0;
        end
        % 计算适度值
    fitness(1,i) = lownum * hignum * (u1 - u2)^2;
    end
    % 如果为第一代,从小往大排序
    if gen == 1
        for i = 1:popsize
            j = i + 1;
            while j< = popsize
                if fitness(1,i)>fitness(1,j)
                    tempf = fitness(1,i);
                    tempc = oldpop(i,:);
                    tempb = b(1,i);
                    b(1,i) = b(1,j);
                    b(1,j) = tempb;
                    fitness(1,i) = fitness(1,j);
                    oldpop(i,:) = oldpop(j,:);
                    fitness(1,j) = tempf;
                    oldpop(j,:) = tempc;
                end
                j = j + 1;
            end
        end
        for i = 1:popsize
            fitness1(1,i) = fitness(1,i);
            b1(1,i) = b(1,i);
            oldpop1(i,:) = oldpop(i,:);
```

```
        end
        popsize1 = popsize;
    % 大于一代时进行如下从小到大排序
    else
        for i = 1:popsize
            j = i + 1;
            while j< = popsize
                if fitness(1,i)>fitness(1,j)
                    tempf = fitness(1,i);
                    tempc = oldpop(i,:);
                    tempb = b(1,i);
                    b(1,i) = b(1,j);
                    b(1,j) = tempb;
                    fitness(1,i) = fitness(1,j);
                    oldpop(i,:) = oldpop(j,:);
                    fitness(1,j) = tempf;
                    oldpop(j,:) = tempc;
                end
                j = j + 1;
            end
        end
    end
    % 下边对上一代群体进行排序
    for i = 1:popsize1
        j = i + 1;
        while j< = popsize1
            if fitness1(1,i)>fitness1(1,j)
                tempf = fitness1(1,i);
                tempc = oldpop1(i,:);
                tempb = b1(1,i);
                b1(1,i) = b1(1,j);
                b1(1,j) = tempb;
                fitness1(1,i) = fitness1(1,j);
                oldpop1(i,:) = oldpop1(j,:);
                fitness1(1,j) = tempf;
                oldpop1(j,:) = tempc;
            end
            j = j + 1;
        end
    end
    % 下边统计每一代中的最佳阈值和最佳适应度值
    if gen == 1
        fit(1,gen) = fitness(1,popsize);
        yuzhi(1,gen) = b(1,popsize);
        yuzhisum = 0;
    else
        if fitness(1,popsize)>fitness1(1,popsize1)
        yuzhi(1,gen) = b(1,popsize); % 每一代中的最佳阈值
       fit(1,gen) = fitness(1,popsize); % 每一代中的最佳适应度
```

```
        else
            yuzhi(1,gen) = b1(1,popsize1);
            fit(1,gen) = fitness1(1,popsize1);
        end
    end
%%%%%%子函数:精英选择%%%%%%
function select()
global fitness popsize oldpop temp popsize1 oldpop1 gen b b1 fitness1
%统计前一个群体中适应值比当前群体适应值大的个数
s = popsize1 + 1;
for j = popsize1:-1:1
    if fitness(1,popsize)<fitness1(1,j)
        s = j;
    end
end
for i = 1:popsize
    temp(i,:) = oldpop(i,:);
end
if s~ = popsize1 + 1
%小于50代用上一代中用适应度值大于当前代的个体随机代替当前代中的个体
if gen<50
        for i = s:popsize1
            p = rand;
            j = floor(p * popsize + 1);
            temp(j,:) = oldpop1(i,:);
            b(1,j) = b1(1,i);
            fitness(1,j) = fitness1(1,i);
        end
    else
    %50~100代用上一代中用适应度值大于当前代的个体代替当前代中的最差个体
if gen<100
            j = 1;
            for i = s:popsize1
                temp(j,:) = oldpop1(i,:);
                b(1,j) = b1(1,i);
                fitness(1,j) = fitness1(1,i);
                j = j + 1;
            end
%大于100代用上一代中的优秀的一半代替当前代中的最差的一半,加快寻优
else
            j = popsize1;
            for i = 1:floor(popsize/2)
                temp(i,:) = oldpop1(j,:);
                b(1,i) = b1(1,j);
                fitness(1,i) = fitness1(1,j);
                j = j - 1;
            end
        end
    end
```

```
end
%将当前代的各项数据保存
for i = 1:popsize
    b1(1,i) = b(1,i);
end
for i = 1:popsize
    fitness1(1,i) = fitness(1,i);
end
for i = 1:popsize
    oldpop1(i,:) = temp(i,:);
end
popsize1 = popsize;
%%%%%%交叉%%%%%%
function crossover()
global temp popsize cross_rate lchrom
j = 1;
for i = 1:popsize
    p = rand;
    if p<cross_rate
        parent(j,:) = temp(i,:);
        a(1,j) = i;
        j = j + 1;
    end
end
j = j - 1;
if rem(j,2)~ = 0
    j = j - 1;
end
if j> = 2
    for k = 1:2:j
        cutpoint = round(rand * (lchrom - 1));
        f = k;
        for i = 1:cutpoint
            temp(a(1,f),i) = parent(f,i);
            temp(a(1,f + 1),i) = parent(f + 1,i);
        end
        for i = (cutpoint + 1):lchrom
            temp(a(1,f),i) = parent(f + 1,i);
            temp(a(1,f + 1),i) = parent(f,i);
        end
    end
end
%%%%%%变异%%%%%%
function mutation()
global popsize lchrom mutation_rate temp newpop oldpop
sum = lchrom * popsize;                          %总基因个数
mutnum = round(mutation_rate * sum);             %发生变异的基因数目
for i = 1:mutnum
```

```
s = rem((round(rand * (sum - 1))),lchrom) + 1;      % 确定所在基因的位数
t = ceil((round(rand * (sum - 1)))/lchrom);         % 确定变异的是哪个基因
    if t<1
        t = 1;
    end
    if t>popsize
        t = popsize;
    end
    if s>lchrom
        s = lchrom;
    end
    if temp(t,s) == 1
        temp(t,s) = 0;
    else
        temp(t,s) = 1;
    end
end
for i = 1:popsize
    oldpop(i,:) = temp(i,:);
end
% % % % % % 查看结果 % % % % % %
function findresult()
global maxgen yuzhi m n C B A
% result 为最佳阈值
result = floor(yuzhi(1,maxgen))
C = imresize(B,0.3);
imshow(A);
title('原始道路图像')
figure;
subplot(1,2,1)
imshow(C);
title('原始道路的灰度图')
[m,n] = size(C);

% 用所找到的阈值分割图象
for i = 1:m
    for j = 1:n
        if C(i,j)< = result
            C(i,j) = 0;
        else
            C(i,j) = 255;
        end
    end
end
subplot(1,2,2)
imshow(C);
title('阈值分割后的道路图');
```

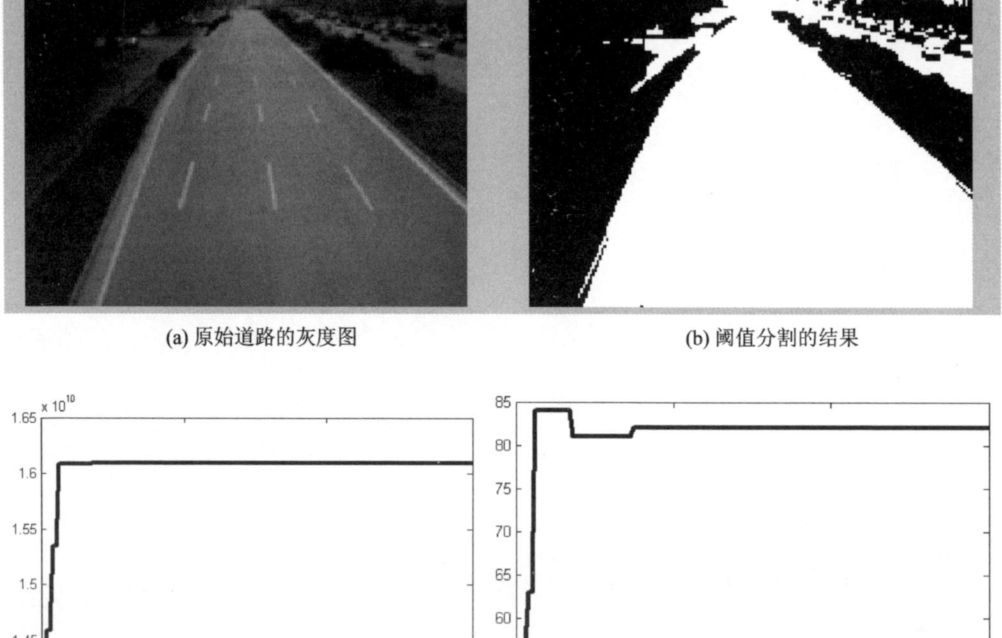

(a) 原始道路的灰度图　(b) 阈值分割的结果

(c) 最佳适应进化曲线　(d) 每一代的最佳值进行曲线

图 3.7－1　道路分割实验结果 1

(a) 原始道路的灰度图　(b) 阈值分割的结果

图 3.7－2　道路分割实验结果 2

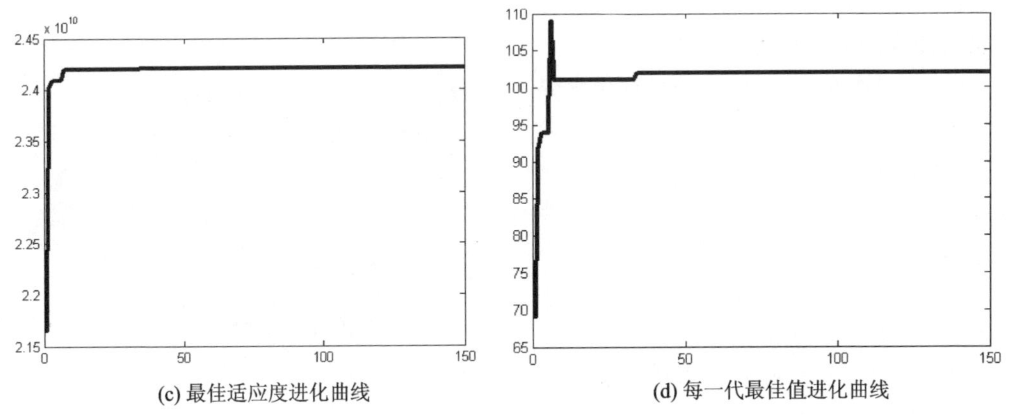

(c) 最佳适应度进化曲线　　(d) 每一代最佳值进化曲线

图 3.7-2　道路分割实验结果 2(续)

一语中的　将传统的图像分割技术与现代智能理论——遗传算法相结合,不但提高了算法的分割性能,还大大提高了算法的运算速度。

3.8　数字图像处理在医疗领域的应用

【温馨提示】　本节主要讨论数字图像处理技术在医学领域的应用实例。本节例程涉及图像的数学形态学运算、灰度增强等基础知识。

医学成像已经成为现代医疗中不可或缺的一部分,其应用贯穿于整个临床工作,不仅广泛应用于疾病诊断,而且在外科手术和放射治疗等的计划设计、方案实施以及疗效评估等方面发挥着重要的作用。目前,医学图像可以分为解剖图像和功能图像两个部分,解剖图像主要描述人体的形态信息,包括 X 射线透射成像、CT、MRI 以及各类窥镜(如腹腔镜、喉镜)获取的序列图像等。另外,还有一些衍生而来的特殊技术,比如从 X 射线成像衍生来的 DSA、从 MRI 衍生过来的 MRA、从 US 图像衍生而来的 Dopper 成像等。功能图像主要描述人体的代谢信息,包括 PET、SPECT、fMRI 等。

数字图像处理技术在医学成像中的应用主要包括:显微图像处理;DNA 显示分析;染色体分析;血细胞分析计数;病毒细胞识别;X 光照片增强等。

3.8.1　基于数字图像的染色体分析

通过显微仪器拍摄到的染色体的照片如图 3.8-1 所示。通过图 3.8-1 可知,图像有明显的噪声,部分染色体有断开和粘连的情况,我们需要用数字图像处理的相关技术将其中的染色体识别并统计其数量。具体处理过程和步骤如下:

① 读取待处理的图像,将其转化为灰度图像。

② 对图像进行中值滤波去除噪声干扰。

③ 将图像转化为二值图像。

④ 去除图像中面积过小的、可以肯定不是染色体的杂点。这些杂点一部分是噪声

没有滤去的染色体附近的小毛糙,另一部分是由图像边缘亮度差异产生的。

⑤ 标记连通的区域,以便统计染色体的数量与面积。

⑥ 用颜色标记每一个染色体,以便直观显示。此时染色体的断开与粘连问题已基本被解决。

⑦ 统计被标记的染色体区域的面积分布,显示染色体总数。

例程 3.8-1 是根据上述步骤编写的 MATLAB 源程序,其运行结果见图 3.8-2 和图 3.8-3。

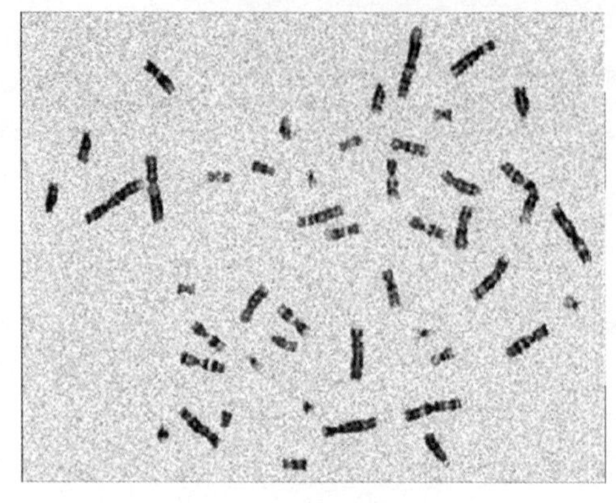

图 3.8-1 待处理的染色体显微图像

【例程 3.8-1】

```
% 读取待处理的图像,将其转化为灰度图
I = imread('ranseti.bmp');
figure,imshow(I);
I2 = rgb2gray(I);
s = size(I2);
I4 = 255 * ones(s(1), s(2), 'uint8');
I5 = imsubtract(I4,I2);
%对图像进行中值滤波去除噪声
I3 = medfilt2(I5,[5 5]);
%将图像转化为二值图像
I3 = imadjust(I3);
bw = im2bw(I3, 0.3);
%去除图像中面积过小的,可以肯定不是染色体的杂点
bw = bwareaopen(bw, 10);
figure,imshow(bw);
%标记连通的区域,以便统计染色体数量与面积
[labeled,numObjects] = bwlabel(bw,4);
%用颜色标记每一个染色体,以便直观显示
RGB_label = label2rgb(labeled,@spring,'c','shuffle');
figure,imshow(RGB_label);
%统计被标记的染色体区域的面积分布,显示染色体总数
chrdata = regionprops(labeled,'basic')
allchrs = [chrdata.Area];
num = size(allchrs)
nbins = 20;
figure,hist(allchrs,nbins);
title(num(2))
```

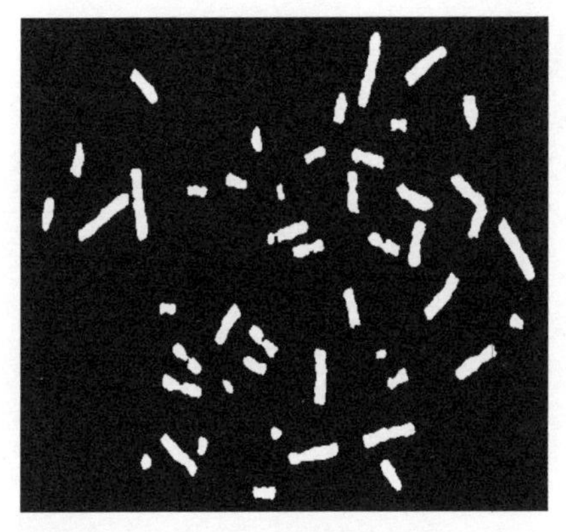
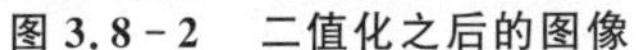

图 3.8-2 二值化之后的图像

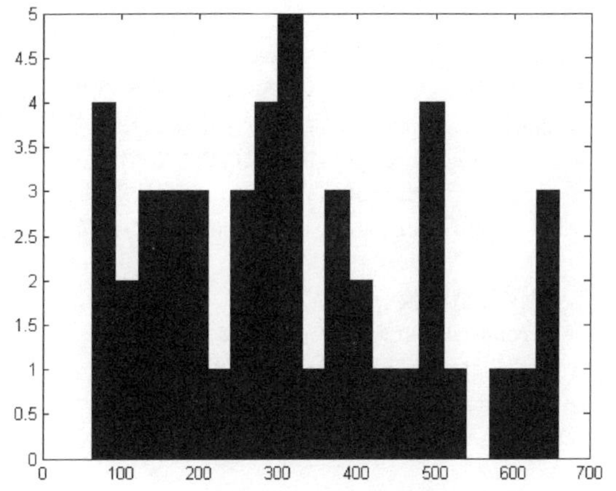

图 3.8-3 染色体的统计情况

3.8.2 X 光图像增强技术

在医学中,X 光图像反映的是 X 线穿透路径上人体各生理组织部位对 X 线吸收量的累加值,而人体内生理组织是相互重叠的,一些组织结构由于与 X 线吸收量较大的组织重叠而无法在 X 光图像上清晰地显示。另外,CT 系统在成像过程中图像板中的磷粒子使 X 线存在着散射,同时在扫描过程中激光扫描仪的激光在穿越图像板的深部时存在着散射,从而使图像模糊,降低了图像的分辨率。应用图像增强处理方法凸显组织边缘和细节,成为医学图像处理的迫切需求。

图像增强是数字图像处理的一种基本技术,增强的目的是通过对图像的加工,得到对医务工作者来说视觉效果更"好"、更易于诊断的图像。图像增强是根据图像的模糊情况采用各种特殊的技术突出图像整体或局部特征。下面介绍一种对 X 光图像灰度对比度增强的方法。

定义对数变换函数:

$$g = C\log(1 + \text{double}(f))$$

式中,C 是一个常数。运用对数函数对输入的图像进行处理,可压缩图像的动态范围。

定义对比度拉伸函数为:

$$s = T(r) = \frac{1}{1 + (m/r)^E}$$

式中,r 表示输入图像的亮度,s 是输出图像中相应亮度值,E 是该函数的斜率。由于 $T(r)$ 的限制值为 1,所以在执行此类变换时,输出值也被缩放在[0,1]范围内。因为该函数可将输入值低于 m 的值,压缩在输出图像中较暗灰度级的较窄范围内;类似地,该函数可将输入值高于 m 的灰度级压缩在图像中较亮灰度级的较窄范围内。因而,输出的图像是一幅具有较高对比度的图像。

根据上述原理,编写的 MATLAB 源代码如例程 3.8-2 所示。

【例程 3.8-2】

```
function g = intrans(f, varargin)
% 功能:灰度级转换        输入:f - 待转换的图像        输出:g - 转换后的图像
% 说明:g = intrans(f, 'neg')计算输入图像的负图像
%       g = intrans(f, 'log',C,CLASS)计算 C * log(1 + f)
%       g = intrans(f, 'gamma', GAM)计算输入图像的 gamma 变换
%       g = intrans(f, 'stretch', M, E)计算 1./(1 + (M./(F + eps)).^E)

% 图像类型转换
if strcmp(class(f), 'double') & max(f(:)) > 1 & ...
      ~strcmp(varargin{1}, 'log')
   f = mat2gray(f);
else  f = im2double(f);
end
method = varargin{1};
% 执行指定的灰度对比增强运算
switch method
case 'neg'
   g = imcomplement(f);
case 'log'
   if length(varargin) == 1
      c = 1;
   elseif length(varargin) == 2
      c = varargin{2};
   elseif length(varargin) == 3
      c = varargin{2};
      classin = varargin{3};
   else
      error('Incorrect number of inputs for the log option.')
   end
   g = c * (log(1 + double(f)));
case 'gamma'
   if length(varargin) < 2
      error('Not enough inputs for the gamma option.')
   end
   gam = varargin{2};
   g = imadjust(f, [ ], [ ], gam);
case 'stretch'
   if length(varargin) == 1
      % 采用默认值
      m = mean2(f);
      E = 4.0;
   elseif length(varargin) == 3
      m = varargin{2};
      E = varargin{3};
   else error('Incorrect number of inputs for the stretch option.')
   end
   g = 1./(1 + (m./(f + eps)).^E);
otherwise
   error('Unknown enhancement method.')
```

```
end
```

在 MATLAB 命令窗口输入如下指令,体会自定义 intrans 函数的处理效果。

```
clear
% 读取 X 光图像
f = imread('bone - scan.tif');
subplot(121),imshow(f)
% 对图像进行对比度增强
g = intrans(f,'stretch',mean2(im2double(f)),0.9);
subplot(122),imshow(g)
```

intrans 函数的运行效果如图 3.8-4 所示。通过运行效果可知,原始图像的对比度较低,很多信息人眼不能够清晰地看到;通过将其对比度进行增强,明显改善了图像的可视效果。

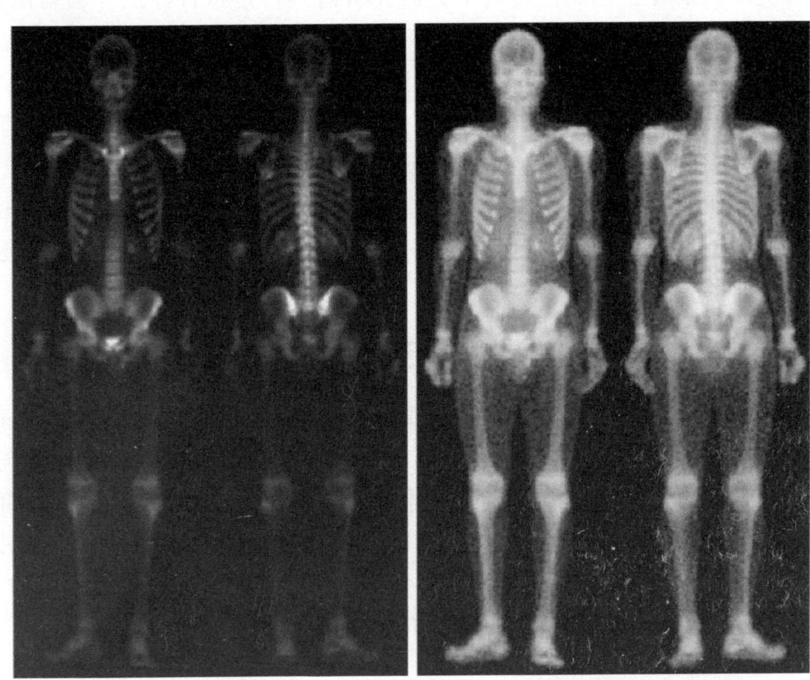

(a) 原始图像　　(b) 对比度增强后的图像

图 3.8-4 例程 3.8-2 的运行效果

一语中的 将数字图像处理的相关技术运用到医疗领域,可显著提高现代医疗的效果和效率。

3.9 基于红外图像的弱小目标检测与跟踪

【温馨提示】 本节主要讨论基于红外图像的弱小目标检测与处理,内容涉及图像的邻域操作等基础知识。

3.9.1 何谓"弱小目标"

在现代高科技战争中,为了能尽早发现敌方卫星、导弹、飞机、坦克、车辆等军事目标,增大作战距离,要求在远距离处就能发现目标。只有及时地发现目标、跟踪目标、捕获和锁定目标,才能实现有效的攻击。然而,对于获得的远距离图像,目标成像面积小,可检测到的信号相对较弱,特别是在复杂背景干扰下,目标被大量噪声所淹没,导致图像的信噪比(SNR)很低,小目标检测工作变得困难起来。因此,低信噪比条件下,序列图像运动小目标的检测问题成了一个亟待解决的关键问题,探索和研究新的小目标检测理论以及如何将现有的检测理论应用于小目标仍是一项重要的课题,对现代战争及未来战争具有深远的意义。

"弱"和"小"指的是目标属性的两个方面。所谓"弱"是指目标红外辐射的强度,反映到图像上是指目标的灰度,即低对比度的目标,也称灰度小目标;所谓"小"是指目标的尺寸,反映到图像上是指目标所占的像素数,即像素点少的目标,也称能量小目标。

在低信噪比情况下,检测和跟踪未知位置和速度的运动小目标是红外搜索和跟踪系统中的一个重要问题,其主要困难在于:缺少关于背景的统计先验信息;目标的信噪比非常低以至于很难从单幅图像中检测出目标;目标可能会在未知时间点上出现或消失;无法得到形状、纹理等有用的目标特征;仅有的检测信息是目标的未知的亮度和移动速度。

3.9.2 弱小目标检测与跟踪算法概述

红外弱小目标的检测与跟踪算法主要分为两大类:跟踪前检测(Detect Before Track,DBT)和检测前跟踪(Track Before Detect,TBD)。经典的小目标检测与跟踪方法是DBT,即先根据检测概率和虚警概率计算单帧图像的检测门限,然后对每帧图像进行分割,并将目标的单帧检测结果与目标运动轨迹进行关联,最后进行目标跟踪,适应于信噪比较低高的情况,其算法原理如图3.9-1所示。DBT算法常采用的方法有:小波分析方法、背景抑制方法、基于变换的方法、门限检测方法。

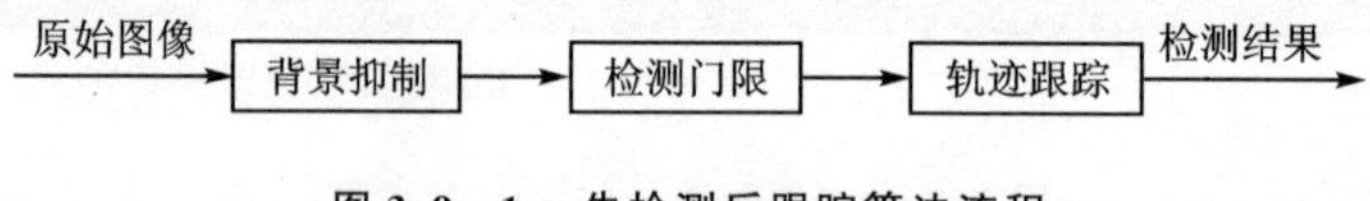

图3.9-1 先检测后跟踪算法流程

TBD算法检测与跟踪的原理如图3.9-2所示。这种方法对单帧图像中有无目标先不进行判断,而是先对图像中较多的可能轨迹同时进行跟踪,然后根据检测概率、虚警概率和信噪比计算出多帧图像的检测门限进行决策。

TDB方法概括起来包含三个步骤。

① 背景抑制:通过滤波将红外图像低频和高频部分进行分离,提高信噪比,尽可能抑制原始图像中的低频背景杂波干扰。

② 可疑目标跟踪:利用相邻几帧中目标的运动信息来分割可能目标,从背景抑制

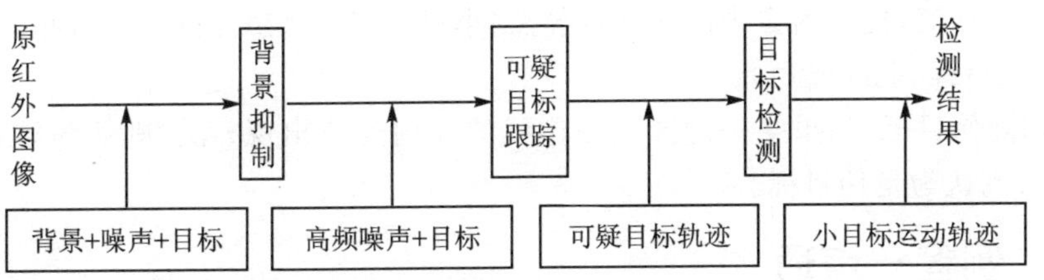

图 3.9-2　红外弱小目标 TDB 算法设计流程

后的图像中分割出少量候选目标进行跟踪。

③ 目标检测：利用序列图像中目标运动的连续性和轨迹的一致性，进一步排除虚假目标，从候选目标中检测出真正的目标。

3.9.3　基于局域概率分布的小目标检测

自然背景的变化一般都比较平缓，且背景像素之间的灰度是相关的，因此弱小目标可以看作是平缓背景中的孤立奇异点，对应于图像中的高频部分。

在目标的局部范围内，背景变化一般不会太剧烈，目标与邻域背景对比明显，因而，目标点像素灰度值与局域像素灰度和的比值较大。通过在局域灰度概率分布图上对较大概率值的检测可以实现对应小目标的检测。

设 $f(x,y)$ 为序列图像中某一帧图像中点 (x,y) 处的灰度值，以 (x,y) 为中心的 $(2r+1)\times(2r+1)$ 局域内，定义 $p(x,y)$ 为点 (x,y) 的灰度值与局域内总灰度值的比值，即：

$$p(x,y)=\frac{f(x,y)}{\sum_{i=-r}^{r}\sum_{j=-r}^{r}f(x+i,y+j)}$$

这称为该点的局域灰度概率，点 (x,y) 局部范围之内所有点的局域灰度概率之和为 1。

一般而言，在以 (x,y) 为中心的 $(2r+1)\times(2r+1)$ 局域内，当灰度分布均匀时，$p(x,y)=\frac{1}{(2r+1)\times(2r+1)}$；当 $f(x,y)$ 小于周围像素点的灰度值或是局域内有其他灰度值较高的像素点时，$p(x,y)<\frac{1}{(2r+1)\times(2r+1)}$；当 $f(x,y)$ 高于其邻域内其他像素时，$p(x,y)>\frac{1}{(2r+1)\times(2r+1)}$，且该像素越高，$p(x,y)$ 越大。因此，通过计算、比较 $p(x,y)$ 的大小可以检测平滑背景中的孤立奇异点。

利用小目标的运动特性对伪目标进行剔除，原理如下：当目标在图像上只占 1～3 个像素时，其移动速度一般小于 1 像素/帧，会在邻域中连续出现；而噪声是随机的，其移动速度大于 1 像素/帧，而且不可能在某邻域内连续出现。

基于局域概率分布的小目标检测的具体步骤如下：

① 计算序列图像中某一帧图像各像素点的局域灰度概率值，得到该幅图像的局域概率分布图；

② 设定阈值，提取图像中的孤立奇异点（小目标点和噪声点同时被提取，需要通过步骤③提取目标、驱除噪声）；

③ 剔除伪目标：如果某一奇异点在连续的 n 内连续出现 t 次，则认为该奇异点为目标点，否则认为是伪目标。

3.9.4 例程一点通

基于局域概率分布的小目标检测的 MATLAB 源代码如例程 3.9-1 所示，其检测结果如图 3.9-3 所示。

【例程 3.9-1】

```
clear
%生成待检测的图像 im1;
im1 = 0.6 * ones(128,128);
im1(80,90) = 256;
im1(100,100) = 256;
imshow(im1)
% 确定邻域的大小:5×5;
r = 2;
k = 1;
% 调用编写的函数计算图像的局域灰度概率矩阵;
P = target_detect(im1,r);
figure
mesh(P)
%检测奇异点;
[Pr Pc] = find(P>k/(2 * r + 1)^2 + 0.1);
figure
imshow(im1)
hold on
% 在图像 im1 上标出检测到的奇异点;
for i = 1:length(Pr)
plot(Pc(i),Pr(i),'g+')
end
hold on
im2 = 0.6 * ones(128,128);
im2(81,90) = 256;
im2(200,200) = 256;
r1 = 1;
k1 = 1;
% 检测下一帧图像中奇异点位置(上一帧检测到的)附近邻域是否存在奇异点;
P1 = target_refine(Pr,Pc,im2,r1);
%确定奇异点的位置;
[Prt Pct] = find(P1>k1/(2 * r1 + 1)^2 + 0.1);
% 标出最终检测到的小目标
for i = 1:length(Prt)
  plot(Pct(i),Prt(i),'ro');
end
%%%%%%子函数%%%%%%
```

```
function P = target_detect(im,r)
% 功能:计算图像局域灰度概率矩阵
% 输入:im - RGB 图像,r - 局域半径
% 输出:P - 局域灰度概率矩阵

% P - 图像转换
if size(size(im),2) == 3
im = rgb2gray(im);
end
[m,n] = size(im);
local_region = zeros(2 * r + 1,2 * r + 1);
% 计算局域概率矩阵
for i = r + 1:m - r
  for j = r + 1:n - r
    local_region = im(i - r:i + r,j - r:j + r);
    P(i,j) = im(i,j)/sum(sum(local_region));
  end
end
% % % % % % 子函数 % % % % % %
function P2 = target_refine(Pr,Pc,im2,r1)
% 功能:检测下一帧图像中奇异点位置(上一帧检测到的)附近邻域是否存在奇异点;
local_region1 = zeros(2 * r1 + 1,2 * r1 + 1);
P2 = zeros(1000,1000);
for i1 = 1:length(Pr)
   for a = Pr(i1) - r1:Pr(i1) + r1
    for b = Pc(i1) - r1:Pc(i1) + r1
        local_region1 = im2(a - r1:a + r1,b - r1:b + r1);
        P2(a,b) = im2(a,b)/sum(sum(local_region1));
    end
  end
end
```

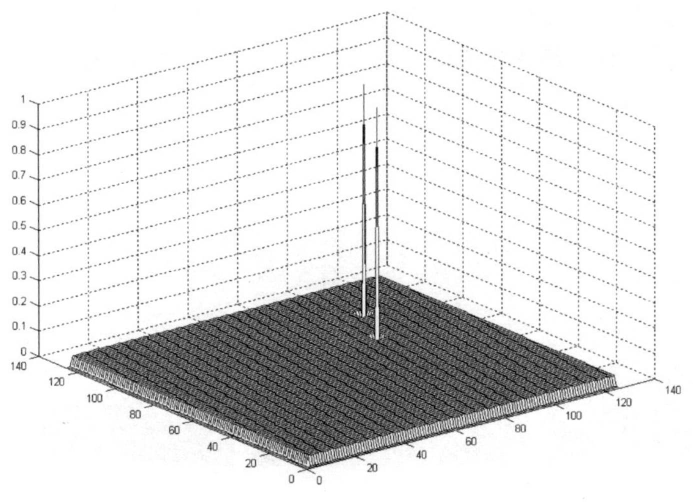

图 3.9-3　例程 3.9-1 的运行结果

一语中的 基于局域概率分布的小目标检测的原理为：在目标的局部范围内，背景变化一般不会太剧烈，目标与邻域背景对比明显，因而，目标点像素灰度值与局域像素灰度和的比值较大，通过在局域灰度概率分布图上对较大概率值的检测可以实现对对应小目标的检测。

3.10 基于 Retinex 的雾霾清晰化处理及其代码实现

近年，我国雾霾天气频发。据中国气象局提供的数据，2013 年我国各省、直辖市平均雾霾天数为 29.9 天，较常年同期高出 10.3 天，达到 52 年来的峰值。雾霾天气不仅危害于人类的身体健康，还给航空、交通、航海等公共事务带来了不利影响。据统计，当雾霾的能见度为 500 m 时，会对交通产生影响；当雾霾的能见度为 200 m 时，会对交通产生显著的影响；当雾霾的能见度达到 50 m 时，则后果十分严重。

计算机视觉的很多户外应用，如地形勘测、视频监控、自动驾驶和城市交通乃至军事探测等，都要求对图像特征的检测具备鲁棒性。在雾霾天气条件下，大气中悬浮大量微小水滴、气溶胶的散射作用，使水平能见度显著降低，从而导致成像传感器捕获的图像严重降质，这极大地影响和限制了计算机视觉系统的功能。因此，有必要对雾霾图像清晰化技术展开深入的研究。

3.10.1 雾霾图像的特点

图 3.10-1 是典型的几幅在雾霾天气下拍摄的图像，通过分析可知，其具有如下特点：

- 在雾霾图像中，由于大气中存在大小不同的随机介质(大小约为 1～10 μm 的小颗粒)，入射光从成像场景反射到相机的过程中会发生散射和吸收等物理变化。在这个过程中，本来应该沿直线传播的光线发生了散射而偏离了原来的传播路径，而一些其他光路的光线由于散射而进入该光路，因此，导致图像对比度下降和颜色衰退。
- 雾霾图像中，雾霾在图像的不同景深处体现出不同的浓度，且场景的能见度显著降低。

图 3.10-1 雾霾天气下拍摄的图像

3.10.2 雾霾图像清晰化的方法概述

目前对于雾霾图像的清晰化处理方法主要分为两类:雾霾图像增强和雾霾图像复原。雾霾图像的增强方法不考虑图像退化原因,适应性广,能有效地提高雾天图像的对比度,增强图像的细节,改善图像的视觉效果,但对于突出部分的信息可能会造成一定损失。雾霾图像复原是研究雾天图像退化的物理机制,并建立雾天退化模型,反演退化过程,补偿退化过程造成的失真,以便获得未经干扰退化的无雾霾图像或无雾霾圈像的最优估计值,从而改善雾天图像的质量。这种方法针对性强,得到的雾霾消除效果自然,一般不会有信息损失,处理的关键点是模型中参数的估计。对于每一类方法,按照雾霾消除方法的相似性进一步归纳为不同的予类方法:基于图像处理的雾霾图像增强方法分为全局化的图像增强方法和局部化的雾霾图像增强方法;基于物理模型的雾霾图像复原方法则包括基于偏微分方程的雾霾天图像复原、基于深度关系的雾霾图像复原和基于先验信息的雾霾图像复原。

3.10.3 Retinex 理论

Retinex(视网膜"Retina"和大脑皮层"Cortex"的缩写)理论是一种建立在科学实验和科学分析基础上的基于人类视觉系统的图像增强理论。Retinex 理论的基本内容是物体的颜色是由物体对长波(红)、中波(绿)和短波(蓝)光线的反射能力决定的,而不是由反射光强度的绝对值决定的;物体的色彩不受光照非均性的影响,具有一致性,即 Retinex 理论是以色感一致性(颜色恒常性)为基础的。

根据 Retinex 理论,一幅给定的图像 $S(x,y)$ 分解成两幅不同的图像:反射物体图像 $R(x,y)$ 和入射光图像 $L(x,y)$,其原理示意图如图 3.10-2 所示。

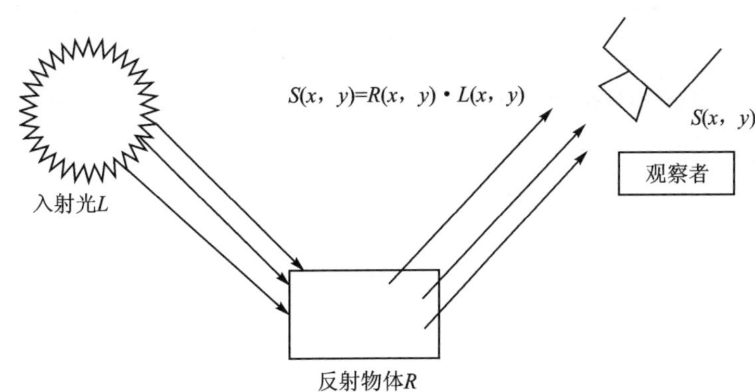

图 3.10-2　Retinex 理论示意图

对于观察图像 S 中的每个点 (x,y),用公式可以表示为:

$$S(x,y) = R(x,y) \times L(x,y)$$

实际上,Retinex 理论就是通过图像 S 来得到物体的反射性质 R,也就是去除了入射光 L 的性质从而得到物体原本该有的样子。

3.10.4　基本实现过程

基于 Retinex 理论对雾霾图像进行清晰化处理的步骤如下：

步骤 1：利用取对数的方法将照射光分量和反射光分量分离，即：

$$S'(x, y) = r(x, y) + L(x, y) = \log(R(x, y)) + \log(L(x, y));$$

步骤 2：用高斯模板对原图像做卷积，即相当于对原图像做低通滤波，得到低通滤波后的图像 $D(x,y)$，$F(x, y)$表示高斯滤波函数：

$$D(x, y) = S(x, y) \ * F(x, y);$$

步骤 3：在对数域中，用原图像减去低通滤波后的图像，得到高频增强的图像 $G(x, y)$：

$$G(x,y) = S'(x, y) - \log(D(x, y));$$

步骤 4：对 $G(x,y)$取反对数，得到增强后的图像 $R(x, y)$：

$$R(x, y) = \exp(G(x, y));$$

步骤 5：对 $R(x,y)$做对比度增强，得到最终的结果图像。

3.10.5　例程一点通

例程 3.10-1 是基于 Retinex 理论进行雾霭图像清晰化的 MATLAB 程序，读者可结合程序及注释对基于 Retinex 理论进行雾霭图像清晰化的基本原理进行进一步分析，该程序的运行结果如图 3.10-3 所示。

【例程 3.10-1】

```
clear;
close all;
% 读入图像
I = imread('wu.png');
% 取输入图像的 R 分量
R = I(:,:,1);
[N1,M1] = size(R);
% 对 R 分量进行数据转换,并对其取对数
R0 = double(R);
Rlog = log(R0 + 1);
% 对 R 分量进行二维傅里叶变换
Rfft2 = fft2(R0);
% 形成高斯滤波函数
sigma = 250;
F = zeros(N1,M1);
for i = 1:N1
        for j = 1:M1
         F(i,j) = exp( - ((i - N1/2)^2 + (j - M1/2)^2)/(2 * sigma * sigma));
        end
end
F = F./(sum(F(:)));
% 对高斯滤波函数进行二维傅里叶变换
Ffft = fft2(double(F));
% 对 R 分量与高斯滤波函数进行卷积运算
DR0 = Rfft2. * Ffft;
```

```
DR = ifft2(DR0);
% 在对数域中,用原图像减去低通滤波后的图像,得到高频增强的图像
DRdouble = double(DR);
DRlog = log(DRdouble + 1);
Rr = Rlog - DRlog;
% 取反对数,得到增强后的图像分量
EXPRr = exp(Rr);
% 对增强后的图像进行对比度拉伸增强
MIN = min(min(EXPRr));
MAX = max(max(EXPRr));
EXPRr = (EXPRr - MIN)/(MAX - MIN);
EXPRr = adapthisteq(EXPRr);
% 取输入图像的 G 分量
G = I(:,:,2);
[N1,M1] = size(G);
% 对 G 分量进行数据转换,并对其取对数
G0 = double(G);
Glog = log(G0 + 1);
% 对 G 分量进行二维傅里叶变换
Gfft2 = fft2(G0);
% 形成高斯滤波函数
sigma = 250;
for i = 1:N1
        for j = 1:M1
         F(i,j) = exp( - ((i - N1/2)^2 + (j - M1/2)^2)/(2 * sigma * sigma));
        end
end
F = F./(sum(F(:)));
% 对高斯滤波函数进行二维傅里叶变换
Ffft = fft2(double(F));
% 对 G 分量与高斯滤波函数进行卷积运算
DG0 = Gfft2. * Ffft;
DG = ifft2(DG0);
% 在对数域中,用原图像减去低通滤波后的图像,得到高频增强的图像
DGdouble = double(DG);
DGlog = log(DGdouble + 1);
Gg = Glog - DGlog;
% 取反对数,得到增强后的图像分量
EXPGg = exp(Gg);
% 对增强后的图像进行对比度拉伸增强
MIN = min(min(EXPGg));
MAX = max(max(EXPGg));
EXPGg = (EXPGg - MIN)/(MAX - MIN);
EXPGg = adapthisteq(EXPGg);
% 取输入图像的 B 分量
B = I(:,:,3);
[N1,M1] = size(B);
% 对 B 分量进行数据转换,并对其取对数
B0 = double(B);
Blog = log(B0 + 1);
% 对 B 分量进行二维傅里叶变换
```

```
Bfft2 = fft2(B0);
% 形成高斯滤波函数
sigma = 250;
for i = 1:N1
       for j = 1:M1
        F(i,j) = exp( - ((i - N1/2)^2 + (j - M1/2)^2)/(2 * sigma * sigma));
       end
end
F = F./(sum(F(:)));
% 对高斯滤波函数进行二维傅里叶变换
Ffft = fft2(double(F));
% 对 B 分量与高斯滤波函数进行卷积运算
DB0 = Gfft2. * Ffft;
DB = ifft2(DB0);
% 在对数域中,用原图像减去低通滤波后的图像,得到高频增强的图像
DBdouble = double(DB);
DBlog = log(DBdouble + 1);
Bb = Blog - DBlog;
EXPBb = exp(Bb);
% 对增强后的图像进行对比度拉伸增强
MIN = min(min(EXPBb));
MAX = max(max(EXPBb));
EXPBb = (EXPBb - MIN)/(MAX - MIN);
EXPBb = adapthisteq(EXPBb);
% 对增强后的图像 R、G、B 分量进行融合
I0(:,:,1) = EXPRr;
I0(:,:,2) = EXPGg;
I0(:,:,3) = EXPBb;
% 显示运行结果
subplot(121),imshow(I);
subplot(122),imshow(I0);
```

图 3.10-3　例程 3.10-1 的运行结果

3.11 基于多尺度Retinex的雾霾清晰化处理及其代码实现

3.11.1 多尺度Retinex理论

多尺度Retinex算法的基本公式如下：

$$R_i(x,y) = \sum_{n=1}^{N} W_n \{\log[I_i(x,y)] - \log[F_n(x,y) * I_i(x,y)]\}$$

其中，$R_i(x,y)$是输出的图像，$i \in R,G,B$表示3个颜色谱带，$F(x,y)$是高斯滤波函数，W_n表示尺度的权重因子，N表示使用尺度的个数，$N=3$，表示彩色图像，$i \in R,G,B$。$N=1$，表示灰度图像。从公式中可以看出：多尺度Retinex算的特点是能产生包含色调再现和动态范围压缩这两个特性的输出图像。

在多尺度Retinex算法的雾霾图像清晰化过程中，图像可能会因为增加了噪声而造成对图像中的局部区域色彩失真，使得物体的真正颜色效果不能很好的显现出来，从而影响了整体视觉效果。为了弥补这个缺点，一般情况下会应用带色彩恢复因子C的多尺度Retinex算法来解决。带色彩恢复因子C的多尺度Retinex算法是在多个固定尺度的基础上考虑色彩不失真恢复的结果，在多尺度Retinex算法过程中，我们通过引入一个色彩因子C来弥补由于图像局部区域对比度增强而导致图像颜色失真的缺陷，通常情况下所引入的色彩恢复因子C的表达式为：

$$R_{MSRCR_i}(x,y) = C_i(x,y) R_{MSR_i}(x,y)$$

$$C_i(x,y) = f[I_i(x,y)] = f\left[\frac{I_i(x,y)}{\sum_{j=1}^{N} I_j(x,y)}\right]$$

其中，C_i表示第个通道的色彩恢复系数，它的作用是用来调节3个通道颜色的比例，$f(\cdot)$表示的是颜色空间的映射函数。带色彩恢复的多尺度Retinex算法通过色彩恢复因子C这个系数来调整原始图像中三个颜色通道之间的比例关系，从而通过把相对有点暗的区域的信息凸显出来，以达到消除图像色彩失真的缺陷。处理后的图像局域对比度提高，而且它的亮度与真实的场景很相似，图像在人们视觉感知下显得极其逼真。

3.11.2 例程一点通

例程3.11-1是基于多尺度Retinex理论进行雾霭图像清晰化的MATLAB程序，读者可结合程序及注释对基于多尺度Retinex理论进行雾霭图像清晰化的基本原理进行进一步分析，该程序的运行结果如图3.11-1所示。

【例程3.11-1】

```
clear;
close all;
I = imread('wu.png');
% 分别取输入图像的R、G、B三个分量，并将其转换为双精度型
R = I(:,:,1);
```

```
G = I(:,:,2);
B = I(:,:,3);
R0 = double(R);
G0 = double(G);
B0 = double(B);
[N1,M1] = size(R);
% 对 R 分量进行对数变换
Rlog = log(R0 + 1);
% 对 R 分量进行二维傅里叶变换
Rfft2 = fft2(R0);
% 形成高斯滤波函数(sigma = 128)
sigma = 128;
F = zeros(N1,M1);
for i = 1:N1
       for j = 1:M1
        F(i,j) = exp( - ((i - N1/2)^2 + (j - M1/2)^2)/(2 * sigma * sigma));
       end
end
F = F./(sum(F(:)));
% 对高斯滤波函数进行二维傅里叶变换
Ffft = fft2(double(F));
% 对 R 分量与高斯滤波函数进行卷积运算
DR0 = Rfft2. * Ffft;
DR = ifft2(DR0);
% 在对数域中,用原图像减去低通滤波后的图像,得到高频增强的图像
DRdouble = double(DR);
DRlog = log(DRdouble + 1);
Rr0 = Rlog - DRlog;
% 形成高斯滤波函数(sigma = 256)
sigma = 256;
F = zeros(N1,M1);
for i = 1:N1
       for j = 1:M1
        F(i,j) = exp( - ((i - N1/2)^2 + (j - M1/2)^2)/(2 * sigma * sigma));
       end
end
F = F./(sum(F(:)));
% 对高斯滤波函数进行二维傅里叶变换
Ffft = fft2(double(F));
% 对 R 分量与高斯滤波函数进行卷积运算
DR0 = Rfft2. * Ffft;
DR = ifft2(DR0);
% 在对数域中,用原图像减去低通滤波后的图像,得到高频增强的图像
DRdouble = double(DR);
DRlog = log(DRdouble + 1);
Rr1 = Rlog - DRlog;
% 形成高斯滤波函数(sigma = 512)
sigma = 512;
 F = zeros(N1,M1);
```

```
for i = 1:N1
        for j = 1:M1
         F(i,j) = exp( - ((i - N1/2)^2 + (j - M1/2)^2)/(2 * sigma * sigma));
        end
end
F = F./(sum(F(:)));
% 对高斯滤波函数进行二维傅里叶变换
Ffft = fft2(double(F));
% 对 R 分量与高斯滤波函数进行卷积运算
DR0 = Rfft2. * Ffft;
DR = ifft2(DR0);
% 在对数域中,用原图像减去低通滤波后的图像,得到高频增强的图像
DRdouble = double(DR);
DRlog = log(DRdouble + 1);
Rr2 = Rlog - DRlog;
% 对上述三次增强得到的图像取均值作为最终增强的图像
Rr = (1/3) * (Rr0 + Rr1 + Rr2);
% 定义色彩恢复因子 C
a = 125;
II = imadd(R0,G0);
II = imadd(II,B0);
Ir = immultiply(R0,a);
C = imdivide(Ir,II);
C = log(C + 1);
% 将增强后的 R 分量乘以色彩恢复因子,并对其进行反对数变换
Rr = immultiply(C,Rr);
EXPRr = exp(Rr);
% 对增强后的 R 分量进行灰度拉伸
MIN = min(min(EXPRr));
MAX = max(max(EXPRr));
EXPRr = (EXPRr - MIN)/(MAX - MIN);
EXPRr = adapthisteq(EXPRr);
[N1,M1] = size(G);
% 对 G 分量进行处理,步骤与对 R 分量处理的步骤相同,可仿照 R 分量处理的步骤理解
G0 = double(G);
Glog = log(G0 + 1);
Gfft2 = fft2(G0);
sigma = 128;
F = zeros(N1,M1);
for i = 1:N1
        for j = 1:M1
         F(i,j) = exp( - ((i - N1/2)^2 + (j - M1/2)^2)/(2 * sigma * sigma));
        end
end
F = F./(sum(F(:)));
Ffft = fft2(double(F));
DG0 = Gfft2. * Ffft;
DG = ifft2(DG0);
DGdouble = double(DG);
```

```
DGlog = log(DGdouble + 1);
Gg0 = Glog - DGlog;
sigma = 256;
F = zeros(N1,M1);
for i = 1:N1
        for j = 1:M1
         F(i,j) = exp( - ((i - N1/2)^2 + (j - M1/2)^2)/(2 * sigma * sigma));
        end
end
F = F./(sum(F(:)));
Ffft = fft2(double(F));
DG0 = Gfft2. * Ffft;
DG = ifft2(DG0);
DGdouble = double(DG);
DGlog = log(DGdouble + 1);
Gg1 = Glog - DGlog;
sigma = 512;
F = zeros(N1,M1);
for i = 1:N1
        for j = 1:M1
         F(i,j) = exp( - ((i - N1/2)^2 + (j - M1/2)^2)/(2 * sigma * sigma));
        end
end
F = F./(sum(F(:)));
Ffft = fft2(double(F));
DG0 = Gfft2. * Ffft;
DG = ifft2(DG0);
DGdouble = double(DG);
DGlog = log(DGdouble + 1);
Gg2 = Glog - DGlog;
Gg = (1/3) * (Gg0 + Gg1 + Gg2);
a = 125;
II = imadd(R0,G0);
II = imadd(II,B0);
Ir = immultiply(R0,a);
C = imdivide(Ir,II);
C = log(C + 1);
Gg = immultiply(C,Gg);
EXPGg = exp(Gg);
MIN = min(min(EXPGg));
MAX = max(max(EXPGg));
EXPGg = (EXPGg - MIN)/(MAX - MIN);
EXPGg = adapthisteq(EXPGg);
% 对 B 分量进行处理,步骤与对 R 分量处理的步骤相同,可仿照 R 分量处理的步骤理解。
[N1,M1] = size(B);
B0 = double(B);
Blog = log(B0 + 1);
Bfft2 = fft2(B0);
```

```
sigma = 128;
F = zeros(N1,M1);
for i = 1:N1
        for j = 1:M1
         F(i,j) = exp( - ((i - N1/2)^2 + (j - M1/2)^2)/(2 * sigma * sigma));
        end
end
F = F./(sum(F(:)));
Ffft = fft2(double(F));
DB0 = Bfft2. * Ffft;
DB = ifft2(DB0);
DBdouble = double(DB);
DBlog = log(DBdouble + 1);
Bb0 = Blog - DBlog;
sigma = 256;
F = zeros(N1,M1);
for i = 1:N1
        for j = 1:M1
         F(i,j) = exp( - ((i - N1/2)^2 + (j - M1/2)^2)/(2 * sigma * sigma));
        end
end
F = F./(sum(F(:)));
Ffft = fft2(double(F));
DB0 = Bfft2. * Ffft;
DB = ifft2(DB0);
DBdouble = double(DB);
DBlog = log(DBdouble + 1);
Bb1 = Blog - DBlog;
sigma = 512;
F = zeros(N1,M1);
for i = 1:N1
        for j = 1:M1
         F(i,j) = exp( - ((i - N1/2)^2 + (j - M1/2)^2)/(2 * sigma * sigma));
        end
end
F = F./(sum(F(:)));
Ffft = fft2(double(F));
DB0 = Rfft2. * Ffft;
DB = ifft2(DB0);
DBdouble = double(DB);
DBlog = log(DBdouble + 1);
Bb2 = Blog - DBlog;
Bb = (1/3) * (Bb0 + Bb1 + Bb2);
a = 125;
II = imadd(R0,G0);
II = imadd(II,B0);
Ir = immultiply(R0,a);
C = imdivide(Ir,II);
```

```
C = log(C + 1);
Bb = immultiply(C,Bb);
EXPBb = exp(Bb);
MIN = min(min(EXPBb));
MAX = max(max(EXPBb));
EXPBb = (EXPBb - MIN)/(MAX - MIN);
EXPBb = adapthisteq(EXPBb);
% 对增强后的图像 R、G、B 分量进行融合
I0(:,:,1) = EXPRr;
I0(:,:,2) = EXPGg;
I0(:,:,3) = EXPBb;
% 显示运行结果
subplot(121),imshow(I);
subplot(122),imshow(I0);
```

图 3.11-1　例程 3.11-1 的运行结果

3.12　基于大气耗散函数的雾霾图像清晰化及其代码实现

3.12.1　基本原理

雾霾天图像常常需要进行色彩平衡以消除色偏。为了确保图像进行了正确的自平衡处理,必须估计场景的照明度。场景的照明度估计通常又被称之为白点估计。白点算法将图像的R、G、B三颜色通道的最大值作为图像的照明度,即标准白色。在去雾算法中,大气散射模型中的大气光值 A 被视为照明度的颜色。因此,白平衡操作主要是通过将原有雾图像 $I(x)$除以 A 来获取白平衡纠正图像 $I_w(x)$。假设 $I_w(x)$被归一化到0至1之间,则此限制条件可表示为:

$$I_w(x) = \min\left(\frac{I(x)}{A}, 1\right)$$

当执行白平衡后.雾将显示为纯白状态。这就意味着在纠正图像 $I_w(x)$ 中大气光值 A 已被设置为(1,1,1)。

Tarel 等人在 ICCV 09'上所提出的基于快速中值滤波的去雾算法流程如图 3.12-1 所示。该算法首先对原有雾图像 I 进行白平衡操作得到调节后的大气光值 A。然后采用中值滤波的变形方法求取大气耗散函数 V,并结合原有雾图像 I 和大气光 A 得到复原图像 R。最后通过采用色调映射操作使复原图 R 的颜色与原有雾图像尽可能接近.以便对各算法的去雾效果进行有效对比。此去雾算法所包括的三大步骤分别为:大气耗散函数的推断、图像视觉效果的复原和图像的色调映射。下面将对这些算法步骤进行具体的阐述和分析。

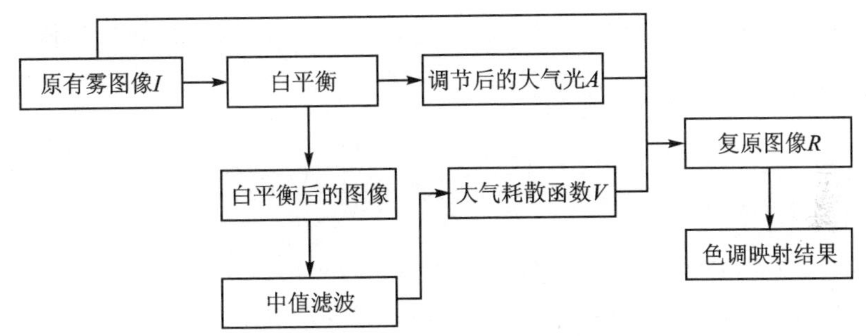

图 3.12-1 基于快速中值滤波的去雾算法流程图

推断大气耗散函数 $V(x,y)$ 是 Tarel 去雾方法最为重要的一步。依据大气耗散函数的物理性质,此函数应满足两个限制条件:一是非负性,即 $V(x,y)\geqslant 0$;二是其值不应大于原图像 $I(x,y)$ 各分量的最小值。由此,定义 $W(x,y)=\min(I(x,y))$ 为 $I(x,y)$ 分量在各像素点处的最小值,则条件二可写为 $V(x,y)\leqslant W(x,y)$。

在 Tarel 方法中,为了求取 $V(x,y)$,首先,计算 $W(x,y)$ 的局部均值 $Av(x,y)$:

$$Av(x,y) = median_{s_v}(W(x,y))$$

其中,S_v 为中值滤波的窗口大小。

其次,为了使复原算法对轮廓的处理更具鲁棒性,算法又对 $|W(x,y)-Av(x,y)|$ 进行中值滤波。

最后,算法通过因子 $p(p\in[0,1])$ 可控制最终视觉效果的复原程度。由此,$V(x,y)$ 的求取过程可由下式确定:

$$V(x,y) = \max(\min(pB(x,y),\ W(x,y)),0) \tag{3.12.1}$$

其中,
$$B(x,y)=Av(x,y)-median_{s_v}(|W(x,y)-Av(x,y)|)$$
$$Av(x,y)=median_{s_v}(W(x,y))$$

在式(3.12.1)中,参数 p 和 S_v 主要调控算法的视觉复原效果。其中,p 用于对复原强度的调节,其值一般设置为 90%~95%之间,表明原有雾图像中有 90%~95%的雾气可被消除。若 p 值越接近于 1,则去雾复原图像的颜色显得过于饱和且较为暗淡。

反之,若 p 值太小,则复原图像与原有雾围像差别不大。因此依据图像的不同,需调节这一参数以便取得较好的图像折中效果。另一参数 S_v,主要用于调整所设定的白色目标对象的大小。任一接近白色物体且尺寸大于 S_v 的对象均会因雾的存在而被认为是白色的,因此,该参数也需根据图像的不同而人工调整。

由于采用 Tarel 方法所得到的复原图像与原有雾图像相比,往往在图像颜色上差异较大,因此该方法最后采用了对改善视觉效果极为重要的色调映射操作,以便更好地将 Tarel 方法的复原结果与其他去雾算法的效果和原有雾图像进行对比分析。色调映射操作主要基于这样一个先验知识:图像底部$\frac{1}{3}$处通常雾气分布较少。为了使复原后的图像与原图像在该处具有类似的局部均值和标准差,Tarel 所提出的色调映射操作首先对原图像 $I(x,y)$和去雾复原图像 $J(x,y)$分别进行对数操作,再求取 $\log(I(x,y))$在图像底部$\frac{1}{3}$处的均值 α_I,标准差 d_I 以及 $\log(J(x,y))$在该位置处的均值 α_J,标准差 d_J。由此即可计算最终的去雾结果:

$$T(x,y)=\frac{U(x,y)}{1+\left(\frac{1}{255}-\frac{1}{M_G}\right)G(x,y)}$$

其中,$U(x,y)=J(x,y)^{\frac{d_I}{d_J}}e^{\alpha_I-\alpha_J\frac{d_I}{d_J}}$,$G(x,y)$为$U(x,y)$的灰度图像,$M_G$ 为 G 的最大值。所求取的图像 $T(x,y)$的取值范围一般为[0,255]。

3.12.2 程序实现

基于大气耗散函数的雾霾图像清晰化的 MATLAB 程序实现如例程 3.12-1 所示。

【例程 3.12-1】

```
% 本程序所实现的原理,详见论文:
% "Fast Visibility Restoration from a Single Color or Gray Level Image",
% 论文作者:J.-P. Tarel and N. Hautiere,
% 发表于 IEEE International Conference on Computer Vision (ICCV'09),
% Kyoto, Japan, p. 2201-2208, September 29- October 2, 2009.
% http://perso.lcpc.fr/tarel.jean-philippe/publis/iccv09.html
% 输入:
% orig-待处理的原始图像,数据类型为双精度 (double 型),对其归一化到 0 和 1 之间;
% p-复原强度调节因子;
% sv-调整所设定的白色目标对象的大小的参数;
% balance-取负值就不需要白平衡;取零则进行全局白平衡;取正值则进行局部白平衡;
% smax-进行自适应滤波的最大窗口尺寸,将 smax 设为 1 则不进行自适应滤波;
% gfactor- 伽玛校正因子;
% 输出:
% resto-经过清晰化复原后的图像
%
function resto = visibresto(orig, sv, p, balance, smax, gfactor)
% 默认参数
```

```
if (nargin < 6)
   gfactor = 1.3;        % 伽玛校正因子
end
if (nargin < 5)
   smax = 1;             % 默认不需要自适应滤波
end
if (nargin < 4)
   balance = - 1.0;      % 默认不需要白平衡
end
if (nargin < 3)
   p = 0.95;             % 默认复原强调因子为 95 %
end
if (nargin < 2)
   sv = 11;              % 默认 sv 的值为 11
end
if (nargin < 1)
    msg1 = sprintf('%s: Not input.', upper(mfilename));
        eid = sprintf('%s:NoInputArgument',mfilename);
        error(eid,'%s %s',msg1);
end
% 测试输入变量
smax = floor(smax);
if (smax < 1)
    msg1 = sprintf('%s: smax is out of bound.', upper(mfilename));
        msg2 = 'It must be an integer higher or equal to 1.';
        eid = sprintf('%s:outOfRangeSMAx',mfilename);
        error(eid,'%s %s',msg1,msg2);
end
if ((p >= 1.0) | (p<= 0.0))
    msg1 = sprintf('%s: p is out of bound.', upper(mfilename));
        msg2 = 'It must be an between 0.0 and 1.0';
        eid = sprintf('%s:outOfRangeP',mfilename);
        error(eid,'%s %s',msg1,msg2);
end
sv = floor(sv);
if (sv < 1)
    msg1 = sprintf('%s: sv is out of bound.', upper(mfilename));
        msg2 = 'It must be an integer higher or equal to 1.';
        eid = sprintf('%s:outOfRangeSV',mfilename);
        error(eid,'%s %s',msg1,msg2);
end
iptcheckinput(orig,{'single','double'},{'real', 'nonempty', 'nonsparse'}, mfilename,'orig',1);
if ((max(orig(:))> 1.0) | (min(orig(:))<0.0))
    msg1 = sprintf('%s: image is out of bound.', upper(mfilename));
        msg2 = 'It must be between 0.0 and 1.0';
        eid = sprintf('%s:outOfRangeOrig',mfilename);
        error(eid,'%s %s',msg1,msg2);
end
[dimy,dimx, ncol] = size(orig);
```

```
if (ncol == 1)
    w = orig;
    nbo = orig;
end
if (ncol == 3)
    if (balance == 0.0) % 全局白平衡
        w = min(orig,[],3);
        ival = quantile(w(:),[.99])
        [rind,cind] = find(w> = ival);
        sel(:,1) = orig(sub2ind(size(orig),rind,cind,ones(size(rind))));
        sel(:,2) = orig(sub2ind(size(orig),rind,cind,2 * ones(size(rind))));
        sel(:,3) = orig(sub2ind(size(orig),rind,cind,3 * ones(size(rind))));
        white = mean(sel,1);
        white = white./max(white)
        orig(:,:,1) = orig(:,:,1)./white(1);
        orig(:,:,2) = orig(:,:,2)./white(2);
        orig(:,:,3) = orig(:,:,3)./white(3);
    end
    if (balance>0.0) % 局部白平衡
        fo(:,:,1) = medfilt2(orig(:,:,1), [sv, sv], 'symmetric');
        fo(:,:,2) = medfilt2(orig(:,:,2), [sv, sv], 'symmetric');
        fo(:,:,3) = medfilt2(orig(:,:,3), [sv, sv], 'symmetric');
        nbfo = mean(fo,3);
        fo(:,:,1) = (fo(:,:,1)./nbfo).^balance;
        fo(:,:,2) = (fo(:,:,2)./nbfo).^balance;
        fo(:,:,3) = (fo(:,:,3)./nbfo).^balance;
        nbfo = mean(fo,3);
        fo(:,:,1) = fo(:,:,1)./nbfo;
        fo(:,:,2) = fo(:,:,2)./nbfo;
        fo(:,:,3) = fo(:,:,3)./nbfo;
        orig(:,:,1) = orig(:,:,1)./fo(:,:,1);
        orig(:,:,2) = orig(:,:,2)./fo(:,:,2);
        orig(:,:,3) = orig(:,:,3)./fo(:,:,3);
    end
    %
    w = min(orig,[],3);
    nbo = mean(orig,3);
end
%
wm = medfilt2(w, [sv, sv], 'symmetric');
sw = abs(w - wm);
swm = medfilt2(sw, [sv, sv], 'symmetric');
b = wm - swm;
%
v = p * max(min(w,b),0);
%
factor = 1.0./(1.0 - v);
r = zeros(size(orig));
if (ncol == 1)
```

```
    r = (orig - v). * factor;
    nbr = r;
end
if (ncol == 3)
    r(:,:,1) = (orig(:,:,1) - v). * factor;
    r(:,:,2) = (orig(:,:,2) - v). * factor;
    r(:,:,3) = (orig(:,:,3) - v). * factor;
    %
    if (balance == 0.0)
        r(:,:,1) = r(:,:,1). * white(1);
        r(:,:,2) = r(:,:,2). * white(2);
        r(:,:,3) = r(:,:,3). * white(3);
    end
    if (balance>0.0)
        r(:,:,1) = r(:,:,1). * fo(:,:,1);
        r(:,:,2) = r(:,:,2). * fo(:,:,2);
        r(:,:,3) = r(:,:,3). * fo(:,:,3);
    end
    nbr = mean(r,3);
end
% 自适应滤波
if (smax~ = 1)
    sr = medsmooth(r, smax, factor);
    r = sr;
    nbr = mean(r,3);
end
% gamma 校正
lo = log(nbo(2 * dimy/3:dimy,:) + 0.5/255.0);
lr = log(nbr(2 * dimy/3:dimy,:) + 0.5/255.0);
mo = mean(lo(:));
mr = mean(lr(:));
so = std(lo(:));
sr = std(lr(:));
powe = gfactor * so/sr;
u = r.^(powe) * exp(mo - mr * powe);
%
mnbu = max(u(:));
resto = u./(1.0 + (1.0 - 1.0/mnbu) * u);

if (nargout == 0)
        imshow(resto);
end
%
function res = medsmooth(ima,smax,factors)
%
winsizes = floor(factors);
ind = find(factors>smax);
winsizes(ind) = smax;
[dimy,dimx,ncol] = size(ima);
```

```
    res = ima;
    for l = (1:ncol)
        for j = (1:dimy)
            for k = (1:dimx)
                imacrop = ima(max(1,floor(j - winsizes(j,k)/2)):min(dimy,floor(j + winsizes(j,k)/2)),max(1,floor(k - winsizes(j,k)/2)):min(dimx,floor(k + winsizes(j,k)/2)),l);
                res(j,k,l) = median(imacrop(:));
            end
        end
    end
```

在 MATLAB 命令窗口中中输入如下指令：

```
im = double(imread('sweden.jpg'))/255.0;
sv = 2 * floor(max(size(im))/50) + 1;
res = visibresto(im,sv,0.95,0.5);
figure;imshow([im, res],[0,1]);
```

运行效果如图 3.12 - 2 所示。

图 3.12 - 2　基于大气耗散函数的去雾方法的去雾效果图

3.13　数字图像实时稳定技术及其实现

【温馨提示】 数字图像稳定技术是对视频图像进行预处理的重要手段。本节主要介绍数字图像实时稳定技术的基本实现步骤及 GC - BPM 数字图像稳定算法的实现。本节的内容涉及视频图像分析与处理、图像滤波的相关知识。

数字图像稳定技术在军事领域、民用领域中有着广泛的应用。在军事领域，军用卫星、侦察机等进行侦察时，由于成像设备受飞行器姿态变化和振动的影响，会导致所获得的图像不清晰、图像序列间存在随机抖动，严重影响图像信息的有效利用。通过稳像技术能消除或减轻运动对成像的影响，大大提高所获取图像信息的质量。民用方面，在进行航空对地观察、摄影和地形测绘时，必须使用稳像技术，以便在仪器的测量面上提供一个相对稳定的坐标系统，使测量的结果准确无误。随着科技的发展和生活水平的提高，一些较为高档的手持和肩抗摄录系统也广泛地应用了稳像技术，使其能够克服由于无意识运动造成图像的模糊,提高系统的成像质量。

3.13.1　数字图像稳定算法的基本步骤

数字图像稳定算法一般由三个主要步骤组成:全局运动估计、运动平滑以及图像重构。

(1) 全局运动估计

在视频图像序列中,存在着两种运动:一种是由摄像机位置或参数的变化而引起的整个图像的变化,称为全局运动;另外一种是由于场景中物体的运动而引起的局部图像的变化,称为局部运动。摄像机有目的的运动和不必要的运动均会产生图像序列的全局运动,而稳像是指消除其中由摄像机不必要的运动导致的全局运动。因此,稳像算法需要对图像序列的全局运动进行估计。

(2) 运动平滑

运动平滑是指去除不必要的摄像机运动,获得平滑的摄像机目标运动,从而实现稳像。通常将估计出的摄像机的运动参数看成是摄像机目标运动参数的加噪数据,并使用低通滤波器去除摄像机运动参数中的高频噪声(即不必要的摄像机运动),从而达到平滑摄像机运动的目的。

(3) 图像重构

在完成运动平滑后,就可以根据最初估计出的摄像机运动参数和平滑后的摄像机运动参数的差异,对视频中的每一帧图像进行校正变换,从而重构稳定的视频序列。

3.13.2　GC－BPM 算法

本小节介绍一种数字图像实时稳定算法——GC－BPM 算法,图 3.13－1 是其处理流程。

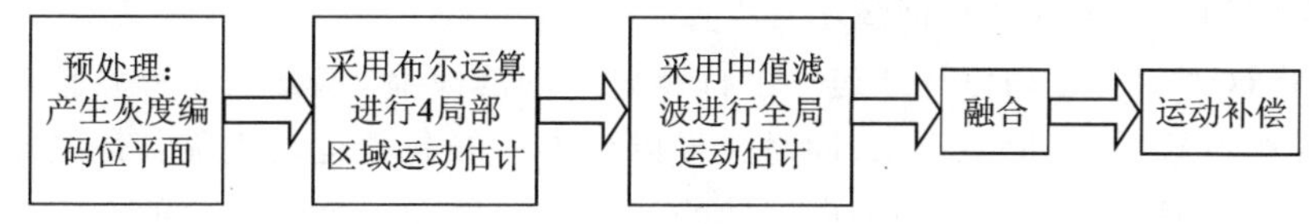

图 3.13－1　GC－BPM 算法的处理流程

① GC－BPM 算法首先对图像数据进行预处理,由标准二值表示生成灰度编码位平面。令 K 位灰度图像序列中的第 t 个图像为:

$$f^t(x,y) = a_{K-1}2^{K-1} + a_{K-2}2^{K-2} + \cdots + a_0 2^0 \qquad (3.13-1)$$

此图像的位平面以从最低有效位 $b_0^t(x,y)$ 到最高有效位 $b_7^t(x,y)$ 的方法表示。8 位灰度编码可由如下公式给出:

$$\begin{aligned} g_{K-1} &= a_{K-1} \\ g_k &= a_k a_{k+1}, 0 \leqslant k \leqslant K-2 \end{aligned} \qquad (3.13-2)$$

式中,a_k 为标准二值系数。在此算法中,灰度编码非常重要,这使下一步运动估计成为可能,因为该模块将大部分有用的图像信息编码分为若干平面,使用其中单一的位平面进行运动估计。经过灰度编码，灰度级的微小变化就会相应地在表示强度的二进制数字中产生均匀的变化。

因此，可以通过使用一个极其高效的布尔二值操作来比较之前图像与当前图像的灰度编码位平面。

② 下一个 GC－BPM 算法环节是进行自身运动估计。令需要最小化的误差算子为：

$$\varepsilon(m,n)=1/(W^2)\sum\sum g_k^t(x,y)g_k^{t-1}(x+m,y+n),\ -p\leqslant m,n\leqslant p \tag{3.13-3}$$

式中，W 为用来搜索的滑块，p 为需要被搜索的像素数，见图 3.13－2。

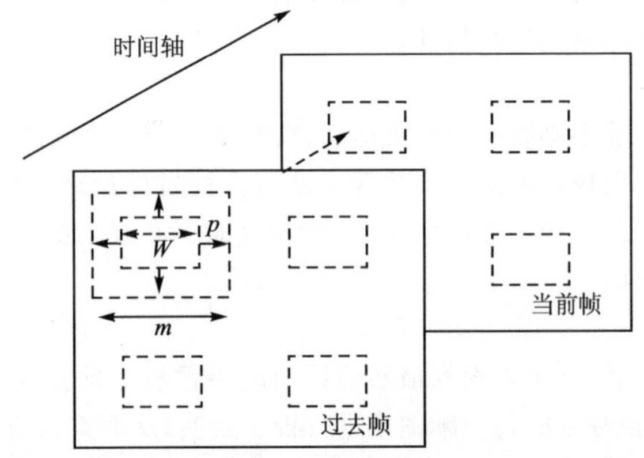

图 3.13－2 用块搜索的方法比较前一帧和当前帧来获得运动估计

通过将此误差算子最小化，得到的(m,n)的值代表了图 3.13－2 中每一个子图的自身运动向量。接着将这 4 个自身运动向量以及之前的全局运动向量用均值算子处理，就可得到当前的全局运动向量估计 V_g^t。

然后将这个全局运动估计通过一个特殊设计的滤波器，该滤波器可以把相机的有意运动，如有意地平移，保留下来，同时又可以把无用的高频运动去除。最终滤波后的估计结果，可以通过将当前的画面向运动的相反方向移动一个整数值的像素数来进行补偿。

事实上，尽管 GC－BPM 算法可以对平移运动产生良好的增稳结果，但是该算法本身并不包含对旋转运动和缩放运动进行估计和补偿的能力。

3.13.3 例程一点通

例程 3.13－1～例程 3.13－3 是运用 GC－BPM 算法进行数字图像稳定的 MATLAB 源程序，读者可结合该程序对 GC－BPM 算法进行进一步的理解。

【例程 3.13－1】

```
function  []  =  imageStabilizeMain(fileName)
% 功能:数字图像增稳的程序
```

```
% 输入:需要增稳的 AVI 格式的视频(注:该视频每帧图像的像素为 256×256)
if  ~exist('fileName','var')
fileName = 'shaky_car1.avi';
end
nFrames = []; % 用于存放待处理的视频图像帧
% 读入待处理的视频图像
mov = aviread(fileName);
movInfo = aviinfo(fileName);
nFrames = min([movInfo.NumFrames nFrames]);
% 建立显示图像区域
H1 = figure; set(H1,'name','Original Movie')
scrz = get(0,'ScreenSize');
set(H1,'position',...
     [60 scrz(4) - 100 - (movInfo.Height + 50) ...
          movInfo.Width + 50 movInfo.Height + 50]);
% 播放原始图像
movie(H1,mov,1,movInfo.FramesPerSecond,[25 25  0  0])
close(H1)
% 转换每帧图像的数据类型,存放在三维数组 M 中
M = uint8(zeros(movInfo.Height,movInfo.Width,nFrames));
for i = 1:nFrames
   M(:,:,i) = uint8(rgb2gray(mov(i).cdata));
end
% 调用图像稳定子函数 stabilizeMovie_GCBPM 进行每帧图像的增稳处理,并计时
tic
[Ms,Va,Vg,V] = stabilizeMovie_GCBPM(M);
t = toc; fprintf('%.2f seconds per frame\n',t/(nFrames - 1));
% 存储并回放最终的处理效果
H2 = figure; set(H2,'name','generating final movie ...')
for i = 1:length([Ms(1,1,:)])
      imshow(Ms(:,:,i),[0 255]);
movStab(i) = getframe(H2);
end
close(H2)
H3 = figure; set(H3,'name','Final Stabilized Movie')
imshow(Ms(:,:,1),[0  255]);
curPos = get(H3,'position');
set(H3,'position',...
     [60 scrz(4) - 100 - (movInfo.Height + 50) curPos(3:4)]);
movie(H3,movStab,1,movInfo.FramesPerSecond)
% 将最终结果以 AVI 的格式存放到工作空间(workspace)中
movie2avi(movStab,[fileName(1:end - 4)  '_out.avi'],  ...
     'fps',movInfo.FramesPerSecond,'compression','None');
save(sprintf('Wkspace_at_d%d-%02d-%02d_t%02d-%02d-%02d',fix(clock)))
return
```

【例程 3.13-2】

```
function  [Ms,Va,Vg,V]  =  stabilizeMovie_GCBPM(M)
% 灰色编码算法
```

```
% 输入:M - 待处理视频
% 输出:Ms - 稳定图像序列,Va - 集成运动矢量,Vg - 全局运动矢量,V - 运动矢量
% 参考文献:
%       S. Ko, S. Lee, S. Jeon, and E. Kang. Fast digital image stabilizer
%       based on gray - coded bit - plane matching. IEEE Transactions on
%       Consumer Electronics, vol. 45, no. 3, pp. 598 - 603, Aug. 1999.

% 初始化全局变量
debug_disp = 0;
% 初始化算法的变量
bit = 5;                          % 最佳灰度编码位
N = 112;                          % 匹配块尺寸(设为 NxN 方块区域)
D1 = 0.95;                        % 消震系数(0 < D1 < 1)
logSearchEnable = 1;              % 1 采用 logrigtmic 3 - 2 - 1 匹配搜索
nSteps = 3;                       % log search 的步长,3 个像素
rotEnable = 0;                    % 0 ,采用原始的转换 GCBPM
[h,w,nFr] = size(M);              % 每一帧图像的宽度和长度
if ( ~rem(w,2) & ~rem(h,2) )
    S = uint8(zeros(h/2,w/2,2,4));
else
    error('video width/height must both be even # of pixels')
end
hw = waitbar(0,'Please wait...');
p = (h/2 - N)/2;                  % 最大搜索窗位移
bxor = uint8(zeros(N));           % 中值
Cj = 1e9 * ones(2 * p + 1);       % 相关测量
V = zeros(4,2,nFr);               % 运动矢量
Vg = zeros(nFr,2); %[0 0];        % 全局运动矢量
Va = zeros(nFr,2);                % 集成运动矢量
Ms = uint8(zeros(h,w,nFr));       % 初始化稳定图像序列
% 循环处理每一帧图像
for fr = 1:nFr
    waitbar((fr - 1)/nFr,hw) % 显示过程
% 获得灰度编码位平面
    [Mg] = uint8(getGrayCodeBitPlane(M,bit,fr,debug_disp));
    S(:,:,2,1) = Mg( 1:h/2,        1:w/2          ); % UL, S1
    S(:,:,2,2) = Mg( 1:h/2,        w/2 + 1:end    ); % UR, S2
    S(:,:,2,3) = Mg( h/2 + 1:end,  1:w/2          ); % LL, S3
    S(:,:,2,4) = Mg( h/2 + 1:end,  w/2 + 1:end    ); % LR, S4
    if fr > 1 % 在第一帧图像之后运用算法
        for j = 1:4 % 循环处理每一幅子图像
            if ~logSearchEnable
                % 精确搜索
                for m_pos = 1:2 * p + 1 % 循环处理每一个可能的位移
                    for n_pos = 1:2 * p + 1
                        % 计算相关性度量
                        bxor = bitxor( ...
                            S(p + 1:p + N,p + 1:p + N,2,j) , ...
                            S(m_pos:m_pos + N - 1,n_pos:n_pos + N - 1,1,j) );
```

```
                Cj(m_pos,n_pos) = sum(bxor(:));
            end
        end
    % 查找最小的 Cj 位置
        [tmp,m_pos_min] = min(Cj);
        [tmp,n_pos_min] = min(tmp); clear tmp;
        m_pos_min = m_pos_min(n_pos_min);
    else
        % log 搜索  注:处理图像的像素为 256×256
        firstJmp = 4;
        prev_m_pos = 9; prev_n_pos = 9; % 从中心开始
        for iter = 1:nSteps
            Cj = 1e9 * ones(2 * p + 1); % 重置相关度量
            curJmp = firstJmp./2.^(iter - 1);
            for m_pos = prev_m_pos - curJmp:curJmp:prev_m_pos + curJmp
                for n_pos = prev_n_pos - curJmp:curJmp:prev_n_pos + curJmp
                    % 计算相关度量
                    bxor = bitxor( ...    % could be very fast HW
                        S(p + 1:p + N,p + 1:p + N,2,j) , ...
                        S(m_pos:m_pos + N - 1,n_pos:n_pos + N - 1,1,j) );
                    Cj(m_pos,n_pos) = sum(bxor(:));
                end
            end
            %  查找最小的 Cj 位置
            [tmp,m_pos_min] = min(Cj);
            [tmp,n_pos_min] = min(tmp); clear tmp;
            m_pos_min = m_pos_min(n_pos_min);
            prev_m_pos = m_pos_min;
            prev_n_pos = n_pos_min;
        end
    end
    V(j,:,fr) = [m_pos_min n_pos_min] - p - 1; % V[1] V[2]
end
Vg(fr,:) = median([V(:,:,fr);Vg_prev]);   % 计算当前全局运动矢量
Va(fr,:) = D1 * Va_prev + Vg(fr,:);   % 运用消振来产生这一帧的全局运动矢量
end
% 存储当前帧图像为上一帧图像
S(:,:,1,:) = S(:,:,2,:);        % 灰度编码自图像
Vg_prev = Vg(fr,:);             % 全局运动矢量
Va_prev = Va(fr,:);             % 集成运动矢量
switch rotEnable
case 0
    % 平移校正
    %  (not sub - pixel for now)
    r = round(Va(fr,1)); % num rows moved
    c = round(Va(fr,2)); % num columns moved
    Ms(max([1 1 + r]):min([h h + r]),max([1 1 + c]):min([w w + c]),fr) = ...
        M(max([1 1 - r]):min([h h - r]),max([1 1 - c]):min([w w - c]),fr);
case 1
```

```
            % 旋转平移校正
            cnst = 12;
            theta = zeros(1,20);
            Mrs = uint8(zeros(size(M))); Mrs(:,:,1) = M(:,:,1);
            for fr = 2:20
                B = [V(:,:,fr) + cnst * [-1 1; 1 1; -1 -1; 1 -1]]';B = B(:);
                A = zeros(2 * 4,4);
                A(1:2:end,1) = V(:,1,fr-1) + cnst * [-1 1 -1 1]';   % 1st col
                A(2:2:end,1) = V(:,2,fr-1) + cnst * [1 1 -1 -1]';
                A(2:2:end,2) = V(:,1,fr-1) + cnst * [-1 1 -1 1]';   % 2nd col
                A(1:2:end,2) = V(:,2,fr-1) - cnst * [1 1 -1 -1]';
                A(1:2:end,3) = 1;           % 3rd col
                A(2:2:end,4) = 1;           % 4th col
                X = A\B
                theta(fr) = atan2(X(1),X(2)) * 180/pi - 90; theta(fr)
                Mrs(:,:,fr) = ...
                imrotate(M(:,:,fr),sum(theta(1:fr)),'bilinear','crop');
                figure,imshow(Mrs(:,:,fr))
            end
        end
    end

    close(hw)
    return
```

【例程 3.13-3】

```
function  [Mg]  =  getGrayCodeBitPlane(M,bit,fr,debug_disp)
% 功能:计算输入图像的灰度编码位平面
if  debug_disp
    msb = 8;
    lsb = 1;
else
    msb = min([bit + 1 8]);
    lsb = bit;
end
w = length(M(1,:,1)); % 宽
h = length(M(:,1,1)); % 高
M1bit = zeros(h,w,8);
M1bitGray = zeros(size(M1bit));
for b = msb: - 1:lsb
    % 计算原始位平面(1 是 LSB, 8 是 MSB)
    M1bit(:,:,b) = bitget(M(:,:,fr),b); % fr'th frame
    % 计算灰度编码位平面
    if b == 8 % MSB
        M1bitGray(:,:,b) = M1bit(:,:,b);
    else % LSB
        M1bitGray(:,:,b) = bitxor(M1bit(:,:,b),M1bit(:,:,b+1));
    end
end
```

```
Mg =   M1bitGray(:,:,bit);
if   debug_disp
     for b = 8: - 1:1
          figure,imshow(M(:,:,fr),[0 255])
          figure,set(gcf,'name',sprintf('Bit - Plane for bit #  %d',b))
          imshow(M1bit(:,:,b))
          figure,set(gcf,'name',sprintf('Gray Bit - Plane for bit #  %d',b))
          imshow(M1bitGray(:,:,b))
     end
end
return
```

通过 GC - BPM 算法处理每帧像素为 256×256 的视频序列图像，每幅图像所消耗的时间约为 0.04 s，可以满足实时性的要求。运行例程 3.13 - 1～例程 3.13.3 可将带有振动的视频序列图像变为稳定的视频序列图像。请读者将共享资料中所附带的视频(在共享资料 3.13 节文件夹下)代入程序中，观察效果。

一语中的 *数字图像稳定技术在军事和民用领域都有着广泛的应用，其可通过全局运动估计、运动平滑以及图像重构这三个步骤实现。*

3.14 基于帧间差分法的运动目标检测

【温馨提示】 *本节主要介绍基于帧间差分法对运动目标检测的方法，读者应结合例程理解其基本原理，并与背景差值法进行对比。*

3.14.1 浅析"运动目标检测"

运动目标检测方法是研究如何完成对视频图像序列中感兴趣的运动目标区域的"准确定位"问题。而如何将运动目标分割出来则是运动目标检测的首要问题。运动目标的分割方法可大致分为阈值分割法、颜色分割法、运动分割法等。

阈值分割法适用于当运动目标与背景具有较明显差别的情况，例如检测空中的飞行目标时，背景较为单一，空中目标与背景具有比较明显的灰度差别，可采用人工分割或自适应分割方法将运动目标分割出来。

颜色分割方法是将运动目标的颜色作为聚类依据，适用于背景中没有相似颜色的物体；当有类似颜色的物体时，还需结合其他特征(如形状、角点、矩等)进一步进行分割。颜色分割计算简单，具有较好的实时性。

对于地面物体，由于背景较为复杂，难以使用阈值方法进行目标的区分，可采用背景消减法、帧间差分法、光流法等运动分割的方法来进行检测。背景消减法假定图像的背景是静止不变的，将每一帧图像的灰度图像减去背景的灰度图像得到运动物体的灰度图像。背景消减法的速度快、检测准确，其关键在于背景图像的获取；但是在有些情况下，静止背景不易直接获得。此外，由于噪声等因素的影响，仅仅利用单帧信息容易产生错误。

当图像背景不是静止的时候，无法用背景差值法检测运动目标。这时，直接比较两帧图像对应像素点的灰度值，也可得到运动物体，这种方法即帧间差分法。在差分图像中，运动目标和显露出的背景同时存在。

3.14.2 基于帧间差分的运动目标检测

检测两幅图像之间变化的最简单的方法就是直接比较两幅图像对应像素点的灰度值，图像 $I(x,y)$ 与图像 $J(x,y)$ 之间的变化可用一个二值差分图像 $D_{ij}(x,y)$ 来表示：

$$D_{ij}(x,y)=\begin{cases}1, & |I(x,y)-J(x,y)|>T\\ 0, & \text{其他}\end{cases}$$

式中，T 为阈值。

在差分图像中，取值为1的点被认为是物体运动或光照变化的结果。图3.14-1为差分图像示意图。

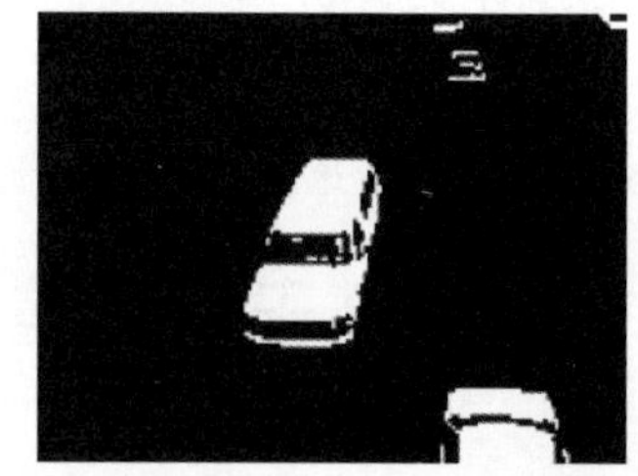

图3.14-1 差分图像示意图

帧间差分法是将当前帧与当前帧的前一帧进行作差，如图3.14-2所示。由于相邻两帧间的时间间隔非常小，完全可以排除由光照变化引起的图像动态变化。

经验分享 对运用帧间差分法获得的差分图像可以运用数学形态学进行进一步的处理，以消除噪声的干扰，突出运动目标。

图3.14-2 帧间差分法示意图

3.14.3 例程一点通

例程3.14-1是检测运动目标的主程序，例程3.14-2是利用差帧法进行运动目标检测的MATLAB源程序。例程3.14-1和例程3.14-2的运行结果如图3.14-3

所示。

【例程 3.14－1】

```
clear data
disp('input video');
% 读入视频图像 samplevideo.avi 并显示
avi = aviread('samplevideo.avi');
video = {avi.cdata};
for a = 1:length(video)
    imagesc(video{a});
    axis image off
    drawnow;
end;
disp('output video');
% 调用 tracking()函数对运动目标进行跟踪
tracking(video);
```

【例程 3.14－2】

```
function d = tracking(video)
% 功能:跟踪视频中的运动目标并显示
% 输入:video - 待跟踪的视频        输出:d - 差值图像序列
% 读入视频图像
if ischar(video)
    avi = aviread(video);
    pixels = double(cat(4,avi(1:2:end).cdata))/255;
    clear avi
else
    pixels = double(cat(4,video{1:2:end}))/255;
    clear video
end
% 将 RGB 图像转换成灰度图像
nFrames = size(pixels,4);
for f = 1:nFrames
   pixel(:,:,f) = (rgb2gray(pixels(:,:,:,f)));
end
 [rows,cols] = size(pixel(:,:,1));
nrames = f;
% 将相邻两帧图像进行作差,并将差值图像转换为二值图像
for l = 2:nrames
d(:,:,l) = (abs(pixel(:,:,l) - pixel(:,:,l - 1)));
k = d(:,:,l);
   bw(:,:,l) = im2bw(k, .2);
   bw1 = bwlabel(bw(:,:,l));
   imshow(bw(:,:,l))
   hold on
% 标记运动物体的位置并显示
cou = 1;
for h = 1:rows
    for w = 1:cols
```

```
        if(bw(h,w,1)>0.5)
        toplen = h;
              if (cou == 1)
               tpln = toplen;
            end
            cou = cou + 1;
         break
        end
        end
end
disp(toplen);
coun = 1;
for w = 1:cols
    for h = 1:rows
        if(bw(h,w,1)>0.5)

         leftsi = w;
        if (coun == 1)
               lftln = leftsi;
               coun = coun + 1;
      end
         break
        end
       end
end
disp(leftsi);
disp(lftln);
widh = leftsi - lftln;
heig = toplen - tpln;
widt = widh/2;
disp(widt);
heit = heig/2;
with = lftln + widt;
heth = tpln + heit;
wth(l) = with;
hth(l) = heth;

disp(heit);
disp(widh);
disp(heig);
rectangle('Position',[lftln tpln widh heig],'EdgeColor','r');
disp(with);
disp(heth);
plot(with,heth, 'r*');
drawnow;
hold off
end
```

一语中的　运用帧间差分法进行运动目标检测是将当前帧与当前帧的前一帧进

图 3.14-3 例程 3.14-1 和例程 3.14-2 的运行结果

行差分,根据差分后的非零元素判断运动目标大致的位置,具有良好的抗光照变化的特性。

3.15 基于光流场的运动估计

【温馨提示】 光流场是指图像灰度模式的表面运动,它可以反映视频相邻帧之间的运动信息,因而可以用于运动目标的检测,也可以用于运动目标的跟踪。本节主要研究光流法的基本原理、主要方法和典型应用。

3.15.1 光流和光流场的概念

光流是指空间运动物体在观测成像面上的像素运动的瞬时速度,它利用图像序列像素强度数据的时域变化和相关性来确定各自像素位置的"运动",即反映图像灰度在时间上的变化与景物中物体结构及其运动的关系。将二维图像平面特定坐标点上的灰度瞬时变化率定义为光流矢量。光流场是指图像灰度模式的表观运动,它是一个二维矢量场,所包含的信息就是各个像素点的瞬时运动速度矢量信息。光流场每个像素都有一个运动矢量,因此可以反映相邻帧之间的运动。

3.15.2 光流场计算的基本原理

设在 t 时刻,像素点 (x,y) 处的灰度值为 $I(x,y,t)$;在 $(t+\Delta t)$ 时刻,该点运动到新的位置,它在图像上的位置变为 $(x+\Delta x,y+\Delta y)$,灰度值记为 $I(x+\Delta x,y+\Delta y,t+\Delta t)$。根据图像一致性假设,即图像沿着运动轨迹的亮度保持不变,满足 $\frac{\mathrm{d}I(x,y,t)}{\mathrm{d}t}=0$,则:

$$I(x,y,t)=I(x+\Delta x,y+\Delta y,t+\Delta t) \qquad (3.15.1)$$

设 u 和 v 分别为该点的光流矢量沿 x 和 y 方向的两个分量,且 $u=\frac{\mathrm{d}x}{\mathrm{d}t}$,$v=\frac{\mathrm{d}y}{\mathrm{d}t}$,将式(3.15.1)等号左边用泰勒公式展开,得到:

$$I(x+\Delta x, y+\Delta y, t+\Delta t) = I(x,y,t) + \frac{\partial I}{\partial x}\Delta x + \frac{\partial I}{\partial y}\Delta y + \frac{\partial I}{\partial t}\Delta t + \varepsilon \tag{3.15.2}$$

忽略二阶以上的高次项，则有：

$$\frac{\partial I}{\partial x}\Delta x + \frac{\partial I}{\partial y}\Delta y + \frac{\partial I}{\partial t}\Delta t = 0 \tag{3.15.3}$$

由于 $\Delta t \to 0$，于是有：

$$\frac{\partial I}{\partial x}\frac{\mathrm{d}x}{\mathrm{d}t} + \frac{\partial I}{\partial y}\frac{\mathrm{d}y}{\mathrm{d}t} + \frac{\partial I}{\partial t} = 0 \tag{3.15.4}$$

也即：

$$I_x u + I_y v + I_t = 0 \tag{3.15.5}$$

式(3.15.5)是光流基本等式。设 I_x、I_y 和 I_t 分别为参考点像素的灰度值沿 x、y、t 这三个方向的偏导数，式(3.15.5)可以写成如式(3.15.6)所示的矢量形式。

$$\nabla \boldsymbol{I} \cdot \boldsymbol{U} + I_t = 0 \tag{3.15.6}$$

式中，$\nabla \boldsymbol{I} = (I_x, I_y)$ 表示梯度方向，$\boldsymbol{U} = (u,v)^{\mathrm{T}}$ 表示光流。由于光流 $\boldsymbol{U} = (u,v)^{\mathrm{T}}$ 有两个变量，而光流的基本等式只有一个方程，故对于构成该矢量的两个分量 u 和 v 的解是非唯一的，即只能求出光流沿梯度方向上的值，而不能同时求光流的两个速度分量 u 和 v。因此，从基本等式求解光流场是一个病态问题，必须附加另外的约束条件才能求解。

经验分享　光流场是能表征一个连续图像强度变化的方向、幅度的向量场，也可以理解成是带有灰度的像素点在图像平面运动产生的瞬时速度场。

3.15.3　光流的主要计算方法

一般情况下，光流由相机运动、场景中目标运动或两者的共同运动产生。光流计算方法大致可分为三类：基于匹配的光流法、频域的光流发和基于梯度的光流法。

① 基于匹配的光流计算方法包括基于特征和基于区域两种。基于特征的方法不断地对目标主要特征进行定位和跟踪，对大目标的运动和亮度变化具有鲁棒性。存在的问题是光流通常很稀疏，而且特征提取和精确匹配也十分困难。基于区域的方法先对类似的区域进行定位，然后通过相似区域的位移计算光流。这种方法在视频编码中得到了广泛的应用。

② 基于频域的方法利用速度可调的滤波组输出频率或相位信息。虽然能获得高精度的初始光流估计，但往往涉及复杂的计算。另外，进行可靠性评价也十分困难。

③ 基于梯度的方法利用图像序列的时空微分计算 2D 速度场(光流)。由于计算简单且效果较好，基于梯度的方法得到了广泛的研究。虽然很多基于梯度的光流估计方法取得了较好的光流估计，但由于在计算光流时涉及可调参数的人工选取、可靠性评价因子的选择困难，以及预处理对光流计算结果的影响，在应用光流对目标进行实时监测与自动跟踪时仍存在很多问题。

3.15.4　光流法的国内外研究状况

对光流算法的研究，最早可追溯到20世纪50年代，Gibson和Wallach等学者提出的SFM(Structure From Motion)假设，即以心理学实验为基础，开创性地提出了从二维平面的光流场可以恢复到三维空间运动参数和结构参数的假设，但该假设直到20世纪70年代末才由ULLman等学者验证该假设。真正提出有效光流计算方法还归功于Horn和Schunck在1981年创造性地将二维速度场与灰度相联系，引入光流约束方程的算法，它是光流算法发展的基石。光流算法发展至今不下几十种，其中许多是基于一阶时空梯度技术的，其方法不仅效率高，而且易于实现，光流算法主要分为以下四类。

(1) 研究解决光流场计算的不适定问题的方法

在研究解决光流场计算不适定问题方法的过程中，学者们提出了很多克服不适定问题的算法，例如Horn根据同一个运动物体的光流场具有连续、平滑的特点，即三维图像投影到二维图像上的光流变化也是平滑的，提出一个附加约束条件，将光流场的整体平滑约束转换为一个变微分的问题；Tretiak和Nagel认为对光流场的计算属于一类微分问题，由于要涉及图像灰度时空导数计算，而提出了在二阶微分算子的基础上添加一个附加约束；Nagel提出为使附加的光滑性约束沿光流场梯度的垂直方向上变化率最小，导出了一种新的迭代算法；Wohu等人利用非线性平滑条件和局部约束来计算时变序列图像的光流场；Haralick等人通过将二维物体表面分割为若干个小平面，并假设小平面运动方向、速度近似且在短时间内为常量，在此思想基础上得到了附件约束。国内复旦大学的吴立德教授对灰度时变图像光流场的理论进行过研究并提出了多通道的光流计算方法。

(2) 研究光流场计算的快速算法

在光流算法快速算法研究中，Braillon提出一种光流模型检测障碍物的方法，该方法是为摄像机建立经典的针孔模型，并在针孔模型上建光流模型，并不需要计算完整的光流场；Valentinotti在并行的DSP系统上实现了基于相位的光流算法，对128×128和64×64图像序列实现了快速处理；Andres Bruhn等人在对光流计算时引入了多尺度分析，提高了计算的效率；昌猛等人在Horn-Schunck算法的递归方程的基础上添加了一个惯性因子，使其性能在不降低的同时收敛时间缩短了1/3～1/2，也极大地提高了计算效率。

(3) 研究光流场计算基本公式的不连续性

在光流场计算基本公式导出的过程中，由于利用泰勒级数展开，实际上认为图像灰度以及亮度场变化都是连续的。然而，实际景物中各个独立的表面使光流的速度场是非连续的，因此当光流场计算基本公式出现不连续时，是个值得讨论的问题。日本学者Mukauwa考虑到光流场计算基本等式应用泰勒级数展开后，实际上是不连续的，从而引入了一个修正因子，很好地解决了不连续性的问题。

(4) 研究直线和曲线的光流场计算技术

光流场的计算是计算机视觉的重要组成部分，主要是通过二维空间的光流场恢复重建三维物体的运动和结构。Allmen 通过定义时空表面流为时空表面光流的延伸,认为轮廓线移动时,它们在平面上的投影也相对移动,利用它们在时空表面流与空间流曲线来计算光流场;Kumar 提出一种可以很好地保留边界信息的新的计算光流场的曲线方法,其计算结果和理论分析非常吻合;Park 利用轮廓线曲率信息去估算轮廓线的运动。

3.15.5 运用光流法检测运动物体的基本原理

光流法检测运动物体的基本原理是:给图像中的每一个像素点赋予一个速度矢量,这就形成了一个图像运动场,在运动的一个特定时刻,图像上的点与三维物体上的点一一对应,这种对应关系可由投影关系得到,根据各个像素点的速度矢量特征,可以对图像进行动态分析。如果图像中没有运动物体,则光流矢量在整个图像区域是连续变化的。当图像中有运动物体时,目标和图像背景存在相对运动,运动物体所形成的速度矢量必然和邻域背景速度矢量不同,从而检测出运动物体及位置。但是光流法的优点在于:光流不仅携带了运动物体的运动信息,而且还携带了有关景物三维结构的丰富信息,它能够在不知道场景的任何信息的情况下,检测出运动对象。

3.15.6 例程一点通

下面,以光流场计算的典型方法——Horn - Schunck 算法为例,介绍光流法的 MATLAB 实现程序。Horn - Schunck 算法引入的附加约束条件的基本思想是:在求解光流时,要求光流本身尽可能地平滑,即引入对光流的整体平滑性约束求解光流方程病态问题。所谓平滑,就是在给定的邻域内($\nabla^2 u+\nabla^2 v$)应尽量地小,这就是求条件极值时的约束条件。对 u、v 的附加条件如下:

$$\min\left\{\left[\frac{\partial u}{\partial x}\right]^2+\left[\frac{\partial u}{\partial y}\right]^2+\left[\frac{\partial v}{\partial x}\right]^2+\left[\frac{\partial v}{\partial y}\right]^2\right\} \tag{3.15.7}$$

式中,$\nabla^2 u=\left[\frac{\partial u}{\partial x}\right]^2+\left[\frac{\partial u}{\partial y}\right]^2$ 是 u 的拉普拉斯算子,$\nabla^2 v=\left[\frac{\partial v}{\partial x}\right]^2+\left[\frac{\partial v}{\partial y}\right]^2$ 是 v 的拉普拉斯算子。综合式(3.15.5)和式(3.15.7),Horn - Schunck 算法将光流 u、v 的计算归结为如下问题:

$$\min\left\{\iint (I_x u+I_y v+I_t)^2+\alpha^2\left[\left[\frac{\partial u}{\partial x}\right]^2+\left[\frac{\partial u}{\partial y}\right]^2+\left[\frac{\partial v}{\partial x}\right]^2+\left[\frac{\partial v}{\partial y}\right]^2\right]\right\} \tag{3.15.8}$$

因而,可以得到其相应的欧拉-拉格朗日方程,并利用高斯-塞德尔方法进行求解,得到图像每个次置第1次至第($n+1$)次迭代估计(u^{n+1},v^{n+1})为:

$$\begin{aligned} u^{n+1} &= \overline{u^n}-\overline{I_x}\,\frac{\overline{I_x}\,\overline{u^n}+\overline{I_y}\,\overline{v^n}+I_t}{\alpha^2+\overline{I_x}^2+\overline{I_y}^2} \\ v^{n+1} &= \overline{u^n}-\overline{I_y}\,\frac{\overline{I_x}\,\overline{u^n}+\overline{I_y}\,\overline{v^n}+I_t}{\alpha^2+\overline{I_x}^2+\overline{I_y}^2} \end{aligned} \tag{3.15.9}$$

求解过程要得到稳定的解通常需要上百次的迭代。整个迭代过程既与图像的尺寸有关,又与每次的传递量(速度的改变量)有关。由迭代公式可以发现,在一些缺乏特征且较为平坦的区域(梯度为 0 或较小),其速度由迭代公式的第 1 项决定,该点的速度信息需要从特征较为丰富的区域传递过来。为了加快算法的收敛速度,一方面可以用金字塔的层次结构来减小图像的尺寸加快扩散,另一方面可以采用增加扩散量的方法来加速算法。

Horn - Schunck 算法 MATLAB 实现程序如例程 3.15 - 1~例程 3.15 - 5 所示。

① 求导函数 computeDerivatives()。

【例程 3.15 - 1】

```
function [fx, fy, ft] = computeDerivatives(im1, im2)
% 功能:求输入图像参考像素点的像素值沿三轴方向的偏导数
% 输入:im1 - 输入图像 1        im2 - 输入图像 2
% 输出:fx - 参考像素点的灰度值沿 x 方向的偏导数
%          fy - 参考像素点的灰度值沿 y 方向的偏导数
%          fz - 参考像素点的灰度值沿 z 方向的偏导数

if size(im2,1) == 0
    im2 = zeros(size(im1));
end
% 利用标准模板求得式(3.15.5)中的偏导数 Ix, Iy, It
fx = conv2(im1,0.25 * [-1 1; -1 1],'same') + conv2(im2, 0.25 * [-1 1; -1 1],'same');
fy = conv2(im1, 0.25 * [-1 -1; 1 1], 'same') + conv2(im2, 0.25 * [-1 -1; 1 1], 'same');
ft = conv2(im1, 0.25 * ones(2),'same') + conv2(im2, -0.25 * ones(2),'same');
```

② 高斯滤波函数 gaussFilter()。

【例程 3.15 - 2】

```
function G = gaussFilter(segma,kSize)
% 功能:实现高斯滤波
% 输入:sigma - 高斯分布的概率密度函数的方差      kSize - 高斯向量的模板尺寸大小
% 输出:G - 方差为 segma,大小为 kSize 的一维高斯向量模板
if nargin<1
    segma = 1;
end
if nargin<2
    kSize = 2 * (segma * 3);
end
x = - (kSize/2):(1 + 1/kSize):(kSize/2);
% 利用均值为 0,方差为 segma 高斯分布概率密度函数求解一维高斯向量模板
G = (1/(sqrt(2 * pi) * segma)) * exp ( - (x.^2)/(2 * segma^2));
```

③ 平滑性约束条件函数 smoothImg()。

【例程 3.15 - 3】

```
function smoothedImg = smoothImg(img,segma)
% 功能:实现平滑性约束条件
% 输入:img - 数字图像       sigma - 高斯分布的方差
% 输出:smoothedImg - 经高斯滤波的图像矩阵
```

```
if nargin<2
    segma = 1;
end
G = gaussFilter(segma);     % 调用高斯滤波函数
 % 根据式(3.15.7)对图像进行平滑约束
smoothedImg = conv2(img,G,'same');
smoothedImg = conv2(smoothedImg,G','same');     % 二次平滑
```

④ 求解光流场函数 HS()。

【例程 3.15-4】

```
function [u, v] = HS(im1, im2, alpha, ite, uInitial, vInitial, displayFlow, displayImg)
 % 功能:求解光流场
 % 输入:im1 - 输入图像 1   im2 - 输入图像 2
 %       alpha - 反映 HS 光流算法的平滑性约束条件的参数  ita - 式(3.15.9)中的迭代次数
 %       uInitial - 光流横向分量初始值  vInitial - 光流纵向分量初始值
 %      displayFlow - 光流场显示参数,其值为 1 时显示,为 0 时不显示
 %      displayImg - 显示光流场的指定图像,如果为空矩阵,则无指定图像输出
 % 输出:u - 横向光流矢量      v - 纵向光流矢量
 % 初始化参数
if nargin<1 || nargin<2
    im1 = imread('HS1.tif');
    im2 = imread('HS2.tif');
end
if nargin<3
    alpha = 1;
end
if nargin<4
    ite = 100;
end
if nargin<5 || nargin<6
    uInitial = zeros(size(im1(:,:,1)));
    vInitial = zeros(size(im2(:,:,1)));
elseif size(uInitial,1) == 0 || size(vInitial,1) == 0
    uInitial = zeros(size(im1(:,:,1)));
    vInitial = zeros(size(im2(:,:,1)));
end
if nargin<7
    displayFlow = 1;
end
if nargin<8
    displayImg = im1;
end
 % 将 RGB 图像转化为灰度图像
if size(size(im1),2) == 3
    im1 = rgb2gray(im1);
end
if size(size(im2),2) == 3
    im2 = rgb2gray(im2);
end
```

```
im1 = double(im1);
im2 = double(im2);
% 调用平滑性约束函数对图像进行平滑
im1 = smoothImg(im1,1);
im2 = smoothImg(im2,1);
tic;
% 为光流矢量设置初始值
u = uInitial;
v = vInitial;
[fx, fy, ft] = computeDerivatives(im1, im2); % 调用求导函数对时间分量和空间分量进行求导
kernel_1 = [1/12 1/6 1/12;1/6 0 1/6;1/12 1/6 1/12]; % 均值模板
% 根据式(3.15.9)迭代求解,迭代次数为 100
for i = 1:ite
    % 计算光流矢量的局部均值
    uAvg = conv2(u,kernel_1,'same');
    vAvg = conv2(v,kernel_1,'same');
    % 根据式(3.15.9)用迭代法求解光流矢量
    u = uAvg - (fx .* ((fx .* uAvg) + (fy .* vAvg ) + ft)) ./ (alpha^2 + fx.^2 + fy.^2);
    v = vAvg - (fy .* ((fx .* uAvg) + (fy .* vAvg ) + ft)) ./ (alpha^2 + fx.^2 + fy.^2);
end
u(isnan(u)) = 0;
v(isnan(v)) = 0;
% 画图
if displayFlow == 1
   plotFlow(u, v, displayImg, 5, 5); % 调用画图函数
end
```

⑤ 画图函数 plotFlow()。

【例程 3.15-5】

```
function plotFlow(u, v, imgOriginal, rSize, scale)
% 功能:绘制光流场图
% 输入:u - 横向光流矢量      v - 纵向光流矢量       imgOriginal - 光流场显示的图像
%      rSize - 可见光流矢量区域的尺寸                scale - 光流场规模
figure();
if nargin>2
    if sum(sum(imgOriginal))~ = 0
        imshow(imgOriginal,[0 255]);
        hold on;
    end
end
if nargin<4
    rSize = 5;
end
if nargin<5
    scale = 3;
end
for i = 1:size(u,1)
    for j = 1:size(u,2)
        if floor(i/rSize)~ = i/rSize || floor(j/rSize)~ = j/rSize
```

```
                u(i,j) = 0;
                v(i,j) = 0;
            end
        end
    end
    quiver(u, v, scale, 'color', 'b', 'linewidth', 2);
    set(gca,'YDir','reverse');
```

图 3.15－1 是输入的两帧图像，图 3.15－2 为两帧图像的光流场。

图 3.15－1　输入的两帧测试图像

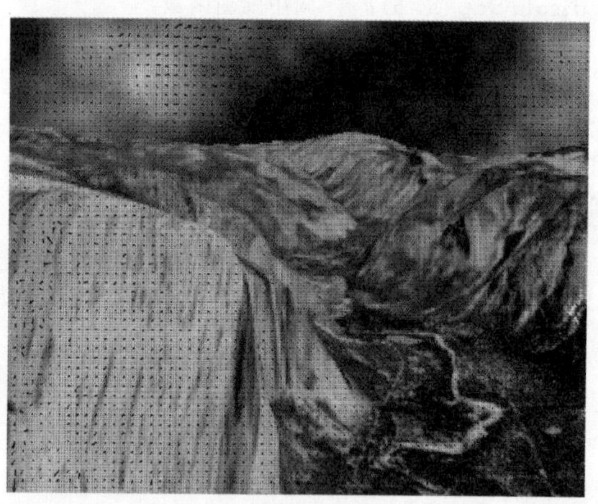

图 3.15－2　两帧测试图像的光流场

经验分享　Horn－Schunck 这种基于梯度的光流算法实现容易，计算复杂性较低，能够得到精确的瞬时位置速度；但也存在着不足，其图像灰度一致性假设在图像的边缘处或当对象运动速度较高时，光流的基本等式会存在较大的误差。

3.15.7　学以致用

本小节通过 MATLAB 软件中的图像、视频处理模块(Video and Image Processing Blockset),来实现利用光流法检测并追踪视频中的动态汽车。

该模型通过光流法估计视频帧中的运动向量,并对运动向量进行阈值和形态学闭操作,计算出二进制图像,再定位出每个二进制图像中的汽车信息,在经过白线的汽车上绘制绿色矩形框,统计感兴趣区域的汽车数量。

其实现步骤如下所述。

① Simulink 模型构建。如图 3.15－3 所示,optical_flow_tracking 模型分为视频输入模块、色彩空间转换模块、光流估计模块、阈值和区域滤波模块、视频输出显示模块。该模型通过光流估计技术,估计了视频帧中的运动向量,并对运动向量进行阈值和形态学闭操作,计算出二进制图像,再通过 Blob Analysis 模块定位出每个二进制图像中的汽车信息,然后通过绘制图形模块给经过白线的汽车添加绿色矩形框,同时在左上角,用计数器窗口统计感兴趣区域的汽车数量。

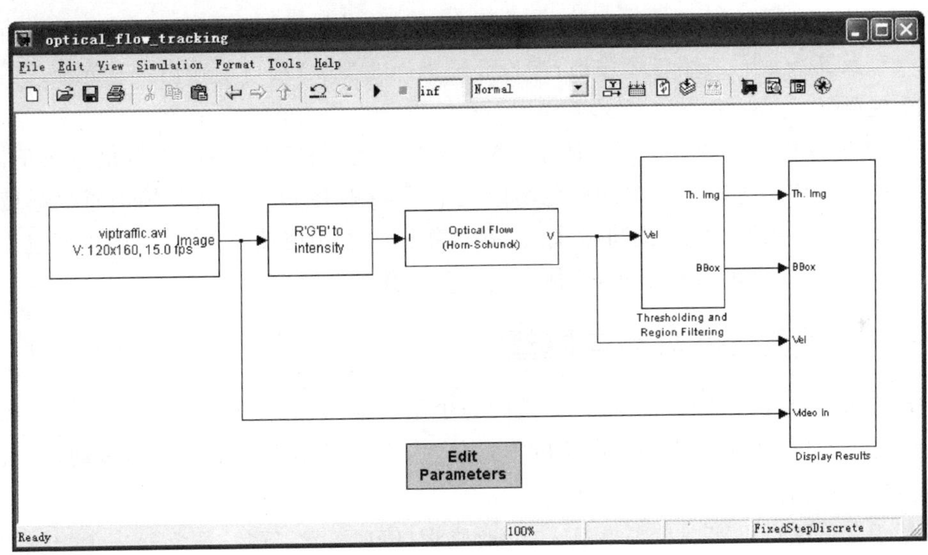

图 3.15－3　光流法汽车追踪仿真模型

② 视频输入模块。如图 3.15－3 所示,模型以 viptraffic.avi 为视频输入源,视频帧图像大小为 120×160,视频帧频率为 15fps。

③ 色彩空间转换模块。设置色彩空间转换模块中的 Conversion 参数为"R'G'B' to intensity",Image signal 为"One multidimensional signal"。

④ 光流估计模块。通过 Horn－Schunck 方法,估计两帧视频间的光流。

⑤ 阈值与区域滤波模块。如图 3.15－4 所示,通过上一模块得到的光流信息,计算出速度的阈值,并对运动向量进行中值滤波和形态学闭操作,得到视频帧中光流信息

的阈值。模块的另一输出端口为通过区域滤波模块得到的感兴趣区域。

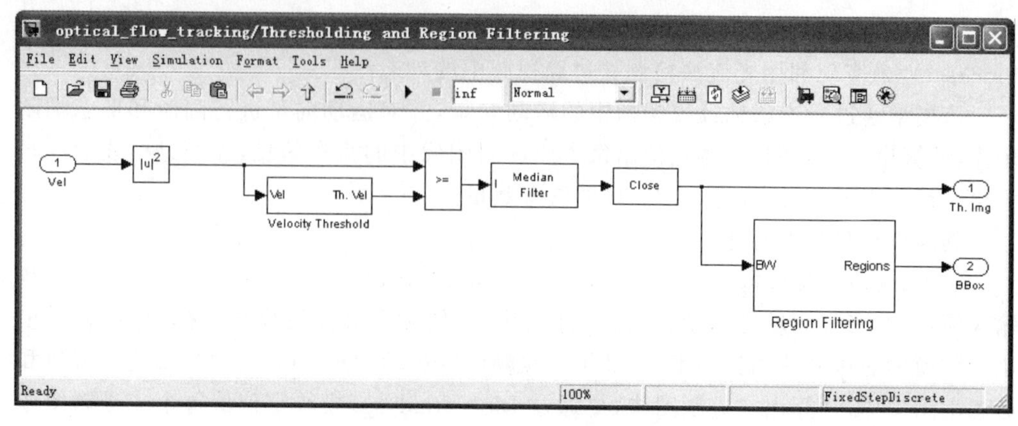

图 3.15-4 阈值与区域滤波模块

⑥ 视频输出显示模块。如图 3.15-5 所示，视频输出端口 1 显示了上述视频帧中图像光流信息的阈值视频；通过边界框和汽车数量统计模块，将感兴趣区域中的带有边界框汽车及其数量通过端口 2 输出；端口 3 输出原始视频；端口 4 输出带有光流线的运动汽车视频。

⑦ 结果分析。如图 3.15-6 所示，第 1 幅图得到了视频帧中的光流信息阈值图，运动中的汽车用二进制图像中的白色图像表示；第 2 幅图得到了视频帧中感兴趣区域的汽车数量以及汽车的绿色矩形框标定；第 3 幅图为原始视频帧；第 4 幅图则通过光流线，绘制出了运动中的汽车。注：具体颜色请参照共享资料中的图片。

3.15.8 光流法的总结与展望

光流法是对运动序列图像进行分析的一个重要方法，光流不仅包含图像中目标的运动信息，而且包含了三维物理结构的丰富信息，因此可用来确定目标的运动情况，反映图像的其他信息。

基于光流法可以实现在军事航天、交通监管、信息科学、气象、医学等多个领域的重要应用。例如，利用光流场可以非常有效地对图像目标进行检测和分割，这对地对空导弹火控系统的精确制导、自动飞行器精确导航与着陆、战场的动态分析、军事侦察的航天或卫星图片的自动分析系统、医学上异常器官细胞的分析与诊断系统、气象中对云图的运动分析、城市交通的车流量进行监管等都具有重要价值。

当前对于光流法的研究主要有两个方向：一是研究在固有硬件平台基础上实现现有算法，二是研究新的算法。光流算法的主要目的就是基于序列图像实现对光流场的可靠、快速、精确以及鲁棒性的估计。然而，图像序列目标的特性、场景中照明，光源的变化、运动的速度以及噪声的影响等多种因素影响着光流算法的有效性。尽管近几十年来，国内外学者提出了各种各样的光流场的算法，然而，建立可靠的光流算法模型仍

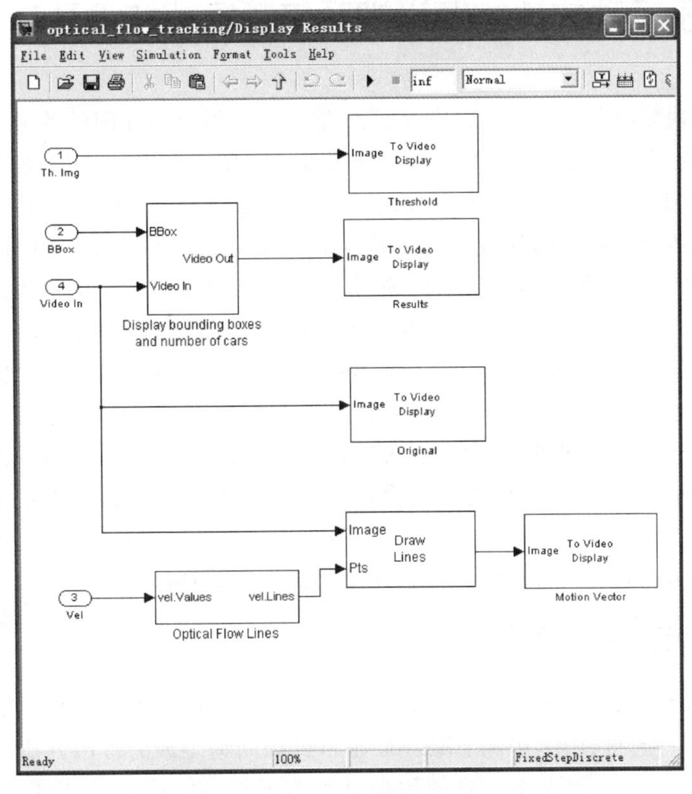

图 3.15-5 视频输出显示模块

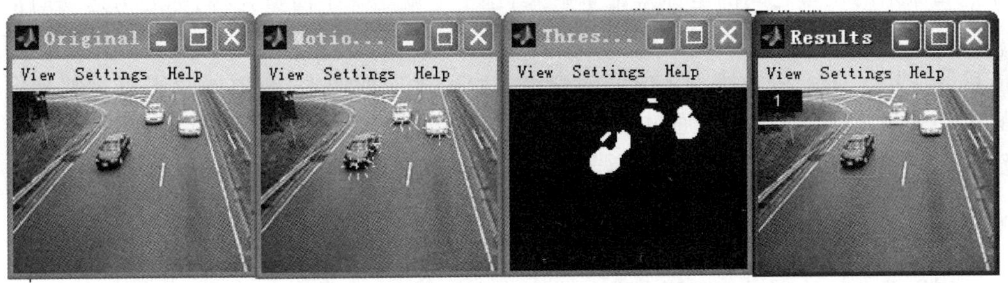

图 3.15-6 光流法汽车追踪模型的处理结果

然面临很大的挑战。开展研究光流算法涉及多个学科领域的理论和技术，如图像处理、计算机科学、模式识别、矩阵分析、优化理论等。对这一研究的发展不仅拓宽了这些领域的理论基础和技术研究范畴，而且为这些理论和技术的应用打开一扇新的窗口。

一语中的 将三维空间中的目标和场景对应于二维图像平面运动时，它们在二维图像平面的投影就形成了运动，这种运动以图像平面亮度模式表现出来的流动就称为光流。

3.16 基于运动估计的医学视频倍频插帧技术及其代码实现

对于一段视频图像，通常情况下，人眼所能感知的没有明显闪烁的最小帧率是每秒24帧。但是，在具体应用中，受到图像的采集装置、存储介质和传输硬件等条件的影响，所获得的片源有可能出现帧率不高的情况。比如，早期的医学X射线影像透视设备，受到装置热容量的限制，又或者为了减少对病人的射线辐射剂量，往往选择15帧拍摄，但是明显的闪烁感很容易造成视觉疲劳，给医生诊断带来很大的负担；又如，某些电视为了达到更为精细的显示效果或满足3D显示需要，原始的片源帧率不能满足需求。

为了解决上述问题，提供更好的视觉感受，需要在原始的视频图像之间插入一帧或者多帧过渡图像，其中的关键问题就是应该插入怎样的图像。如果插入一帧与前一帧或者后一帧完全一样的图像，与没有插入图像几乎没有区别。所以，所插入的图像应该是一幅新的图像，该图像基于已有的图像计算而得到，但图像之间复杂的变化情况给这个问题带来不小的难度。对于这些问题，有没有比较成熟的解决思路和方法呢？目前，用来获得图像插帧的最为常见的思路是运动估计和运动补偿。

3.16.1 运动估计简介

运动估计(Motion Estimation)也简称ME，这个概念常常和运动补偿MC(Motion Compensation)一起被使用，因为，MEMC是目前帧间编码最为常用方法之一。运动估计ME的基本思路是：首先将一副图像划分为若干细小的单元，然后将每个细小的单元与前一幅或后一幅图像对应位置的某个区域进行对比，找到匹配度最高的位置，将该位置和原来的位置之间的坐标差记录下来，这个差就是一个向量，我们称之为运动向量(Motion Vector)MV。利用这些运动向量MV，可以帮助我们实现视频压缩、图像插帧倍频等应用。而运动估计ME研究的主要内容就是如何快速、有效的获得有足够精度的运动矢量MV。反过来，通过MV计算出或者预测出完整图像的过程，就是运动补偿MC。

3.16.2 运动估计的应用领域

利用运动估计实现的应用大致分为两大方向：视频压缩和视频插帧。它们分别是怎么实现的呢？

先来看看视频压缩，上面我们介绍过，求运动估计ME可以得到运动向量MV，这样，在保存视频的时候，我们保存一张完整的图像之后，第二幅图像甚至后面若干幅图像都不用保存原始图，而只需要保存MV即可，显示的时候通过这个完整的图像和所得到的MV就可以计算还原出来。显然，在一般情况下，相比起每个图像小块所要存储的像素，这个由只包含两个整数的一组MV所占用的空间是远远小于一幅完整的图像的，因此，在保存为MV的同时，视频也就被压缩了。事实上，常见的视频编码标准H.261、H.263、H.264以及MPEG－1/2/4等主流标编码标准中都采用了基于运动估计的压缩方法。

上述过程中，一段视频经过了求运动估计 ME 得到运动向量 MV，再经过运动补偿 MC 还原得到一幅完整的图像。那么，如果我们现在进行这样一个实验：对第 1 图和第 3 图计算 ME，并将所得到的 $MV_{1,3}$ 与刚才第 1 图和第 2 图的 $MV_{1,2}$ 对比。通过统计，可以发现得到的 $MV_{1,3}$ 里面每个向量方向几乎都与 $MV_{1,2}$ 一样，但是长度却变为两倍。这一规律常被用来做图像插帧的运动补偿 MC：求出两幅图像之间的 MV，并将该 MV 长度减小为一半 MV’，再用原图和 MV’计算得到新的图像，该图像即为插入帧。

这就是运动估计应用的简单介绍，具体的方法需要根据不同的具体应用背景来设计。

图 3.16－1 为运动估计和运动补偿的流程示意图。运动估计 ME 的过程需要参考帧和当前帧参与，计算得到运动向量 MV，这些 MV 构成压缩编码所需的必要信息；而解码图像的过程，也即是运动补偿 MC 的过程，需要参考帧和运动向量 MV 即可。

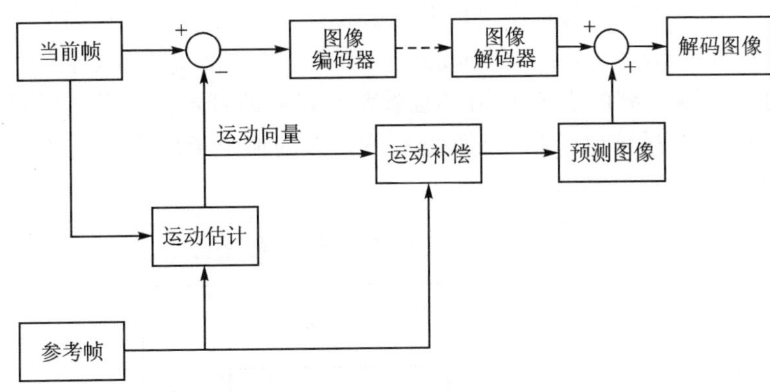

图 3.16－1　MEMC 图像编解码处理流程

3.16.3　运动估计方法分类

20 世纪 70 年代，运动估计方法刚刚被提出的时候，分为两个大的方向：基于像素的方法和基于块的方法。基于像素的方法主要是像素递归法，而基于块的方法主要是块匹配方法。

像素递归法根据像素间亮度的变化和梯度，通过递归修正的方法来估计每个像素的运动向量。每个像素都有一个运动向量与之对应。该方法的优点是估计精度高，缺点是解码端复杂，不利于一发多收。

相比之下，块匹配方法通用性好，改进空间大，很快便成为研究的热点和主流。而随着时间的推移，常见应用中，基于像素的方法几乎已难觅踪影。现在用到的常见的各类运动估计方法都是基于块匹配的思想。各种方法的不同之处，主要包括搜索的起始方向、匹配方法和搜索算法。

其中，对搜索算法的研究十分活跃，最近十多年，涌现了非常多的新算法和改进方法，比一开始的遍历式的全搜索方法有了长足进步。后续小节中，将会对一些经典的搜索算法进行介绍。

3.16.4 基于块匹配方法的运动估计

基于块匹配方法的运动估计，基本思想是：先将图像划分为许多小子块(Block)，然后对当前帧中的每一小块根据一定的匹配准则在相邻帧中找出当前块的匹配块，由此得到两者的相对位移，即当前块的运动向量 MV，该过程即为运动估计 ME 计算。进行运动补偿 MC 计算时，将得到的 MV 和原始图的对应小子块进行计算，还原出新图像。

由此得到基于块匹配方法的运动估计的一般流程为：

(1) 获得前后两帧图像，前一帧我们习惯上称作参考帧(Referenced Image)，后一帧称当前帧(Current Image)；

(2) 为了方便计算，常常将图像中要做运动估计计算的部分裁剪为长宽各为 8 或 16 的倍数；

(3) 将参考帧图像划分为很多边长为 MBSize 的小子块，比如 16×16 像素的小块，设定搜索区域 range 的大小，比如令 range=8，即上下左右各 8 个像素；

(4) 对于每一块得到的小子块，在当前帧与其对应的特定搜索区域(如图 3.16-2 所示)中进行搜索，通过价值函数找到匹配程度最好的那个子块位置，该位置相对于参考帧中对应子块的位置之差即为运动向量；

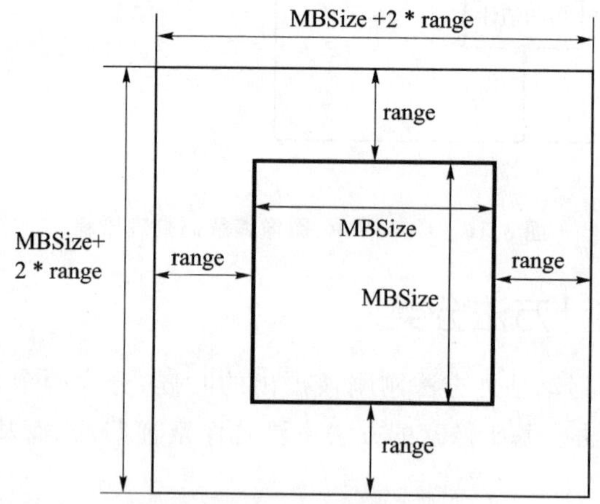

图 3.16-2 子块搜索区域

(5) 如果要进一步还原出图像，则利用运动向量 MV 和参考帧对应子块，将子块按照 MV 所指的位置移动过去，所得图像即为还原出来的当前帧图像，该过程也即成为运动补偿。

基于块匹配的运动估计，在实际应用中面临如下的一些难点：

首先，准确度问题。运动估计 ME 和运动补偿 MC 之后所得到的图像应当足够准确，也就是说计算得到的运动向量 MV 应当足够准确。这里说的准确，包含两方面的意义：每个小块的 MV 是否准确以及所有小块的 MV 的准确率是否足够高。由于搜索区域大小的有限性，小块之间匹配算法的局限性，对于运动速度较大、亮度变化较大或是图像中图形不连续的部分，在计算 MV 的时候，有一定出错可能性。

其次，计算效率问题。将一幅图像划分为很多小块，每个小块都需要进行各自独立的搜索，这对搜索过程和匹配算法的效率提出了很高的要求。最初的遍历式的搜索方法能够保证找到搜索区域中匹配度最高的点，但是动辄每帧图像十几甚至几十秒的运算速度，也让实时应用难以实现。

为了又快又准地进行运动估计计算，研究人员主要从搜索算法寻求突破，研究的方向主要有搜索起始点的方向，能够尽可能减少搜索点的搜索路径，MV 在时间和空间上的关联预测，等等，来对算法进行改进。

经过 MEMC 计算和还原的图像，如何来评价其品质好坏？一般的方法是计算其峰值信噪比（$PSNR$）。

$PSNR$ 即到达噪音比率的峰值信号，它是原图像与被处理图像之间的均方误差相对于$(2^n-1)^2$ 的对数值（信号最大值的平方，n 是每个采样值的比特数），它的单位是 dB。$PSNR$ 是一种评价图像的客观标准，$PSNR$ 值越大，就代表失真越少。

$$PSNR = 10\mathrm{Log}_{10}\left[\frac{(2^n-1)^2}{MSE}\right] \tag{3.16.1}$$

式(3.16.11)中 MSE 是最小均方差（Mean Squared Error），其计算如式(3.16.2)所示：

$$MSE = \frac{1}{N^2}\sum_{i=0}^{N-1}\sum_{j=0}^{N-1}(C_{ij}-R_{ij})^2 \tag{3.16.2}$$

式中，N 是子块的边长，C_{ij} 和 R_{ij} 是各个当前子块和参考子块中的对比的像素值。

我们在前面介绍了运动估计的难点，归结起来就是怎样才能又准又快的计算出 MV，而目前的研究热点主要就是针对这些难点进行改进的。这些改进主要包括搜索起始点的位置和方向、匹配算法和搜索算法，其中搜索算法是几年来研究进展最快的，严格说来，起始点位置和方向也属于搜索算法中的一部分。

3.16.5　相关概念

所谓的起始点位置和方向，是每个小子块在搜索一开始可以做的一个选择，选择搜索区域中的从哪个位置开始搜索，朝哪个方向开始搜索。最初的遍历式的全局方法中并不考虑这个问题，只是单纯将搜索区域中所有点遍历一遍，然后找出匹配度最高的位置。

但是随着研究的深入以及终止条件的引入，人们发现，对于同一个小子块的运动总有着一定的规律：这些运动方向往往与当前帧中周围位置的子块（如图 3.16－3 所示）或者前面几帧中相同位置子块（如图 3.16－4 所示）有着类似的运动趋势。于是，就利用这些条件来预测搜索起始点的位置和方向，从而提高搜索的效率和速度。

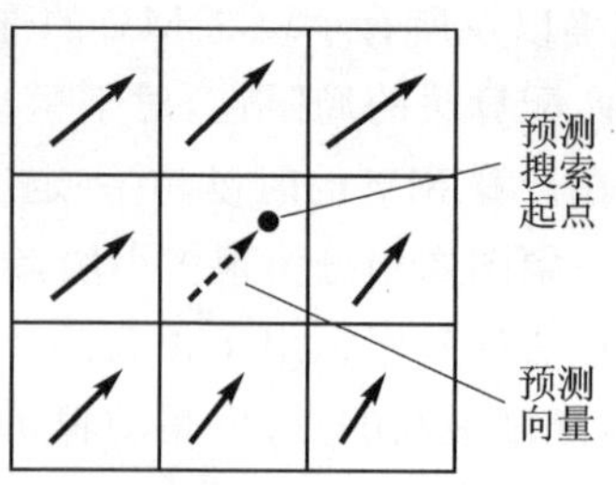

图 3.16-3　利用周围运动向量信息预测搜索起始点

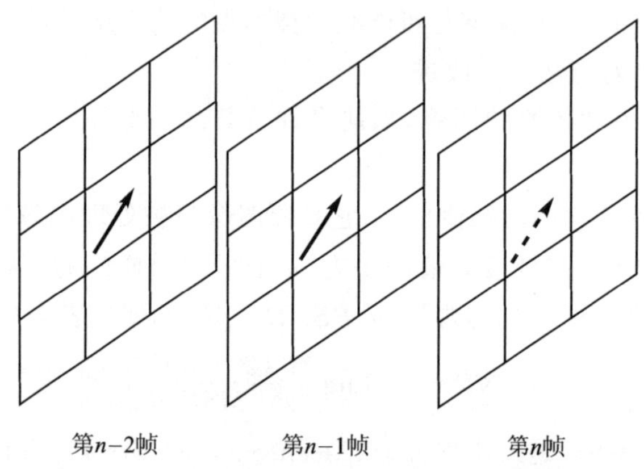

图 3.16-4　利用前面若干帧向量信息预测搜索起始点

3.16.6　匹配方法:价值函数

参考帧中的子块在当前帧中的搜索区域搜索,要找到最佳匹配位置,每一次搜索会计算出一个匹配值,而最佳区域就是满足条件的峰值点。这里,如何计算每次匹配的值,就要用到价值函数,也就是所谓的匹配方法。在图像匹配中,可以用作价值函数的方法包括:绝对平均误差(*MAD*)、绝对差和(*SAD*)、最小均方误差(*MSE*)和归一化互相关(*NCC*)。下面对这几种匹配方法做一个简单介绍。

1. 绝对平均误差 *MAD*

绝对平均误差,也称平均绝对失真,是对两个子块间对应像素误差的描述。函数计算公式如式(3.16.3):

$$MAD(i,j)=\frac{1}{MN}\sum_{m=1}^{M}\sum_{n=1}^{N}\left|f_k(m,n)-f_{k-1}(m+i,n+j)\right| \tag{3.16.3}$$

其中,(i,j)是位移向量,(m,n)为当前子块左上角坐标,f_k和f_{k-1}分别为当前帧和上一帧的灰度值,$M\times N$为子块大小。若在某一点(i_0,j_0),$MAD(i_0,j_0)$达到最小,则该点为要找的最优匹配点,对应的块为最优匹配块。

2. 绝对差和 *SAD*

绝对差和,是对两个子块间对应像素误差之和的描述,与 *MAD* 的区别在于绝对差和不求平均值,因此,比 MAD 少一个计算步骤,而所得到的匹配结果与 MAD 是一样的。其计算公式如式(3.16.4):

$$SAD(i,j) = \sum_{m=1}^{M}\sum_{n=1}^{N} |f_k(m,n) - f_{k-1}(m+i,n+j)| \tag{3.16.4}$$

与 MAD 类似,其中,(i,j)是位移向量,(m,n)为当前子块左上角坐标,f_k和 f_{k-1}分别为当前帧和上一帧的灰度值,$M\times N$ 为子块大小。若在某一点(i_0,j_0) ,$SAD(i_0,j_0)$达到最小,则该点为要找的最优匹配点,对应的块为最优匹配块。

3. 最小均方差 *MSE*

最小均方差,也是对两个子块间对应像素误差之和的描述,与 SAD 相比,在计算中多了相乘的步骤,使得计算量大为提高。其计算公式如式(3.16.5):

$$MAE(i,j) = \sum_{m=1}^{M}\sum_{n=1}^{N} (f_k(m,n) - f_{k-1}(m+i,n+j))^2 \tag{3.16.5}$$

其中,(i,j)是位移向量,(m,n)为当前子块左上角坐标,f_k和 f_{k-1}分别为当前帧和上一帧的灰度值,$M\times N$ 为子块大小。若在某一点(i_0,j_0),$MAE(i_0,j_0)$达到最小,则该点为要找的最优匹配点,对应的块为最优匹配块。

4. 归一化互相关 *NCC*

归一化互相关是模板匹配中常用的方法,用到能量函数的思想,该方法有很多改进算法,包括扩展到频率域等。常用于尺寸较大的图像的匹配,匹配准确率较高。

$$NCC(i,j) = \frac{\sum_{m=1}^{M}\sum_{n=1}^{N}[f_k(m,n) - \overline{f_k(i,j)}][f_{k-1}(m+i,n+j) - \overline{f_{k-1}(i,j)}]}{\left\{\sum_{m=1}^{M}\sum_{n=1}^{N}[f_k(m,n) - \overline{f_k(i,j)}]^2 \sum_{m=1}^{M}\sum_{n=1}^{N}[f_{k-1}(m+i,n+j) - \overline{f_{k-1}(i,j)}]^2\right\}^{0.5}} \tag{3.16.6}$$

其中$\overline{f_k}$是当前帧子块的平均值,$\overline{f_{k-1}}$是参考帧中当前帧对应位置子块的平均值。若在某一点(i_0,j_0),$NCC(i_0,j_0)$达到最大,则该点为要找的最优匹配点,对应的块为最优匹配块。

对比上述几种常见匹配方法,计算最为复杂、准确率最高的是 NCC,最简单的是 SAD,其匹配准确率在图像很小的时候也比较不错。考虑到资源占用和性能要求,往往选择 SAD 作为匹配算法。实际使用中,经典的非对称十字多层次六边形搜索算法 UMHexagonS 中,就以 SAD 作为匹配算法。

考虑到图像之间亮度可能发生变化,因此,具有较强鲁棒性,且运算速度较快的价值函数也成为研究的需要。

3.16.7　搜索算法

怎样尽可能快的找到匹配点？除了匹配方法,更加重要的就是寻找最佳匹配点的方法。这一部分将介绍若干种经典的搜索算法。

1. 穷尽搜索法 ES/全搜索法 FS

穷尽搜索法(Exhaustive Search),也称全搜索法(Full Search),顾名思义,就是将待搜索区域每个可能位置遍历一遍,如图 3.16-5 所示,找到最佳匹配位置。这样的结果就是它不会遗漏并且能够发现搜索区域中最好可能的匹配,并且获得所有块匹配算法中最高的 PSNR 值。

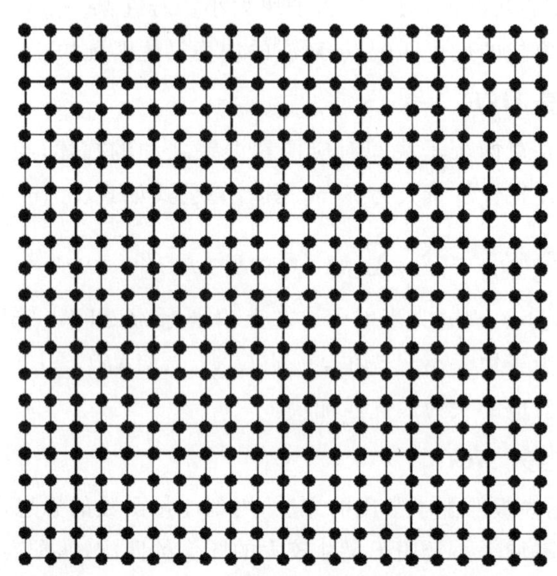

图 3.16-5 全搜索法搜索的点覆盖整个搜索区域

后面提出的各类快速块匹配算法试图在尽可能少的计算中做到相同的 PSNR。ES 的优点是找到的 MV 精度高,而其缺点也很明显,就是搜索窗越大,越耗费资源。

2. 三搜索法 TSS / 3SS

三步搜索法(Three Step Search)可以追溯到 20 世纪 80 年代中期,是最早尝试快速块匹配的方法之一。大致思想如图 3.16-6 所示。假设对于一个普通的设为 range=7 的搜索区域参数,该算法的起点是搜索区域的中心,并且设置"搜索步长"为 $S=4$。然后搜索 8 个位置,环绕位置(0,0)+/-S 个像素。从这 9 个位置搜索,找到最小值的那一点,然后以此点作为新的搜索原点。然后设置新的搜索步长 $S=S/2$,重复类似搜索两个周期,直到 $S=1$。在该点发现价值函数的最小值,子块在这点位置被认为是最好匹配。

TSS 背后的思想是:在每一个子块的运动中产生的错误构成的曲面是单峰值的。一个单峰值的曲面是一个碗型曲面,这样由价值函数产生的值在全局极小值中是单调递增的。

如图 3.16-6 所示,● 为第一步,▲为第二步,■为第三步的检索点。

对于 range=7 的情况,ES 将要搜索 225 个子块,而 TSS 只需要计算 25 个子块,可见,该方法可以显著减少计算量。

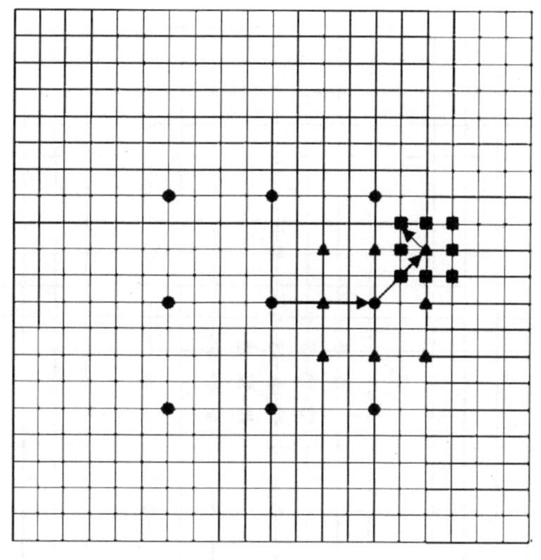

图 3.16－6　三步搜索法流程，运动向量是(5，－3)

3. 新三步搜索法 NTSS

三步搜索法(TSS/3SS)对于运动估计使用了固定的检索模式，并且容易错过小的运动。相比之下，新三步搜索法(New Three Step Search)的步骤如图 3.16－7 所示。在第一步中，除了搜索原点之外的 16 个点(8 个● 和 8 个■)被检索，找到价值函数的最小值点。这些多出来的搜索位置，8 个点是距离原点 S=4 的点(与 TSS 类似)，另外 8 个点是距离原点 $S=1$ 的点。如果最小值在原点，那么搜索就停在这里，并且运动向量就为(0,0)。如果最小值为 $S=1$ 时 8 个点中的任意一个点，那么我们改变搜索原点到该点，并检查它邻近的值。按照不同的点，我们或许能够检查 5 个◆点(如图 3.16－8(b))或 3 个▲点就结束(如图 3.16－8 (c))。给出最小值的位置就是最接近的匹配，运动向量就被设置为那个位置。另一方面来说，如果最小值在第一步之后，是 $S=4$ 时 8 个点中的其中之一，那么我们就按照 TSS 的标准方法。因此，尽管这个方法在理想情况下需要对每个子块检测最少的 17 个点，也有可能在最差情况下检索 33 个点。

如图 3.16－7 所示，● 是三步搜索法(TSS/3SS)中第一步的检索点，■是 NTSS 中加入的属于第一步的多余的 8 个点。▲和◆是 NTSS 的第二步，当第一步中最小值在 8 个相邻点中的一个的中心时，后面索要检索的点数分两种情况：5 个◆点或者是 3 个▲点。

新三步搜索法改进了三步搜索法的结果，通过增加一个有偏向性的中心搜索方案和一个中途停止条件来降低计算量。这是最早被广泛接受的快速算法之一，被频繁用于实施早期的编码标准，比如 MPEG 1 和 H.261。

4. 四步搜索法 FSS /4SS

与 NTSS 类似，四步搜索法(Four Step Search)同样采用中心偏置搜索，并且有中途停止条件。FSS 在第一步中设置了一个固定搜索步长 $S=2$，而不考虑搜索区域参数

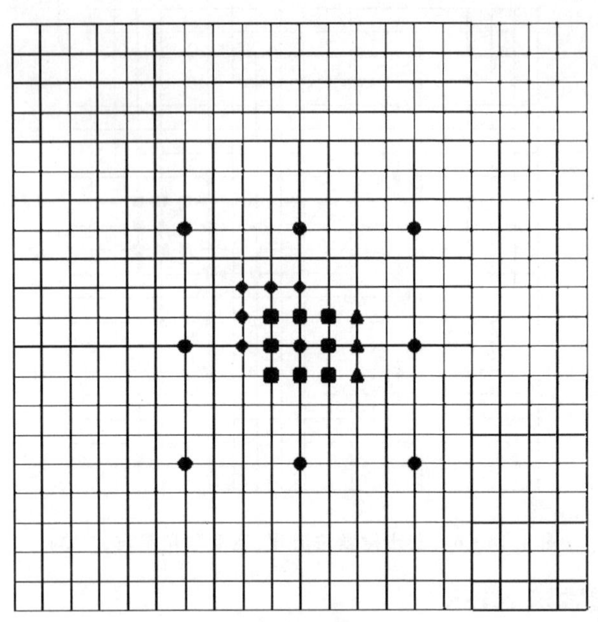

图 3.16-7 新三步搜索法(NTSS)

r 的值是多少。因此,它在 5×5 的窗口中搜索 9 个位置。如果最小值在搜索窗中心被发现,搜索直接跳到第四步。如果最小值为 8 个位置中的一个,则将该点作为搜索原点并进入到第二步。搜索窗仍然维持在 5×5。取决于最小值的位置,我们也许可以在检索到 3 个点或 5 个点时结束。

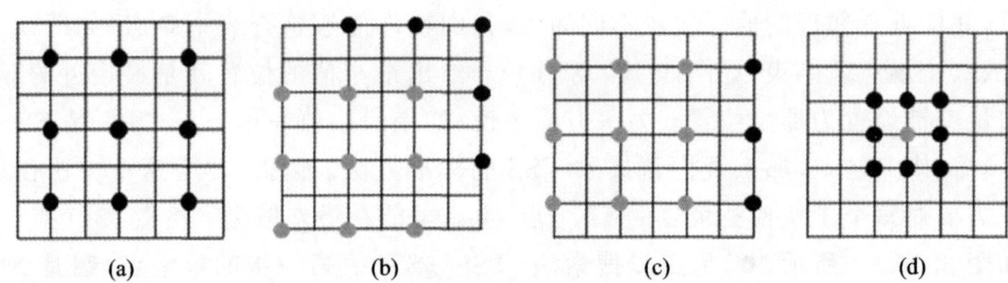

图 3.16-8 搜索子过程可能出现的各种情况

四步法的搜索模式如图 3.16-9 所示。此外,如果最小值的位置在 5×5 搜索窗的中心,我们跳到第四步或者继续第三步。第三步和第二步一模一样,在第四步,窗口尺寸缩小到 3×3,比如 $S=1$。最小值的位置就是最佳匹配宏块,运动向量就设置成指向该位置。

图 3.16-8 中显示了一个处理例子,● 是第一步检索的点,■是第二步需要检索的点,▲是第三步需要检索的点,◆是第四步检索的点。这个搜索算法最好情况下检索 17 个点,最差情况下检索 27 个点。

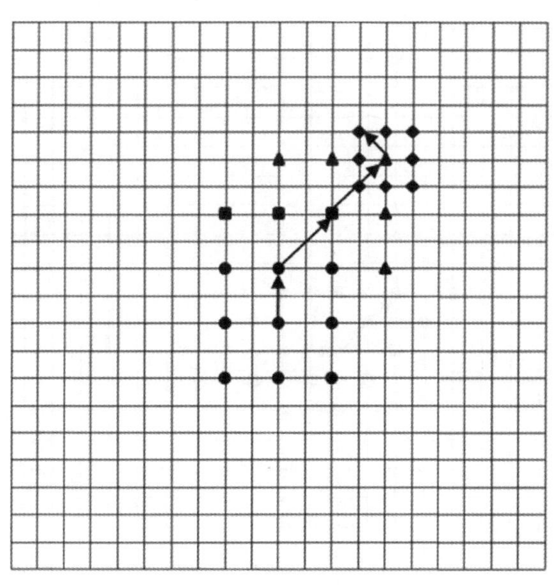

图 3.16－9　四步搜索法

5. 菱形搜索法 DS

菱形搜索法(Diamond Search)和 FSS 几乎一样,但是搜索点模式被从方形换成了菱形,并且对于算法的搜索步骤数没有限制。DS 使用了两种不同的混合的模式,一种是大菱形搜索(LDSP),另一种是小菱形搜索(SDSP)。

这两种模式和 DS 的执行过程如图 3.16－10 所示,黑色点为大菱形搜索模式,灰色点为小菱形搜索模式。该例中来得到运动向量(－4, －2),总共 5 步:4 步使用了 LDSP,1 步使用了 SDSP。

因为搜索模式既不太小也不太大,事实上对于搜索的步数并没有限制,该算法可以比较精确地找到全局最小值。

6. 非对称十字多层次六边形搜索法 UMHexagonS

非对称十字多层次六边形搜索(Unsymmetrical－Cross Multi－Hexagon Search),是目前比较主流的搜索算法,因其快速和高精度的特点,被 H.264 编码标准所采用。需要说明的是,UMHexagonS 方法并非最快速的方法,相比其他简单算法,计算复杂度反而有所上升。

图 3.16－11 显示了 UMHexagonS 的过程,UMHexagonS 方法总体上分为 4 步,其中第 1 步为初始判断,之后根据所得结果与阈值进行判断,按照 SAD 值的满意程度选择进入第 2～4 步中的任意一步:

① Step1● 搜索起点预测,具体预测模式包括:中值预测(MP)、上层预测(UP)、时间域邻近参考帧预测(NRP)、上一参考帧对应块(CP)、原点预测(OP)这五种方法来预测当前块的运动向量 MV,将该点作为搜索起点;此外,还利用 SAD 的相关性来进行预测;

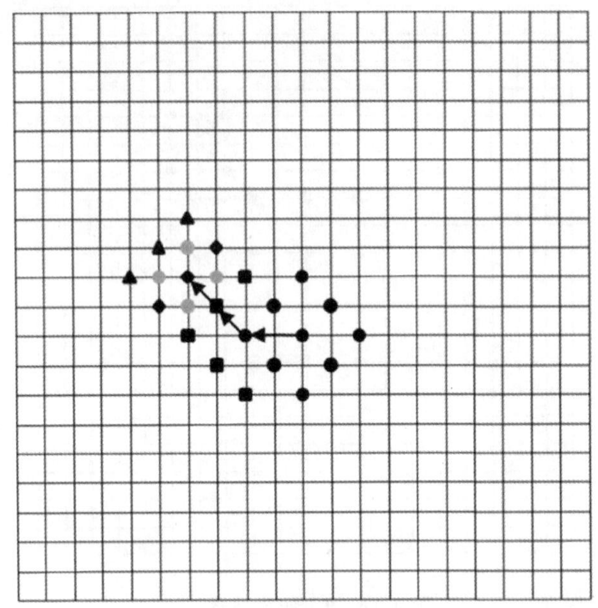

图 3.16-10 菱形搜索 DS 过程

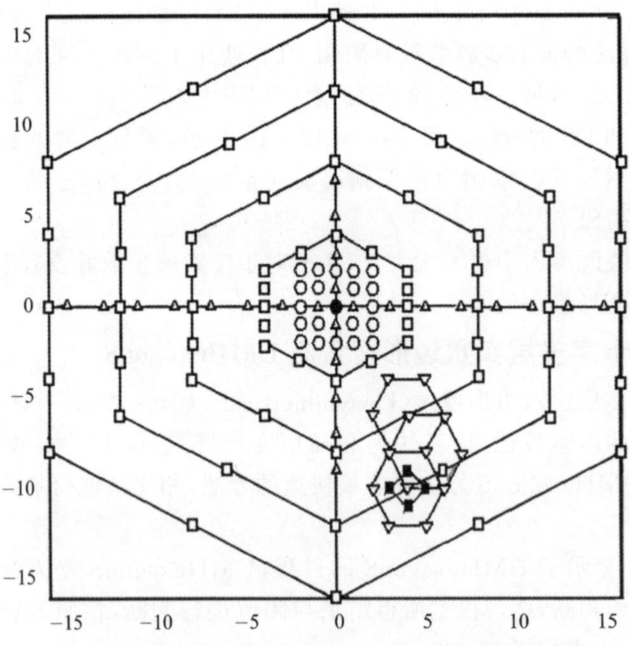

图 3.16-11 UMHexagonS 算法搜索过程示例

当上述几种预测完成之后,找到最佳预测搜索起点,根据所得结果 SAD 值的满意程度,选择跳转进入步骤 2～4 中的一个。

② Step2 不满意搜索模式:

Step2－1△:以预测得到的搜索起点为中心,用非对称十字型搜索模板进行搜索;获得当前最佳点,判断此处SAD值是否属于满意或很满意,跳到相应的步骤3或步骤4;或继续搜索。

Step2－2○:以当前最佳点为中心,在边长为5的方形区域中进行ES搜索;获得当前最佳点,判断此处SAD值是否属于满意或很满意,跳到相应的步骤3或步骤4;或继续搜索。

Step2－3□:用每次扩大最小六边形直径一倍的大六边形模板进行搜索,直至搜索到的SAD能符合相应阈值而进入步骤3或步骤4的点为止;否则也结束步骤2的搜索进入步骤3。

③ Step3 ▽满意搜索模式:

以当前最佳点为中心进行小六边形搜索,如果当前最佳点在六边形边上,则将搜索中心移动到该点,如此反复,直至最佳点为六边形的中心。

④ Step4■很满意搜索模式:

以当前最佳点位中心,进行菱形搜索,直至最佳点为菱形的中心。

3.16.8 实际应用举例

本节我们将对医学X射线透视视频使用运动估计的方法进行插帧,看看是否能让视频效果有所提升。

实验1所用图像为一段由某型号X射线机采集的每秒钟30帧的视频,为了让结果更为准确直观,我们以一张分辨率检测卡为对象进行实验(如图3.16－12所示),获得的原始视频包含56幅灰度值从0～255的灰度图像。

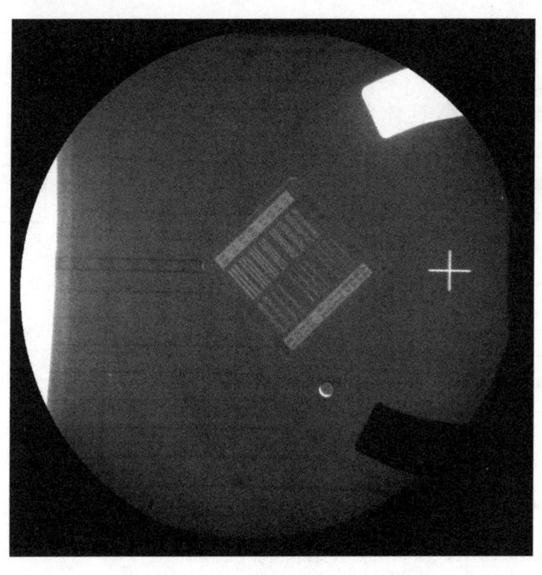

图3.16－12 分辨率检测卡实验

为更好地理解运动估计方法的局限性，提供了另外一组实验 2。实验 2 所用图像为 X 射线机采集的每秒 15 帧的视频，如图 3.16－13 所示，采集对象为人体胸正位透视图像，原始视频包含 107 幅灰度值从 0～255 的灰度图像。

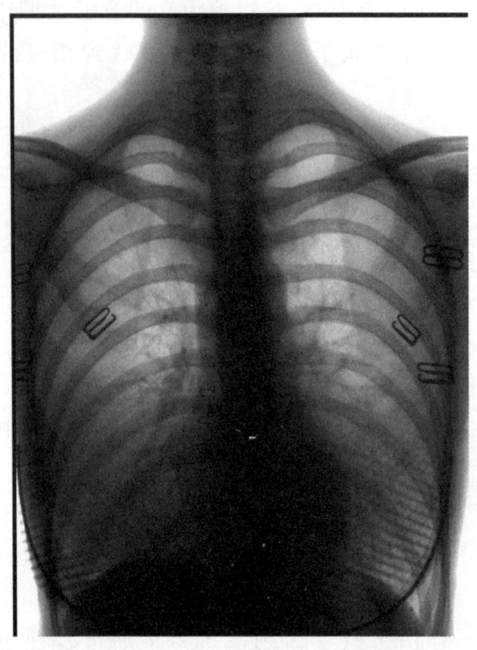

图 3.16－13　人体胸正位实验

实验 3 所用视频与实验 2 相同，但是在运动估计计算之前，对亮度进行了补偿，用来与实验 2 效果进行对比。

实验 1 和实验 2 所用方法为全搜索法 ES(参看 matlab 程序 main_MEMC_ES.m)，步骤如图 3.16－14 所示，具体包括以下环节：

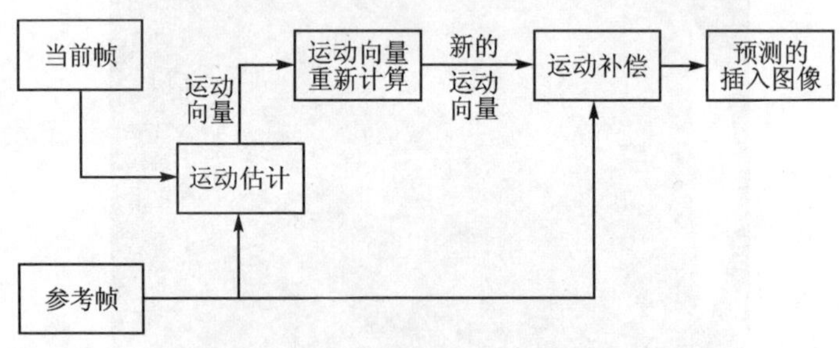

图 3.16－14　实验 1 和实验 2 流程框图

① 设置初始参数：子块大小 MBSize，搜索范围 range；

② 读入名为 XRayVideo.avi 的原始图像视频；

③ 从视频中取出两相邻帧图像，前一帧为参考帧 ImageRef，后一帧为当前帧 ImageCur；

④ 将两帧图像分割出边长为 MBSize 的子块，进行运动估计计算：对于当前帧中的每个子块，通过全搜索法，计算其在参考帧中对应位置的子块的价值函数 MAD 的值，存放在一个和搜索区对应大小的矩阵 Costs 中，再找到 Costs 矩阵中的最小值点以及该点所在的位置 dy 和 dx，这个 dy 和 dx 就为该子块的运动向量 MV；

⑤ 重复④步骤，直到计算完当前图像中的所有 MV，将所得结果存放在 MotionVect 中；

⑥ 计算插入帧图像：将所得 MV 的值变为原来的一半 MV'，再利用新的 MV'进行运动补偿 MC 计算，所得的图像即为插入帧图像；

⑦ 所得结果保存在 result 文件夹中。

【例程 3.16-1】

```
% 图像插帧程序
% 说明：
% 本程序读入根目录下的一段名为 XRayVideo 的医学图像视频，使用 MEMC 中的 ES 方法进行
% 图像插帧，得到的新视频 XRayVideoNew 帧数和帧率为原来两倍，结果存放在./result 文件
% 夹下。
% 注意：
% 本程序运算速度很慢，需耐心等待。
close all;
clear all;
%%%%%%%%   预设参数   %%%%%%%%
MBSize = 16; % 子块大小
Range    = 8; % 搜索范围
%%%%%%%%   要读写的文件名   %%%%%%%%
% ReadFileName    = './XRayVideoCard'; % 分辨率卡透视
ReadFileName    = './XRayVideoMan'; % 人体胸正位透视
WriteFileName = [ReadFileName, 'New'];
SaveDirectory = './result/';
%%%%%%%%   读出视频信息   %%%%%%%%
ReadVideoObject = VideoReader([ReadFileName, '.avi']);
FrameRateOrigin = ReadVideoObject.FrameRate; % 帧率
FrameNums = ReadVideoObject.NumberOfFrames; % 帧数
%%%%%%%%   创建要写入的视频对象   %%%%%%%%
WriteVideoObject = VideoWriter([SaveDirectory, WriteFileName, '.avi']);
WriteVideoObject.FrameRate = FrameRateOrigin * 2;
open(WriteVideoObject);
%%%%%%%%   循环计算插入帧,保存为新视频文件   %%%%%%%%
for i = 1 : FrameNums - 1
    imgNumO = 2 * i - 1; % 存放原始图序号
    imgNumI = 2 * i;       % 存放插入图序号
    %%%%%%%%   从视频中读出要处理的图像   %%%%%%%%
    ImageRef0 = read(ReadVideoObject, i);
    ImageCur0 = read(ReadVideoObject, i + 1);
    ImageRef = double(rgb2gray(ImageRef0));
    ImageCur = double(rgb2gray(ImageCur0));
    %%%%%%%%   生成并保存插入帧   %%%%%%%%
```

```
    [MotionVect] = ME_ES(ImageCur, ImageRef, MBSize, Range); % 计算运动向量
    ImageComp = MC(ImageRef, MotionVect, MBSize);     % 计算插入帧
    %%%%%%%%%  保存 jpg 图像  %%%%%%%%%
    imwrite(uint8(ImageRef) ,[SaveDirectory, ReadFileName, int2str(imgNum0), '.jpg']);
    imwrite(uint8(ImageComp),[SaveDirectory, ReadFileName, int2str(imgNumI), '.jpg']);
    %%%%%%%%%  将图像写入 avi 视频  %%%%%%%%%
    writeVideo(WriteVideoObject, ImageRef/255);
    writeVideo(WriteVideoObject, ImageComp/255);
end
close(WriteVideoObject);
```

经过以上步骤,实验 1 得到一段 110 帧图像的分辨率检测卡的视频,实验 2 得到一段 212 帧图像的人体胸正位视频,两个视频中奇数帧为原始图像,偶数帧为插入图像。

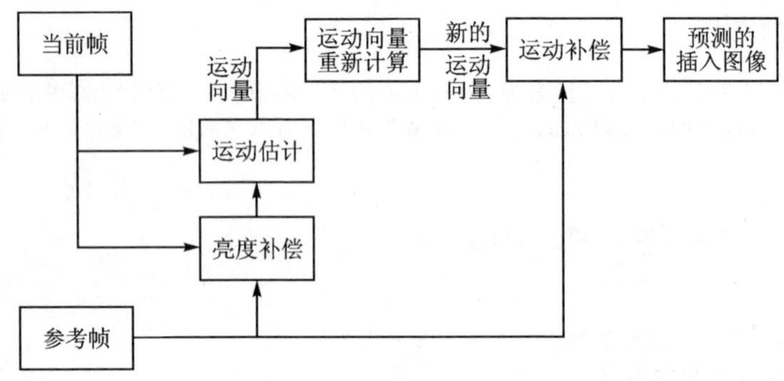

图 3.16-15　实验 3 流程框图

实验 3(参见例程 3.16-2)的步骤与实验 1、2 相比,首先将搜索范围 range 扩大到 10 像素,然后在第③步后面,新增加了两帧图像之间的亮度倍数计算,粗略的将两幅图像亮度相除,得到一个比例系数,再将该比例系数乘以参考帧图像的亮度,所得新图像再同当前帧图像进行运动估计计算得到 MV。而最后插入帧图像步骤同上述步骤⑥⑦。

【例程 3.16-2】

```
% 图像插帧程序
% 说明:
% 本程序读入根目录下的一段名为 XRayVideo 的医学图像视频,使用 MEMC 中的 ES 方法进行
% 图像插帧,得到的新视频 XRayVideoNew 帧数和帧率为原来两倍,结果存放在./result 文件
% 夹下。
% 注意:
%        本程序运算速度很慢,需耐心等待。
close all;
clear all;
%%%%%%%%%  预设参数  %%%%%%%%%
MBSize = 16; % 子块大小
Range = 10; % 搜索范围
%%%%%%%%%  要读写的文件名  %%%%%%%%%
% ReadFileName = './XRayVideoCard'; % 分辨率卡透视
```

```
ReadFileName = './XRayVideoMan'; % 人体胸正位透视
WriteFileName = [ReadFileName, 'New'];
SaveDirectory = './result/';
% % % % % % % %  读出视频信息  % % % % % % % %
ReadVideoObject = VideoReader([ReadFileName, '.avi']);
FrameRateOrigin = ReadVideoObject.FrameRate; % 帧率
FrameNums = ReadVideoObject.NumberOfFrames; % 帧数
% % % % % % % %  创建要写入的视频对象  % % % % % % % %
WriteVideoObject = VideoWriter([SaveDirectory, WriteFileName, '.avi']);
WriteVideoObject.FrameRate = FrameRateOrigin * 2;
open(WriteVideoObject);
% % % % % % % %  循环计算插入帧,保存为新视频文件  % % % % % % % %
for i = 1 : FrameNums - 1
    imgNumO = 2 * i - 1; % 存放原始图序号
    imgNumI = 2 * i;     % 存放插入图序号
    % % % % % % % %  从视频中读出要处理的图像  % % % % % % % %
    ImageRef0 = read(ReadVideoObject, i);
    ImageCur0 = read(ReadVideoObject, i + 1);
    ImageRef   = double(rgb2gray(ImageRef0));
    ImageCur   = double(rgb2gray(ImageCur0));
    % % % % % % % %  亮度补偿  % % % % % % % %
    [Row, Col] = size(ImageRef);
    ImageRefCut = ImageRef(Row / 4 + 1 : 3 * Row / 4, Col / 4 + 1 : 3 * Col / 4);
    ImageCurCut = ImageCur(Row / 4 + 1 : 3 * Row / 4, Col / 4 + 1 : 3 * Col / 4);
    SumPixelRef = sum(ImageRefCut(:));
    SumPixelCur = sum(ImageCurCut(:));
    PixelTimes = SumPixelCur/SumPixelRef;
    ImageRef1 = ImageRef * PixelTimes;
    % % % % % % % %  生成并保存插入帧  % % % % % % % %
    [MotionVect] = ME_ES(ImageCur, ImageRef1, MBSize, Range); % 计算运动向量
    ImageComp = MC(ImageRef, MotionVect, MBSize);    % 计算插入帧
    % % % % % % % %  保存 jpg 图像  % % % % % % % %
    imwrite(uint8(ImageRef) ,[SaveDirectory, ReadFileName, int2str(imgNumO), '.jpg']);
    imwrite(uint8(ImageComp),[SaveDirectory, ReadFileName, int2str(imgNumI), '.jpg']);
    % % % % % % % %  将图像写入 avi 视频  % % % % % % % %
    writeVideo(WriteVideoObject, ImageRef/256);
    writeVideo(WriteVideoObject, ImageComp/256);
end
close(WriteVideoObject);
```

例程 3.16－1、例程 3.16－2 所用到的子几个函数如下：

```
function Cost = CostFuncMAD(CurBlk, RefBlk, MBSize)
% 计算两个子块的平均绝对误差 MAD
% 输入
%    CurBlk : 当前帧子块
%    RefBlk : 参考帧子块
%    MBSize : 子块边长
% 输出
%    Cost : 两个子块之间的 MAD 值
```

```
    Err = 0;
    for i = 1 : MBSize
        for j = 1 : MBSize
            Err = Err + abs((CurBlk(i, j) - RefBlk(i, j)));
        end
    end
    Cost = Err / (MBSize * MBSize);
    ***************************************************
    function ImageComp = MC(Image, MotionVect, MBSize)
    % 生成运动补偿图像
    % 输入
    %   Image : 参考图
    %   MotionVect : 运动向量
    %   MBSize : 子块边长
    %
    % 输出
    %   ImageComp : 运动补偿图像
    [Row, Col] = size(Image);
    ImageC = Image;
    MBCount = 1;
    for i = 1 : MBSize : Row - MBSize + 1
        for j = 1 : MBSize : Col - MBSize + 1
            dy = MotionVect(1, MBCount);
            dx = MotionVect(2, MBCount);
            RefBlockY = i + round(dy/2);
            RefBlockX = j + round(dx/2);
            ImageC(i : i + MBSize - 1, j : j + MBSize - 1) = Image(RefBlockY : RefBlockY +
MBSize - 1, RefBlockX : RefBlockX + MBSize - 1);
            MBCount = MBCount + 1;
        end
    end
    ImageComp = ImageC;
    ***************************************************
    function [MotionVect] = ME_ES(ImageCur, ImageRef, MBSize, Range)
    % 全搜索法搜索运动向量
    % 输入
    %   ImageCur : 当前帧
    %   ImageRef : 参考帧
    %   MBSize : 子块边长
    %   Range : 搜索范围
    % 输出
    %   MotionVect : 运动向量 MV
    [Row,Col] = size(ImageRef);
    Vectors = zeros(2, Row * Col / MBSize^2);
    Costs = ones(2 * Range + 1, 2 * Range + 1) * 256;
    MBCount = 1; % MV 计数
    for i = 1 : MBSize : Row - MBSize + 1 % 分割出子块
        for j = 1 : MBSize : Col - MBSize + 1
            for m = - Range : Range % 处理每个子块搜索区
```

```
                for n = - Range : Range
                    RefBlockY = i + m;
                    RefBlockX = j + n;
                    if ( RefBlockY < 1 || RefBlockY + MBSize - 1 > Row || RefBlockX < 1 |
| RefBlockX + MBSize - 1 > Col)
                        continue;
                    end
                    Costs(m + Range + 1, n + Range + 1) = CostFuncMAD(ImageCur(i : i +
MBSize - 1, j : j + MBSize - 1), ImageRef(RefBlockY : RefBlockY + MBSize - 1, RefBlockX :
RefBlockX + MBSize - 1), MBSize); % 计算 MAD 矩阵
                end
            end
            [dy, dx] = MinCost(Costs); % 找到 MAD 最小值点作为运动向量的值
            Vectors(1, MBCount) = dy - Range - 1; % 对于每个子块的运动向量
            Vectors(2, MBCount) = dx - Range - 1;
            MBCount = MBCount + 1;
            Costs = ones(2 * Range + 1, 2 * Range + 1) * 256;
        end
    end
    MotionVect = Vectors;
    ***********************************************************
    function [dy, dx] = MinCost(Costs)
    % 寻找最小值位置
    % 输入
    %   Costs : 包含一个子块在搜索区中各个位置价值函数值的矩阵
    % 输出
    %   dy : 运动向量竖直方向的值
    %   dx : 运动向量水平方向的值
    [Row, Col] = size(Costs);
    Min = 256;
    for i = 1 : Row
        for j = 1 : Col
            if (Costs(i, j) < Min)
                Min = Costs(i, j);
                dy = i;
                dx = j;
            end
        end
    end
```

笔者使用 Intel i7 - 2860QM 2.5GHZ 处理器，4G 内存，1、2 两组实验中每帧图像的计算时间都是每幅图约 13.6 s，第 3 组实验中每帧图像计算时间约为 22 s。

实验 1：成功的分辨率检测卡插帧实验 XRayVideoCard range=8

对比原始图像和插帧之后的图像，可以发现，经过插帧的图像人眼感知到的分辨率线条更为精细，同时白色十字的跳跃感更小。说明插帧之后的图像能够改善人眼视觉感受。

实验 2：失败的人体胸正位插帧实验 XRayVideoMan range=8

该视频原始图像为15帧，在人体进行平移的时候闪烁感强烈，而经过插帧之后的图像，闪烁感减少，但是会有明显的错误。所产生的错误，都是由运动估计方法本身的一些局限性造成的，这些局限性在下节进行介绍。

实验3：效果改善的人体胸正位插帧实验 XRayVideoMan range=10 LumComp

经过亮度补偿之后，亮度变化时抖动有所改善。

实验2的结果很不理想。那么，算法中的哪些局限性造成实验的失败呢？对比实验1和实验2，以及在其他实验中出现的问题，可以发现运动估计包括以下一些局限性：

① 整体亮度变化时容易失败。实验1的灰度一直保持整体均匀，而实验2的整体灰度在不断变化，每隔特定间隔就会从亮到暗跳变几帧；这是由于X射线机的成像原理决定的，射线发射装置会依据图像整体亮度进行调节，于是，在人体移动的过程中就会发生照射剂量的改变，图像整体灰度也因此改变。对于前后两张图像，物体不动时，亮度改变，运动估计时也常常计算失败。

如图3.16-16所示，每当亮度发生变化时，运动估计往往出现大范围失败。

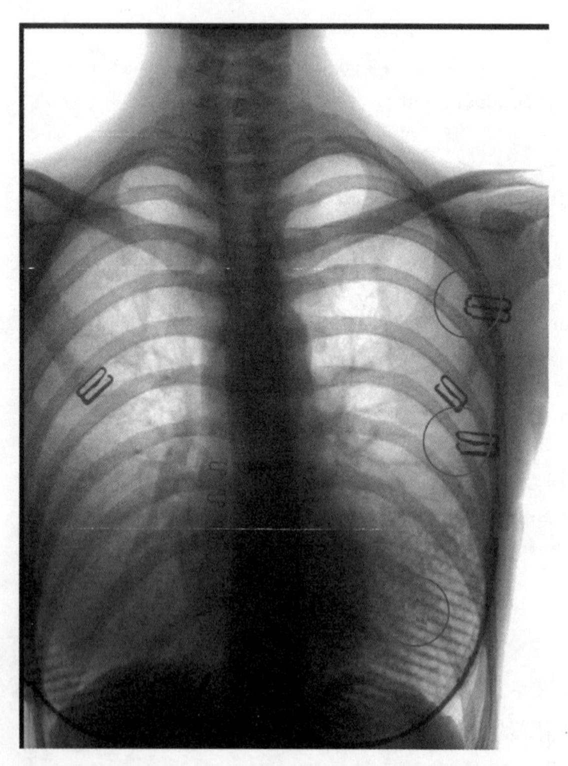

图3.16-16 实验2匹配失败位置

② 图形运动速度大于搜索范围会失败。为了节约计算量，搜索范围Range不能设置的太大，否则计算速度将非常缓慢。但是，如图3.16-17所示，如果两帧图像间的物体或者物体中某一部分运动速度非常快，超过了Range的范围时，图像那可以肯定是

无论如何也匹配不上;因此,运动速度或者局部运动速度过快,都会导致匹配失败。

③ 计算速度慢。由于需要计算的小块很多,计算速度过于缓慢也是运动估计应用的一大难点。

④ 马赛克现象,也就是说子块之间出现的非连续性,严重影响视觉质量。

⑤ 对于两帧图像之间图像不连续会失败,即某种图形在前后两帧图像中突然出现或者突然消失时,插入图像也会出现错误。

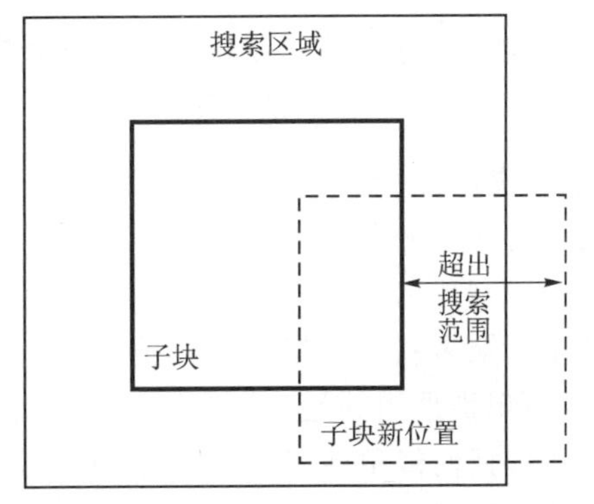

图 3.16-17 移动超过搜索范围造成匹配失败

对于运动估计的研究一直处于不断进步之中,研究的热点主要集中在如何又准确、又快速地获得运动向量,各类更快速、搜索范围更大的搜索算法层出不穷。这些算法的提出和计算机硬件的升级,正逐渐让运动估计的实时应用变为可能。

但是,在实际应用中,一些问题仍然是运动估计方法所需要解决的。这其中比较常见的有:

① 两帧图像亮度变化。目前算法的价值函数在子块亮度发生变化之后,很有可能搜索到错误的位置。因此,改进的方向可以是改进匹配方法的计算规则,或者是对图像亮度进行补偿,又或是对图像进行归一化计算。

② 局部运动速度过大。两帧图像之间,如果全部或者部分区域的运动位移超过搜索范围,那么可以断定不可能找准匹配位置。扩大搜索范围还是改进搜索方法,也是未来可以考虑研究的方向。

③ 计算速度过慢。除了从算法上改进之外,也可以考虑引入并行计算,当前Nvidia新发布的显卡所附带的CUDA并行计算功能,可以让传统算法速度有很大的提升,对于实时应用要求较高的读者不妨尝试一下。

④ 马赛克现象。由于人为将图像划分成为小子块,那么子块边缘的非连续性不可避免,或多或少会带来一定影响,如何解决这个问题也可进行研究。

⑤ 图像不连续的情况。对于两帧图像不连续,比如血管造影图像,当造影剂打入血管的一瞬间,前后两帧图像很可能大不相同,这就是不连续的情况。要从图形凭空生成或者消失的图像中产生新的图像,是一个十分困难但又非常有意义的课题。

从医学影像的角度来说,如果能够获得估计精确地插入图像,不但可以让医生看着更加舒适,更重要的,能够让病人和医生接受更少的X射线照射。

对于其他领域,运动估计和运动补偿也发挥着重要作用。需要注意的是,读者在应用过程中应当结合自己的项目背景和成像原理进行计算策略的调整,以达到更好的成像效果。

3.17 基于肤色特征的人脸检测

【温馨提示】 本节主要讲解了基于肤色特征的人脸识别,其采用的方法涉及色彩空间变换的相关内容。

人脸识别技术是一种生物识别技术,它涉及图像处理技术、计算机视觉技术、模式识别技术等众多领域。相较于其他基于生物特征的识别方法,它具有其特有的优势。首先,人脸识别采用的是非接触性采集,方法友好而方便,使用者不会有任何心理障碍,亦不会造成任何侵犯性,容易被人们所接受。其次,人脸识别的结果可以提供许多其他识别方法不能提供的信息,如性别、表情、年龄等,这一特点也大大地扩展了人脸识别的应用前景。随着计算机技术的飞速发展,人脸识别技术飞速发展也扩散到了各个领域,如计算机安全、机器视觉、门禁系统、医学诊断系统、智能监控系统以及三维动画等。

3.17.1 色彩空间

(1) RGB 色彩空间

美国国家电视系统委员会(NTSC)为显示器上显示彩色图像而提出的 RGB 彩色系统模型是最重要的工业颜色模型。RGB 彩色系统构成了一个三维的彩色空间(R,G,B)坐标系中的一个立方体。R,G,B 是彩色空间的三个坐标轴,每个坐标都量化为 0～255,0 对应最暗,255 对应最亮。这样所有的颜色都将位于一个边长为 256 的立方体内。彩色立方体中任意一点都对应一种颜色,黑色(0,0,0)位于坐标系原点,其中:$0\leqslant r\leqslant 255$,$0\leqslant g\leqslant 255$,$0\leqslant b\leqslant 255$,如图 3.17-1 所示。

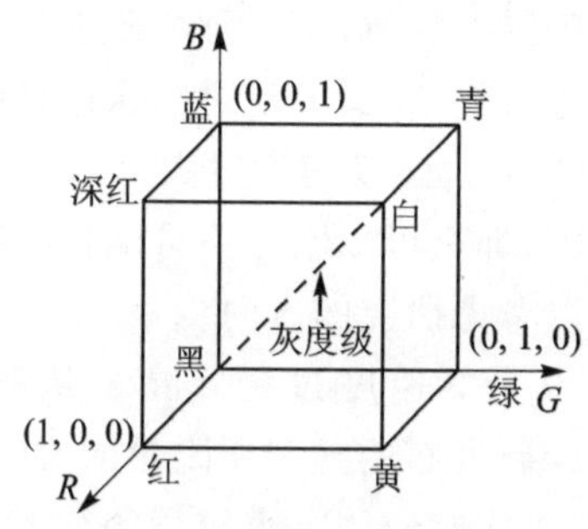

图 3.17-1 RGB 彩色立方体

RGB 颜色空间是图像处理中最基础的颜色模型,它是在配色实验的基础上建立起来的,RGB 颜色空间建立的主要依据是人的眼睛有红、绿、蓝三种色感细胞,它们的最大感光灵敏度分别落在红色、蓝色和绿色区域,其合成的光谱响应就是视觉曲线,由此推出任何彩色都可以用红、绿、蓝三种基色来配置。

(2) YCbCr 色彩空间

YCbCr 由 YUV 色彩系统衍生而来,在这种格式中,亮度信息用单个分量 Y 来表示,彩色信息用两个色差分量 Cb 和 Cr 来存储。分量 Cb 是蓝色分量和一个参考值的差,分量 Cr 是红色分量和一个参考值的差。该空间常用于彩色图像的压缩和传输,JPEG 格式的图片采用的色彩系统就是该系统。RGB 空间和 YCbCr 空间的转换关系如下式:

$$\begin{bmatrix} Y \\ Cb \\ Cr \end{bmatrix} = \begin{bmatrix} 65.481 & 128.553 & 24.966 \\ -37.797 & -74.203 & 112.000 \\ 112.000 & -93.786 & -18.214 \end{bmatrix} \begin{bmatrix} R \\ G \\ B \end{bmatrix} + \begin{bmatrix} 16 \\ 128 \\ 128 \end{bmatrix}$$

YCbCr 色彩空间具有以下一些优点：

① 具有与人类视觉感知过程相类似的构成原理。

② YCbCr 色彩空间格式广泛地应用在电视显示等领域中，也是许多视频编码(如 MPEG、JPEG 等标准中)普遍采用的颜色表示格式。

③ YCbCr 色彩空间格式具有与 HIS 等其他一些色彩空间格式相类似的将色彩重的亮度分量分离出来的优点。

3.17.2 基于色彩空间的肤色分割原理

由于统计表明不同人种的肤色区别主要受亮度信息影响，而受色度信息的影响较小，所以直接考虑 YCbCr 空间的 CbCr 分量，映射为 CbCr 空间，在 CbCr 空间下，受亮度变化的影响少，且是两维独立分布。通过实践，选取大量肤色样本进行统计，发现肤色在 CbCr 空间的分布呈现良好的聚类特性，统计分布满足：$77 \leqslant Cb \leqslant 127$ 且 $133 \leqslant Cr \leqslant 173$。

3.17.3 基于肤色特征的人脸检测的实现

图 3.17-2 为人脸检测系统流程，提取的人类候选区域是后续的人脸识别的基础。其中肤色建模在 YCbCr 彩色空间进行。

1. 色彩空间转换

为了把人脸区域从非人脸区域分割出来，需要使用适合不同肤色和不同光照条件的可靠的肤色模型。本小节采用 YCbCr 空间作为肤色分布统计的映射空间，该空间的优点是受亮度变化的影响较小，而且是两维独立分布，能较好地限制肤色分布区域。

使用函数为：YCBCR＝rgb2ycbcr(RGB)。

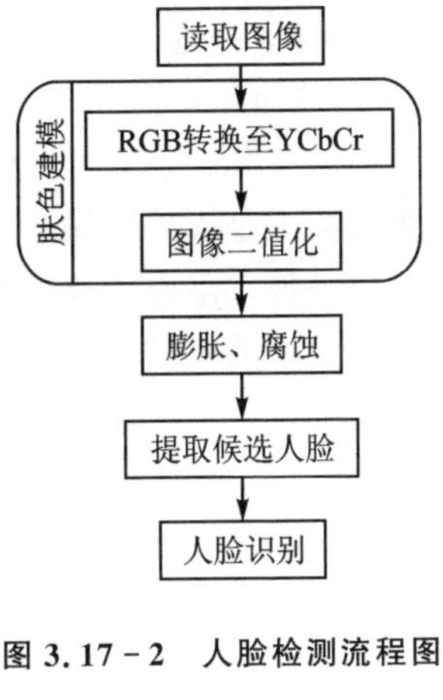

读取图像 → 肤色建模 [RGB转换至YCbCr → 图像二值化] → 膨胀、腐蚀 → 提取候选人脸 → 人脸识别

图 3.17-2 人脸检测流程图

2. 根据肤色模型转换为二值图像

皮肤颜色在 YCbCr 色度空间分布范围为：$77 \leqslant Cb \leqslant 127$ 且 $133 \leqslant Cr \leqslant 173$，可以据此换为二值图像：

```
f_cb = f(:,:,2);
f_cr = f(:,:,3);
f = (f_cb>=100) & (f_cb<=127) & (f_cr>=138) &(f_cr<=170);
figure; imshow(f);
```

3. 消除噪声

转换后不可避免出现了噪声，有背景的噪声影响，以及人的衣服和裤子引起的噪声点,使用开闭运算的方法消除噪声,并作填孔运算。

```
se = strel('square',3);
f = imopen(f,se);
f = imclose(f,se);
figure(2),imshow(f);
f = imfill(f,'holes');
figure(3),imshow(f);
```

4. 图像重构

利用"腐蚀运算"和"开运算"对图像进行重构。

```
fe = imerode(f,ones(8,7));
fo = imopen(f,ones(8,7));
f = imreconstruct(fe,f);
figure(4),imshow(f);
```

5. 断开连接处理

人脸候选区筛选时,由于头部部分重合,以及头部与其他部分,例如衣服等的连接,对筛选造成了困难,故应先利用闭运算操作,断开连接,再进行处理。

```
se1 = strel('square',8);
f = imerode(f,se1);
f = imdilate(f,se1);
figure(6),imshow(f);
```

利用人脸候选区筛选,进一步确定人脸区域(限定条件):

① 若目标高宽比小于0.8而大于2.0,则认为不是人脸区域,删除此区域。

② 区域面积过大或过小,认为不是人脸区,删除此区域。

矩形面积area_sq =目标区长度 * 宽度,目标区面积为area,若area / area_sq < 0.6,则认为不是人脸区域。

其中条件①限定了要检测的人脸区域的比例大小,排除了一些颜色类似皮肤但长宽不符合要求的区域,如颜色与皮肤接近的衣物。

条件②排除一些不规则但色调和皮肤接近的物体,同时也可排除人体其他的非脸部区域,如四肢等。

限定条件的程序如下:

```
[L,num] = bwlabeln(f,4);
for i = 1:num;
    [r,c] = find(L = = i);
    r_temp = max(r) - min(r);
    c_temp = max(c) - min(c);
    temp = size(r);
    sum = sum + temp(1);
    area_sq = r_temp * c_temp;
    area = size(find(L = = i),1);
```

```
    ratio = area/area_sq;
    if (r_temp/c_temp<0.8)|(r_temp/c_temp>2)|temp(1)>2000|temp(1)<200 |ratio<0.6
    % 脸部区域<200 的去掉,一般为手或其他干扰
    % 利用脸部宽长比的大概上下限来确定一个模板范围
    % 矩形面积 s = 目标区长度 * 宽度,目标区面积为 ss,若 ss/s<0.6,认为不是人脸区,删除之
      for j = 1:temp(1);
        L(r(j),c(j)) = 0;
        end
    else
        continue;
    end
end
```

6. 边缘检测

利用得到的边缘,对原图像进行处理,就可以在原图中画出人脸区域的框图。

```
L = bwperim(L,8); % 边缘检测,检测出人脸的边缘区域
L = uint8(L);
z = find(L(:)>0);
L(z) = 255;
 % ave = sum/num; % ave = 696.
figure(7),imshow(L);
L_r = L;
L_g = L;
L_b = L;
L_rgb = cat(3,L_r,L_g,L_b); % 在原图上加框
 % figure,imshow(L_rgb);
img1_r = min(L_r + img(:,:,1),255);
img1_g = min(L_g + img(:,:,2),255);
img1_b = min(L_b + img(:,:,3),255);
img1 = cat(3,img1_r,img1_g,img1_b);
figure(8),imshow(img1);
```

基于肤色特征的人脸检测程序如例程 3.17－1 所示,运行效果如图 3.17－3～图 3.17－9 所示。

【例程 3.17－1】

```
 % 读入图片并显示
img = imread('biye.jpg');
imshow(img)
 % 对读入的图像进行色彩空间的转换
f  =  rgb2ycbcr(img);
 % 利用皮肤的色彩模型对图像进行二值化处理
f_cb = f(:,:,2);
f_cr = f(:,:,3);
f  =  (f_cb> = 100) & (f_cb< = 127) & (f_cr> = 138) &(f_cr< = 170) ;
figure; imshow(f);
 % 利用数学形态学对输入的图像进行去噪
se = strel('square',3);
```

```
f = imopen(f,se);
f = imclose(f,se);
figure(2),imshow(f);
f = imfill(f,'holes');
figure(3),imshow(f);
% 对图像进行重构
fe = imerode(f,ones(8,7));
fo = imopen(f,ones(8,7));
f = imreconstruct(fe,f);
 figure(4),imshow(f);
se1 = strel('square',8);
f = imerode(f,se1);
f = imdilate(f,se1);
figure(6),imshow(f);
% 限定条件程序
[L,num] = bwlabeln(f,4);
for i = 1:num;
    [r,c] = find(L = = i);
    r_temp = max(r) - min(r);
    c_temp = max(c) - min(c);
    temp = size(r);
    area_sq = r_temp * c_temp;
    area = size(find(L = = i),1);
    ratio = area/area_sq;
    if(r_temp/c_temp<0.8)|(r_temp/c_temp>2)|temp(1)>2000|temp(1)<200 |ratio<0.6
      for j = 1:temp(1);
        L(r(j),c(j)) = 0;
        end
    else
        continue;
    end
end
% 对图像进行边缘检测
L = bwperim(L,8);
L = uint8(L);
z = find(L(:)>0);
L(z) = 255;
figure(7),imshow(L);
L_r = L;
L_g = L;
L_b = L;
L_rgb = cat(3,L_r,L_g,L_b);
% 显示最终结果
img1_r = min(L_r + img(:,:,1),255);
img1_g = min(L_g + img(:,:,2),255);
img1_b = min(L_b + img(:,:,3),255);
img1 = cat(3,img1_r,img1_g,img1_b);
figure(8),imshow(img1);
```

图 3.17－3　读入的原始图像

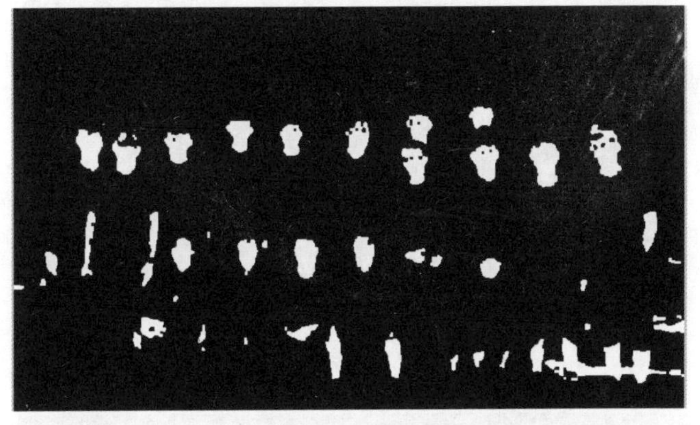

图 3.17－4　根据肤色模型转换为二值图像的结果

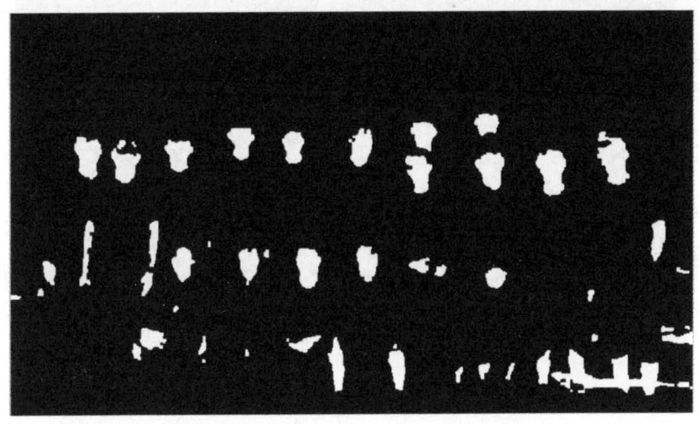

图 3.17－5　消除噪声后的结果

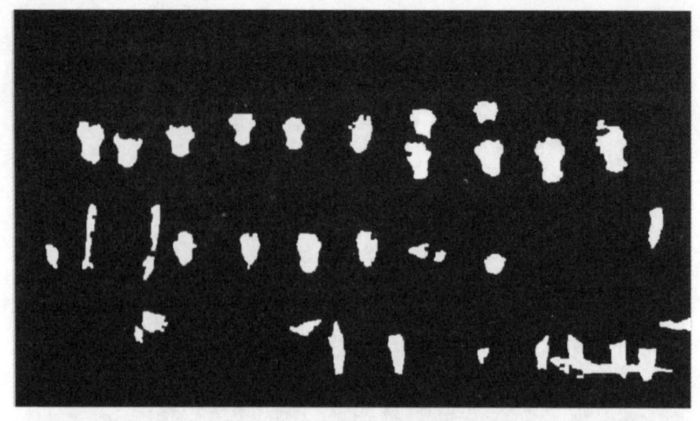

图 3.17-6 图像重构的结果

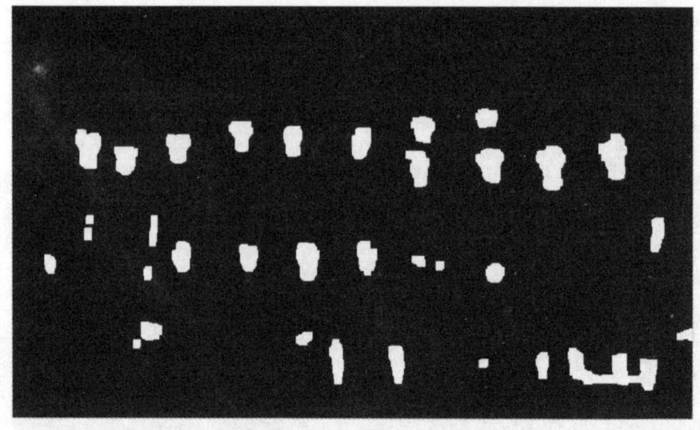

图 3.17-7 人脸筛选的结果

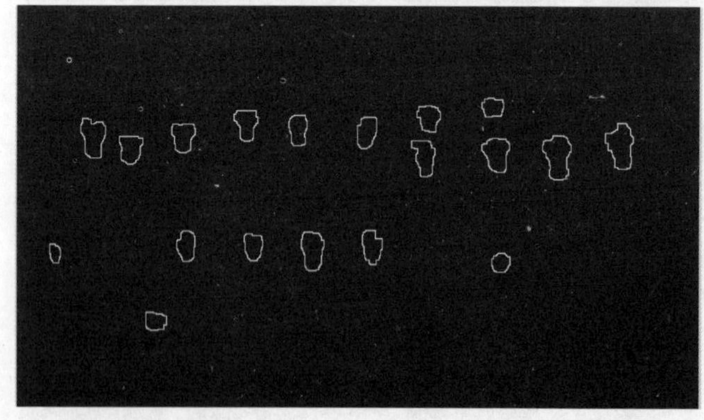

图 3.17-8 人脸边缘检测

通过实验效果可以看出，照片上的人脸都被检测出来了。但由于人手交叉放置，所以不管从肤色还是形状、面积比上，都很难将其识别和删除，这也是本程序应改进的地方。

图 3.17-9　人脸检测的结果

一语中的　基于肤色特征的人脸识别的原理是：肤色在 CbCr 空间的分布呈现良好的聚类特性，统计分布具有规律性。

3.18　基于 Mean Shift 的目标跟踪技术

【温馨提示】　本节主要介绍 Mean Shift 的基本原理及其在目标跟踪中的应用，内容及相关例程涉及图像直方图和梯度等基础知识。

3.18.1　Mean Shift 的起源

Mean Shift 这个概念最早是由 Fukunaga 和 Hostetle 于 1975 年在一篇关于概率密度梯度函数的估计中提出来的，它是一种无参估计算法，沿着概率梯度的上升方向寻找分布的峰值，然而在以后的很长一段时间内 Mean Shift 并没有引起人们的注意，直到 1995 年，Yizong Cheng 才发表了一篇关于 Mean Shift 的重要文献。在这篇重要的文献中，对基本的 Mean Shift 算法在以下两个方面做了推广：首先，Yizong Cheng 定义了一簇核函数，使得随着样本与被偏移点的距离不同，其偏移量对均值偏移向量的贡献也不同；其次，Yizong Cheng 还设定了一个权重系数，使得不同的样本点重要性不一样，这大大扩大了 Mean Shift 的适用范围。另外，Yizong Cheng 指出了 Mean Shift 可能应用的领域，并给出了具体的例子。

直到 1998 年，Bradski 将 Mean Shift 算法用于人脸的跟踪，才使得此算法的优势在目标跟踪领域体现出来。Comaniciu 等人主要讨论了 Mean Shift 在目标跟踪中的成功应用，这也是目标跟踪中的经典文献。Comaniciu 等在文章中证明了 Mean Shift 算法在满足一定条件下，一定可以收敛到最近的一个概率密度函数的稳态点，因此，Mean Shift 算法可以用来检测概率密度函数中存在的模态。Collins 在文献中将尺度空间和 Mean Shift 相结合解决了目标尺寸实时变化时的目标跟踪，但算法速度不够理想。

3.18.2　Mean Shift 的基本原理

1. 核函数

如果一个函数 $K:X\to R$ 存在一个剖面函数(profile)$k:[0,\infty]\to R$,即 $K(x)=k(\|x\|^2)$并且满足:

- k 是非负的;
- k 是非增的,即如果 $a<b$ 那么 $k(a)\geqslant k(b)$;
- k 是分段连续的,并且 $\int_0^\infty k(r)\mathrm{d}r<\infty$ 。

那么,函数 $K(x)$就被称为核函数(kernel)。常用的核函数及其剖面函数见图 3.18－1。

2. Mean Shift 向量

定义 d 维空间 R^d 中的样本集合$\{x_i\}$,$i=1,\cdots,n$,$K(x)$表示该空间的核函数,窗口的半径为 h,则在点 x 处的多变量核密度估计可表示为:

$$f(x)=\frac{1}{nh^d}\sum_{i=1}^{n}K\left(\frac{x-x_i}{h}\right) \tag{3.18.1}$$

· *Epanechnikov* 核　$K_E(x)=\begin{cases}c(1-\|x\|^2) & \|x\|\leqslant 1\\ 0 & \text{otherwise}\end{cases}$

· *Uniform Kernel* 核　$K_U(x)=\begin{cases}c & \|x\|\leqslant 1\\ 0 & \text{otherwise}\end{cases}$

· *Normal Kernel* 核　$K_N(x)=c\cdot\exp\left(-\frac{1}{2}\|x\|^2\right)$

图 3.18－1　常见的核函数及其剖面函数

核函数 $K(x)$的剖面函数为 $k(x)$,使得 $K(x)=k(\|x\|^2)$。把核密度估计写成基于剖面函数的形式,则有:

$$\hat{f}_{h,K}(x)=\frac{1}{nh^d}\sum_{i=1}^{n}k\left(\left\|\frac{x-x_i}{h}\right\|^2\right) \tag{3.18.2}$$

这个表达式就是一般 Mean Shift 算法计算特征值概率密度时常用的公式,可以通过对核密度梯度进行估计来寻找数据集合中密度最大数据的分布位置。

利用核函数的可微性,得到核函数密度梯度估计:

$$\hat{\nabla}f_{h,K}(x)\equiv\nabla\hat{f}_{h,K}(x)=\frac{2c_{k,d}}{nh^{d+2}}\sum_{i=1}^{n}(x-x_i)k'\left(\left\|\frac{x-x_i}{h}\right\|^2\right) \tag{3.18.3}$$

定义 $g(x)=-k'(x)$为 $k(x)$的负导函数,除了个别有限点,剖面函数 $k(x)$的梯度对所

有 $x \in [0,\infty)$均存在。由 $g(x)$可以导出新的核函数 $G(x)=g(\|x\|^2)$。将 $g(x)$代入公式中可得:

$$\nabla \hat{f}_{h,K}(x)=\frac{2c_{k,d}}{nh^{d+2}}\sum_{i=1}^{n}(x-x_i)g\left(\left\|\frac{x-x_i}{h}\right\|^2\right)$$
$$=\frac{2c_{k,d}}{nh^{d+2}}\left[\sum_{i=1}^{n}g\left(\left\|\frac{x-x_i}{h}\right\|^2\right)\right]\left[\frac{\sum_{i=1}^{n}x_i g\left(\left\|\frac{x-x_i}{h}\right\|^2\right)}{\sum_{i=1}^{n}g\left(\left\|\frac{x-x_i}{h}\right\|^2\right)}-x\right] \tag{3.18.4}$$

可以看出式(3.18.4)包含两项,都具有特殊含义,第 2 个中括号之前为第 1 项,表示在 x 点处基于核函数 $G(x)$的无参密度估计:

$$\hat{f}_{h,G}(x)=\frac{c_{g,d}}{nh^d}\sum_{i=1}^{n}g\left(\left\|\frac{x-x_i}{h}\right\|^2\right) \tag{3.18.5}$$

第 2 个中括号内为第 2 项,表示 Mean Shift 向量,即使用核函数 $G(x)$作为权值的加权平均与 x 的差:

$$m_{h,G}(x)=\frac{\sum_{i=1}^{n}x_i g\left(\left\|\frac{x-x_i}{h}\right\|^2\right)}{\sum_{i=1}^{n}g\left(\left\|\frac{x-x_i}{h}\right\|^2\right)}-x \tag{3.18.6}$$

核函数 $K(x)$称为核函数 $G(x)$的阴影函数(shadow)。Epanechnikov 核是 Uniform 核的影子。若选用 Epanechnikov 核,由图 3.18-1 可知其对应的 $G(x)$的剖面函数 $g(x)$为:

$$g(x)=-k'(x)=\begin{cases}1 & \|x\|\leqslant 1\\ 0 & 其他\end{cases} \tag{3.18.7}$$

这时,Mean Shift 向量可以表示为:

$$m(x)=\frac{1}{n}\sum_{i=1}^{n}(x_i-x) \tag{3.18.8}$$

图 3.18-2 很好地说明了式(3.18.8)的意义:中间的实心黑点表示 x 点,也就是核函数的中心点。周围的空心白点是样本点 x_i;箭头表示样本点相对于核函数中心点 x 的偏移量,平均的偏移量指向样本点最密的方向,也就是梯度方向。

因此,Mean Shift 向量应该转移到样本点相对于点 x 变化最大的地方,其方向也就是密度梯度方向。

一般而言,离 x 越近的采样点对估计 x 周围的统计特性越重要,因此引入了核函数的概念,$g\left(\left\|\frac{x-x_i}{h}\right\|^2\right)$就是对每个采样点的权值,所以式(3.18.6)就是在核函数 $g(x)$加权下的 Mean Shift 向量。

下面证明 Mean Shift 向量的方向是密度的梯度方向,即密度变化最大的方向。由式(3.18.5)和式(3.18.6),可以得到:

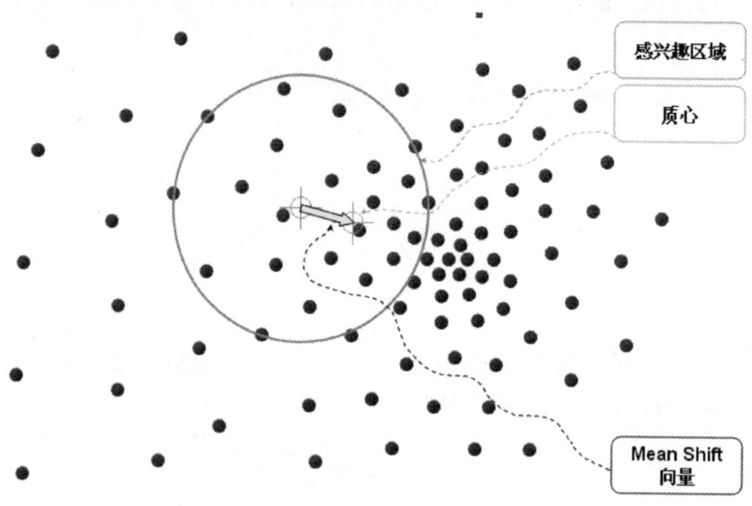

图 3.18-2 Mean Shift 示意图

$$\hat{\nabla} f_{h,K}(x) = \frac{2c_{k,d}}{h^2 c_{g,d}} \hat{f}_{h,G}(x) m_{h,G}(x) \tag{3.18.9}$$

稍加变形有：

$$m_{h,G}(x) = \frac{1}{2} h^2 c \frac{\hat{\nabla} f_{h,K}(x)}{\hat{f}_{h,G}(x)} \tag{3.18.10}$$

式(3.18.10)表明，在点 x 处基于核函数 $G(x)$ 的 Mean Shift 向量 $m_{h,G}(x)$ 与基于核函数 $K(x)$ 的标准化密度梯度估计仅差一个常量的比例系数。所谓标准化是式(3.18.6)中的分母项，其分子项是密度梯度估计，梯度是指密度变化最大的方向，所以 Mean Shift 向量总是指向密度增加最大的方向。

3. Mean Shift 算法

Mean Shift 算法的过程是：给定一个初始点 x，核函数 $G(x)$，容许误差 ε，通过迭代方法，不断地沿着概率密度的梯度方向移动，最终收敛到数据空间中密度的峰值。迭代时的步长不仅与梯度大小有关，还和该点的概率密度有关，是一个变步长的梯度上升算法。

3.18.3 基于 Mean Shift 的目标跟踪

设 A 是嵌入在 n 维欧式空间 x 中的有限集合。在 $x \in X$ 处的 Mean - Shift 矢量定义为

$$ms = \frac{\sum_a k(a-x) w(a) a}{\sum_a k(a-x) w(a)} - x, \ a \in A \tag{3.18.11}$$

式中，k 是核函数，W 是权重。在 X 处计算出的 Mean - Shift 矢量 ms 反向指向卷积曲

面的梯度方向：

$$J(x)=\sum_{a}g(a-x)w(a) \qquad (3.18.12)$$

式中 g 是 k 的影子核。沿着 ms 方向不断移动核函数中心位置直至收敛，就可以找到邻近的模式匹配位置。

为了下面叙述方便，首先给出以下几个定义。

定义1　在一帧图像中，目标所在的图像区域称为目标区域，用 F 表示。F 以外的图像区域称为背景区域，用 B 表示；包含 F，且面积最小的圆形区域的圆心称为目标的形心；称同时包含目标图像区域 F 和 B 的区域 T 为跟踪窗口。假设 F、B 各自对应的颜色直方图中的非零子项位置不重合，也即目标与背景有着明显的颜色差异。在车辆监控等很多实际场合，上述假设基本上都是成立的。

定义2　给定跟踪窗口 T，设 $\{X_i\}_{i=1,\cdots,n}$ 是以其中心为原点的像素坐标，则 T 包含图像的核直方图 $P=\{p_i\}_{i=1,\cdots,m}$ 定义为 $p_\mu=C\sum_{i=1}^{n}(\|X_i/r\|^2)\delta[q(X_i)-\mu]$。其中，$\delta$ 是 Kronecker delta 函数。映射 $q:R^2\rightarrow\{1,\cdots,m\}$ 把相应位置处像素的颜色进行 m 级量化，C 为归一化常数。通过约束条件 $\sum_{\mu=1}^{m}p_\mu=1$ 可得 $C=1/\sum_{i=1}^{n}k(\|X_i/r\|^2)$。$r$ 称为核函数 k 的窗宽，同时也是跟踪窗口 T 的半径。

定义3　两个具有 m 个分量的核直方图 P_i 和 P_j 的相似性用 Bhattacharyya 系数 $\rho=\sum_{l=1}^{m}\sqrt{p_l^i p_l^j},i\neq j$ 表示。其中，p_l^i 和 p_l^j 分别是两个核直方图中对应分量的值。

当目标图像采用核直方图建模时，给定模型与候选图像核直方图之间的相似性可以通过 Bhattacharyya 系数来度量，从而使跟踪问题转化为 Mean Shift 模式匹配问题。基于 Mean Shift 的目标跟踪原理如图 3.18－3 和图 3.18－4 所示。

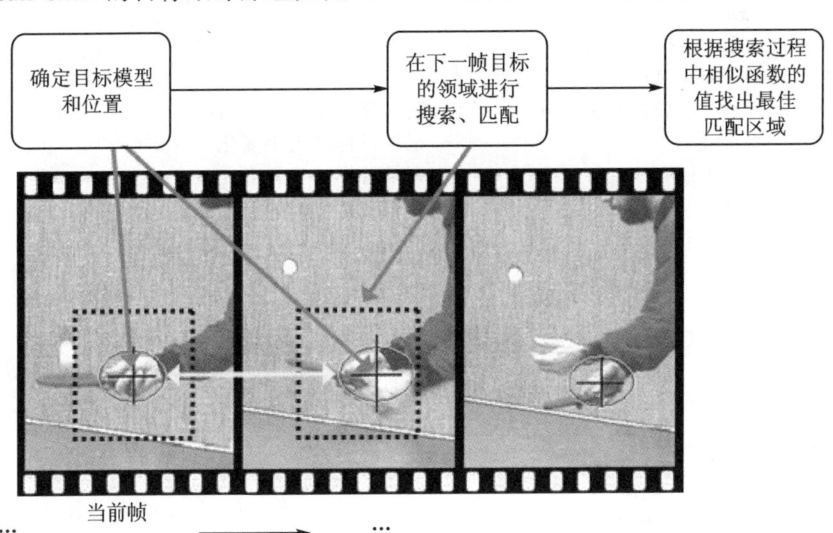

图 3.18－3　基于 Mean Shift 进行目标跟踪的流程

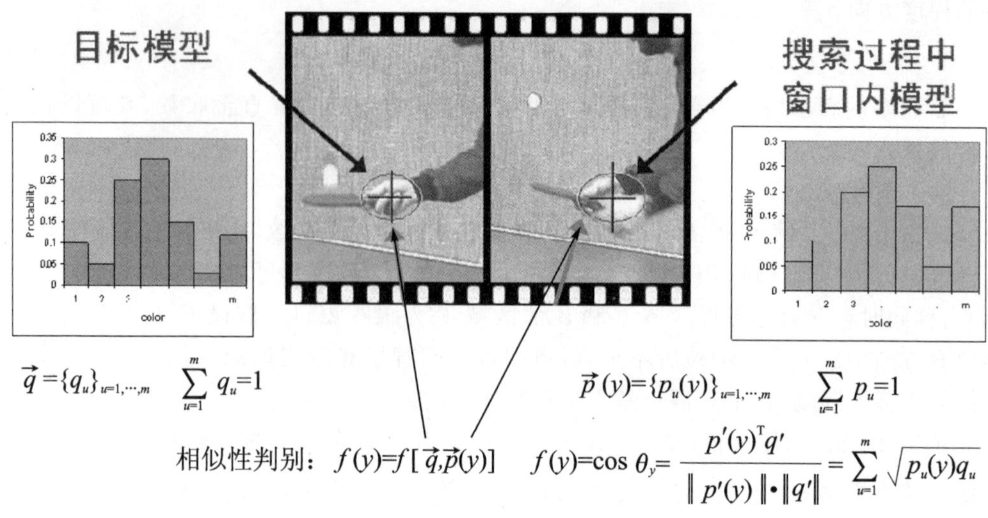

图 3.18－4　相似性判断

3.18.4　例程一点通

例程 3.18－1～例程 3.18－6 是基于 Mean Shift 进行目标跟踪的 MATLAB 源程序。

【例程 3.18－1】

```
%基于 Mean Shift 进行目标跟踪的主程序
clc
clear
%    读入 avi 文件
I = aviread('redcar1.avi');
[M N_frame] = size(I);
previous_frame = I(1,1).cdata;          % 读入第一帧作为先前帧
record_width = [];                      % 记录目标的大小变化
record_cpoint = [];                     % 记录目标的位置变化
imshow(previous_frame);
rect = getrect();
x1 = rect(2); x2 = rect(2) + rect(4);
y1 = rect(1); y2 = rect(1) + rect(3);
target.width = [round((x2 - x1)/2),round((y2 - y1)/2)];       % 跟踪目标的大小
target.cpoint = [round((x2 + x1)/2),round((y2 + y1)/2)];      % 跟踪目标的中心位置
record_width = [record_width;target.width];
record_cpoint = [record_cpoint;target.cpoint];
    temp_width = zeros(3,2);
    temp_result = zeros(1,3);
% 由给定的大小,先算出核矩阵
kmatrix = compute_kernelmatrix(target.width,'guass');
[pre_khist,pre_target_hist] = compute_k_hist(previous_frame,target,kmatrix);
target.k_hist = pre_khist;
```

```
    fprintf('image_index = %d, cur_cpoint(1) = %d ,cur_cpoint(2) = %d\n',1,target.cpoint
(1),target.cpoint(2));
    % 由中心和大小确定该目标,并显示
    show_target(previous_frame,target);
    F = getframe;
    mkdir('result');
    for image_index = 2:N_frame
        pre_width = target.width;
        %读入当前帧
    current_frame = I(1,image_index).cdata;
        %在当前帧中找到先前帧中的目标
        [newtarget,resultinfo] = object_tracking(current_frame,target);
        newtarget.k_hist = target.k_hist;
        show_target(current_frame,newtarget,'g');
        F = getframe;
        %在先前帧中找 当前帧中找到的目标
        [newtarget1,resultinfo] = object_tracking(previous_frame,newtarget);
        % 经校正后的中心
        final_cpoint = newtarget.cpoint + (target.cpoint - newtarget1.cpoint);
        target.cpoint = final_cpoint;
        % ---------------------------------
            show_target(current_frame,target);
            F = getframe(gca);
        % ----------------------------------
        for i = 1 : 3
            target.width = round(pre_width * (0.8 + 0.1 * i));
            temp_width(i,:) = target.width;
             % 由给定的大小,先算出核矩阵
        kmatrix = compute_kernelmatrix(target.width,'guass');
            [pre_khist,pre_target_hist] = compute_k_hist(current_frame,target,kmatrix);
            temp_result(i) = sum(pre_khist. * target.k_hist);
        end
        [k L] = max(temp_result)
        target.width = round(0.1 * pre_width + 0.9 * temp_width(L,:));
        record_width = [record_width;target.width];
        record_cpoint = [record_cpoint;target.cpoint];
        show_target(current_frame,target);
        previous_frame = current_frame;
    fprintf('image_index = %d,cur_cpoint(1 = %d,
    cur_cpoint(2) = %d\n',image_index + 1,target.cpoint(1),target.cpoint(2));
    end
```

【例程 3.18 - 2】

```
function kmatrix = compute_kernelmatrix(width,method)
 % 子函数
 % 功能:由给定的大小计算核矩阵
 % 输入:width - 即目标大小(2 * width(1) + 1,2 * width(2) + 1)
```

```
%       method - 决定核函数的类型,为简单起见,只设有两种选择:Gauss 和 Epanechnikov
% 输出:kmatrix - 核矩阵(2 * n + 1  *  2 * m + 1 的一个矩阵)
% 注意:这里是用带宽矩阵来代替单一半径参数
    if nargin< 2
        method = 'guass';
    end
    x_W = width(1);
    y_W = width(2);
    x_kmatrix = - x_W : x_W;
    y_kmatrix = - y_W : y_W;
    [X_kmatrix,Y_kmatrix] = meshgrid(y_kmatrix,x_kmatrix);
     % 引入带宽矩阵:
    kmatrix = (X_kmatrix/(width(1) + eps)).^2 + (Y_kmatrix/(width(2) + eps)).^2;
    switch method
    case 'guass'
            kmatrix = exp( - kmatrix./1);
    case 'flat'
            kmatrix = 1 - kmatrix./2.1;
end
```

【例程 3.18 - 3】

```
function [k_hist,target_hist,khist] = compute_k_hist(frame,target,kmatrix,MM)
% 功能:计算彩色图像核直方图,和灰度图一样,只是级数 = mm * mm * mm
% 输入:frame - 当前帧,target - 选定的目标区域,kmatrix - 核矩阵,MM - 量化级数
% 输出:target_hist - 标 target 的 mm 级直方图矩阵,k_hist - 目标 target 的核直方图
%       khist - 分块后(四小块的各自的)核直方图
% 注意:为了和分块检测功能相符合,这里把目标分成四块分别计算其分布
%       khist 是一个结构体
 [m , n , k] = size(frame);
if(k == 3)
    if nargin < 4
        mmr = 8;   mmg = 8;   mmb = 8;
    end
    yyyy = mmr * mmg * mmb;
    khist.up = zeros(1,yyyy);
    khist.right = zeros(1,yyyy);
    khist.left = zeros(1,yyyy);
    khist.down = zeros(1,yyyy);
    parts_k_hist = zeros(9,mmr * mmg * mmb);
    cpoint = target.cpoint;
    width = target.width;
    k_hist = zeros(1,yyyy);
    target_image = frame (cpoint(1) - width(1):cpoint(1) + width(1),cpoint(2) - width
                    (2):cpoint(2) + width(2),:);
    [m,n,k] = size(target_image);
    target_hist = zeros(m,n);
    target_image = double(target_image);
```

```
    parts_index = [1          (m-1)/2    1          (n-1)/2;   %左上 1
                   1          (m-1)/2    (n+3)/2    n;         %右上 2
                   (m+3)/2    m          (n+3)/2    n;         %右下 3
                   (m+3)/2    m          1          (n-1)/2;   %左下 4
                   (m+1)/2    (m+1)/2    1          (n-1)/2;   %中间行,左列 5
                   (m+1)/2    (m+1)/2    (n+3)/2    n;         %中间行,右列 6
                   1          (m-1)/2    (n+1)/2    (n+1)/2;   %中间列,上行 7
                   (m+3)/2    m          (n+1)/2    (n+1)/2;   %中间列,下行 8
                   (m+1)/2    (m+1)/2    (n+1)/2    (n+1)/2];  %中间列,下行 9
  for k = 1 : 9
      for i = parts_index(k,1) :parts_index(k,2)
          for j = parts_index(k,3) :parts_index(k,4)
              temp_1 = 1 + fix(target_image(i,j,1) * mmr/256);
              temp_2 = 1 + fix(target_image(i,j,2) * mmg/256);
              temp_3 = 1 + fix(target_image(i,j,3) * mmb/256);
              value = (temp_1 - 1) * mmg * mmb + (temp_2 - 1) * mmb + temp_3;
              target_hist(i,j) = value;
              parts_k_hist(k,value) = parts_k_hist(k,value) + kmatrix(i,j);
              k_hist(1,value) = k_hist(1,value) + kmatrix(i,j);
          end
      end
  end
      %归一化
      k_hist = k_hist./(sum(k_hist));
      khist.rigth = parts_k_hist(2,:) + parts_k_hist(3,:) + parts_k_hist(7,:) + parts_k
_hist(8,:) + parts_k_hist(9,:) + parts_k_hist(6,:);
      khist.left = parts_k_hist(1,:) + parts_k_hist(4,:) + parts_k_hist(7,:) + parts_k_
hist(8,:) + parts_k_hist(9,:) + parts_k_hist(5,:);
      khist.up = parts_k_hist(1,:) + parts_k_hist(2,:) + parts_k_hist(5,:) + parts_k_
hist(6,:) + parts_k_hist(9,:) + parts_k_hist(7,:);
      khist.down = parts_k_hist(3,:) + parts_k_hist(4,:) + parts_k_hist(5,:) + parts_k_
hist(6,:) + parts_k_hist(9,:) + parts_k_hist(8,:);
      khist.rigth = khist.rigth./(sum(khist.rigth));
      khist.left = khist.left./(sum(khist.left));
      khist.up = khist.up./(sum(khist.up));
      khist.down = khist.down./(sum(khist.down));
  end
```


【例程3.18-4】

```
 function wi = color_compute_wi(pre_k_hist,cur_k_hist,cur_target_hist)
% 功能:用先一帧的核直方图、当前帧的核直方图和当前目标的核直方图确定权系数
% 输入:pre_k_hist - 先一帧的核直方图          cur_k_hist - 当前帧的核直方图
%        cur_target_hist  - 当前目标的直方图
% 输出:wi - 权系数
 [m,n] = size(cur_target_hist);
wi = zeros(m,n);
for i = 1 : m,
 for j = 1:n,
  wi(i,j) = (pre_k_hist(cur_target_hist(i,j))/cur_k_hist(cur_target_hist(i,j))).^0.5;
```

```
 end
end
end
```

【例程 3.18－5】

```
function [newtarget,compute_info] = object_tracking(current_frame,target)
 % 功能:找到初始选定目标在当前帧中的最佳位置
 % 输入:pre_k_hist - 先前帧中的目标核直方图
 %       current_frame - 当前帧           target - 目标信息
 % 输出:newtarget - 当前帧中的目标信息:位置、核直方图、分块核直方图、大小
 %       compute_info - 在当前帧中,跟踪器的运算属性
compute_info.coff = 0;
compute_info.iter = 0;
compute_info.dist = 0;
compute_info.position = target.cpoint;
current_cpoint = target.cpoint;
pre_k_hist = target.k_hist;
newtarget = target;
 % 由给定的大小,先算出核矩阵
kmatrix = compute_kernelmatrix(target.width,'guass');
v = - target.width(1) : target.width(1);
u = - target.width(2) : target.width(2);
V = repmat(v',1,2 * target.width(2) + 1);      % [cow,colum]
U = repmat(u, 2 * target.width(1) + 1,1);      % [cow,colum]
[cur_k_hist,cur_target_hist] = compute_k_hist(current_frame,target,kmatrix);
newtarget.k_hist = cur_k_hist;
result    = sum((pre_k_hist. * cur_k_hist).^(1/2));
 % fprintf('第 0 次迭代得:%d,%d,%f\n',target.cpoint(1),target.cpoint(2),result);
 % 最多迭代 10 次
for n_iter = 1 : 10;

 %    由当前目标的直方图,当前目标的核直方图,上一帧中目标的核直方图,计算系数
     w = compute_wi(pre_k_hist,cur_k_hist,cur_target_hist);
      %w = w. * kmatrix;
     temp_cur_cpoint(1) = sum(sum(w. * V))/sum(sum(w));
     temp_cur_cpoint(2) = sum(sum(w. * U))/sum(sum(w));
     temp_cur_cpoint(1) = round(temp_cur_cpoint(1));
     temp_cur_cpoint(2) = round(temp_cur_cpoint(2));
     target.cpoint = target.cpoint  +  temp_cur_cpoint;
     compute_info.position = [compute_info.position;target.cpoint];
     [cur_k_hist1,cur_target_hist,cur_four_khist1] = compute_k_hist(current_frame,
target,kmatrix);

 % 检测 Bhattacharyya 系数的大小
result1 = sum((pre_k_hist. * cur_k_hist1).^(1/2));
       fprintf('    第 %d 次迭代得:%d,%d,%f\n', n_iter,target.cpoint(1),target.cpoint
(2),result1);

 %    如果某一次迭代后得到的结果比迭代前还差,即系数变小了,则保留上一次的结果
     if(result1 < result)
```

```
        disp('warning for coefficient,save previous result! ');
        target.cpoint = target.cpoint - temp_cur_cpoint;
        compute_info.position = [compute_info.position;target.cpoint];
        break;
    end
    result = result1;
    cur_k_hist = cur_k_hist1;
    cur_four_khist = cur_four_khist1;
    if sum(temp_cur_cpoint.^2) == 0
        break;
    end
end
target.k_hist = cur_k_hist;
newtarget = target;
compute_info.coff = result;
compute_info.iter = n_iter;
compute_info.dist = sum(abs(target.cpoint - current_cpoint));
```

【例程 3.18-6】

```
function show_target(frame,target,color)
% 功能:根据目标中心 cpoint,目标大小 width 显示目标
% 输入:cpoint - 目标中心          width - 目标大小
% 说明:对彩色图像和灰度图像都适用
if nargin < 3
    color = 'r';
end
cpoint = target.cpoint;
width = target.width;

%[行 列 维数]
[M N K] = size(frame);
left_x = max(cpoint(1) - width(1),1);          %左上点 x 坐标
left_y = max(cpoint(2) - width(2),1);          %左上点 y 坐标
right_x = min(cpoint(1) + width(1),M);         %右下点 x 坐标
right_y = min(cpoint(2) + width(2),N);         %右下点 x 坐标
imshow(frame);
hold on
 plot([left_y right_y],[left_x left_x],color,'LineWidth',2);
 plot([right_y right_y],[left_x right_x],color,'LineWidth',2);
 plot([left_y right_y],[right_x right_x],color,'LineWidth',2);
 plot([left_y left_y],[right_x left_x],color,'LineWidth',2);
hold off
```

3.18.5 融会贯通

当目标不断增大尺寸且大于核窗宽时,Mean Shift 跟踪算法会产生空间定位偏差。在得到这个偏差位置以后,可以逆向进行处理,即后向跟踪。这时,视频逆序列就等效为目标在逐渐缩小尺寸。这样,Mean Shift 跟踪算法可以准确锁定逆向帧中相应的偏差点,这使得我们补偿这个偏差成为可能。本小节将详细介绍如何进行目标形心配准

补偿空间定位偏差，以及在此基础上如何选取核窗宽消除尺度定位偏差。

基于连续帧中刚性运动物体满足仿射模型的假设，首先，利用后向跟踪的方法对目标形心进行配准补偿空间定位偏差。在配准的基础上，相邻帧中跟踪窗口里面的特征点坐标被归一化到以目标形心为原点的坐标系中。这样，与直接从两个未配准的跟踪窗口中匹配特征点相比，我们的方法可以有效地减少误匹配，从而为后面精确估算目标仿射模型中的伸缩幅值奠定了良好的基础。最后，核窗宽依据伸缩幅值进行更新。

1. 仿射模型和特征点匹配

这里只考虑两种在实际中经常遇到的运动：平移和伸缩。因此，目标的仿射模型由以下形式给出：

$$\begin{pmatrix} x' \\ y' \end{pmatrix} = \begin{pmatrix} s_x & 0 \\ 0 & s_y \end{pmatrix} \begin{pmatrix} x \\ y \end{pmatrix} + \begin{pmatrix} e_x \\ e_y \end{pmatrix} \tag{3.18.13}$$

式中，$(x,y)'$和(x',y')分别是同一个目标特征点在帧 i 和 $i+1$ 中的位置。$e=\{e_x,e_y\}$ 是平移参数，$s=\{s_x,s_y\}$是目标水平、垂直方向的伸缩幅值。利用 s，核窗宽可以按照如下方法进行更新：

$$r = r \cdot \max(s_x, s_y) \tag{3.18.14}$$

对于刚性物体，角点能够很好地刻画其空间结构，而且易于检测。因此，采用两帧中匹配的角点作为样本来对仿射模型参数进行估算。

假定帧 i 中的跟踪窗口 T_i 里有 N 个角点，帧 $i+1$ 中的跟踪窗口 T_{i+1}里面有 N'个角点。T_i 和 T_{i+1}半径相同，它们的中心均与对应目标的形心重合。也就是说，目标的形心在相邻两帧里已经过了配准。给定一个位于 T_i 中的角点 $P_c|T_i$，在 T_{i+1} 中，它的对应角点 $P_c|T_i$ 应当满足：

$$I(P_c \mid T_{i+1}) = \min\{\mid I(P \mid T_i) - I(P_j \mid T_{i+1}) \mid\}_{j=1,2,\cdots,n} \tag{3.18.15}$$

式中，I 是像素灰度。n 个候选点位于帧 T_{i+1} 中以 $P_c|T_i$ 位置为中心的一个给定的小窗口 G 里面。由于经过了配准和归一化处理，G 的尺寸可以取很小，从而使得 $n<N'$。对于 T_i 中的每一个角点 $P_c|T_i$，用式(3.18.15)找到它在帧 T_{i+1} 中的匹配点。显然，与具有时间复杂度$O(NN')$的最大似然模板匹配方法相比，这种局部匹配的方法，其时间复杂度是 $O(Nn)$，实现起来也非常容易。

2. 目标形心配准

假定在帧 i 中，以 o_i 为形心的目标被以 $c_i=o_i$ 为中心的初始跟踪窗口 T_i 选定。当增大尺寸的目标出现在帧 $i+1$ 时，针对当前的目标形心 o_{i+1}，应当存在偏移 $d=c_{i+1}-o_{i+1}$，其中，c_{i+1} 是帧 $i+1$ 里面的跟踪窗口 T_{i+1} 的中心，这个偏差是由固定核窗宽的 Mean Shift 跟踪算法造成的空间定位偏差。因为当前目标的尺寸大于 T_{i+1} 的尺寸，所以，T_{i+1}内只包含了目标的某些部分。为了配准两帧中目标的形心，首先，生成一个新的核函数直方图用来表示被 T_{i+1} 包含的这部分图像，即部分当前目标。实际上，c_{i+1} 指示的就是这个部分目标的形心。从帧 $i+1$ 到帧 i，这块图像区域在缩小尺寸，我们就可以精确地在帧 i 中用 Mean Shift 跟踪算法找到它的形心 c'_{i+1}。这样，在 c_i 和 c'_{i+1}之间，

存在另外一个偏移 $d'=c_i-c'_{i+1}$。假定相邻帧间的运动很小,就可以用 d' 近似来补偿 d。最后,帧 $i+1$ 中目标的形心位置的估算如下:

$$o_{i+1} \approx c_{i+1} - d' \tag{3.18.16}$$

因此,当给定一个目标图像以后,就可以利用式(3.18.16)在当前帧中对目标形心进行配准,然后再用式(3.18.15)匹配角点。这种处理方法可以有效地消除误匹配点。

3. 算法描述

在通过回归计算得到目标仿射模型以后,就可以利用式(3.18.14)对当前核窗宽进行更新。更新后的核窗宽一方面用于修正当前跟踪窗口的尺寸,从而减小尺度定位偏差;另一方面,在下一帧跟踪中用来决定 Mean Shift 迭代过程中样本的数量。这样,系统就能很好地适应目标尺度的变化,克服了固定核窗宽的局限性。具体算法如下:

① 在帧 i 选定目标得到初始跟踪窗口 T_i 并在帧 $i+1$ 中进行 Mean Shift 跟踪得到 T_{i+1};

② 以 T_{i+1} 为初始跟踪窗口在帧 i 中进行 Mean Shift 跟踪得到 T'_i;

③ 根据 T_i 与 T'_i 中心点的位置差移动 T_{i+1},并扩大其尺寸:$r=r\cdot\varepsilon,\varepsilon>1$;

④ 从 T_i 与 T_{i+1} 中提取角点,进行匹配;

⑤ 分别对匹配点的横、纵坐标进行回归得到 s_x 和 s_y;

⑥ 用 $r=r\cdot\max(s_x,s_y)$ 更新 T_{i+1} 大小。

算法第③步中的 ε 是为了扩大配准后的跟踪窗口尺寸,以便尽可能多地得到匹配点对。鉴于实际应用中多使用矩形区域作为显示窗口,此时核函数的作用域(跟踪窗口范围)就是该矩形的外接圆区域。这时,算法第⑥步应改为 $r=r\sqrt{(s_x)^2+(s_y)^2}$。

图 3.18-5 是利用上述算法跟踪可变目标的结果。

图 3.18-5 跟踪可变目标的结果

一语中的 Mean Shift 是一种最优的寻找概率密度极大值的梯度上升法,基于 Mean Shift 方法的目标跟踪技术采用核概率密度来描述目标的特征,然后利用 Mean Shift 原理搜索目标位置。

3.19 基于 Kalman 滤波的目标跟踪

【温馨提示】 本节主要讲解 Kalman 滤波的基本原理及其在目标跟踪中的应用;读者在了解 Kalman 滤波基本原理的同时应注意其应用的前提。

3.19.1　认识 Kalman

在学习 Kalman 滤波器之前，首先看看为什么叫“Kalman”。与其他著名的理论（例如傅里叶变换、泰勒级数等）一样，Kalman 也是一个人的名字。Kalman 的全名为 Rudolf Emil Kalman，数学家，其照片如图 3.19-1 所示，1930 年出生于匈牙利首都布达佩斯，他分别在 1953 年和 1954 年获得麻省理工学院的电机工程学士及硕士学位，于 1957 年获得哥伦比亚大学的博士学位。我们现在要学习的 Kalman 滤波，正是源于他的博士论文和 1960 年发表的论文 *A New Approach to Linear Filtering and Prediction Problems*（《线性滤波与预测问题的新方法》）。Kalman 于 1964—1971 年任职斯坦福大学；1971—1992 年任佛罗里达大学数学系统理论中心（Center for Mathematical System Theory）主任；1972 年起任瑞士苏黎世联邦理工学院数学系统理论中心主任直至退休；2009 年获美国国家科学奖章。

图 3.19-1　Rudolf Emil Kalman

简单来说，Kalman 滤波算法是一个最优化自回归数据处理算法，对于很多问题的解决，它是最优、效率最高甚至是最有用的。Kalman 滤波的广泛应用已经超过 30 年，领域包括机器人导航、控制、传感器数据融合以及军事方面的雷达系统、导弹追踪等。近年来 Kalman 滤波被应用于数字图像处理，例如人脸识别、图像分割、目标跟踪、图像边缘检测等。

3.19.2　Kalman 滤波算法

首先要引入一个离散控制过程的系统。该系统可用一个线性随机微分方程来描述：

$$X(k) = AX(k-1) + BU(k) + W(k)$$

系统的测量值为：

$$Z(k) = H\,X(k) + V(k)$$

上面两个式子中，$X(k)$是 k 时刻的系统状态，$U(k)$是 k 时刻对系统的控制量。A 和 B 是系统参数，对于多模型系统，它们为矩阵。$Z(k)$是 k 时刻的测量值，H 是测量系统的参数，对于多测量系统，H 为矩阵。$W(k)$和 $V(k)$分别表示过程和测量的噪声。它们被假设成高斯白噪声，其协方差分别是 Q 和 R（这里假设它们不随系统状态变化而变化）。

对于满足上面条件的线性微分系统，Kalman 滤波器是最优的信息处理器。下面用 Kalman 滤波器来估算系统的最优化输出。

首先要利用系统的过程模型来预测下一状态的系统。假设现在的系统状态是 k，根据系统的模型，基于系统的上一状态可以预测出现在状态：

$$X(k \mid k-1) = AX(k-1 \mid k-1) + BU(k) \tag{3.19.1}$$

式(3.19.1)中，$X(k|k-1)$是利用上一状态预测的结果，$X(k-1|k-1)$是上一状态最优的结果，$U(k)$为现在状态的控制量，如果没有控制量，它可以为 0。

到现在为止，我们的系统结果已经更新了，可是，对应于 $X(k|k-1)$的协方差还没更新。用 P 表示协方差：

$$P(k \mid k-1) = AP(k-1 \mid k-1)A' + Q \tag{3.19.2}$$

式(3.19.2)中，$P(k|k-1)$是 $X(k|k-1)$对应的协方差，$P(k-1|k-1)$是 $X(k-1|k-1)$对应的协方差，A'表示 A 的转置矩阵，Q 是系统过程的协方差。式(3.19.1)和式(3.19.2)就是 Kalman 滤波器 5 个公式当中的前 2 个，也就是对系统的预测。

目前，已有现在状态的预测结果，然后再收集现在状态的测量值，结合预测值和测量值，就可以得到现在状态(k)的最优化估算值 $X(k|k)$：

$$X(k \mid k) = X(k \mid k-1) + Kg(k)\ (Z(k) - HX(k \mid k-1)) \tag{3.19.3}$$

式中，Kg 为卡尔曼增益：

$$Kg(k) = P(k \mid k-1)\ H'/(HP(k \mid k-1)\ H' + R) \tag{3.19.4}$$

到现在为止已经得到了 k 状态下最优的估算值 $X(k|k)$，但是为了要使 Kalman 滤波器不断地运行下去直到系统过程结束，还要更新 k 状态下 $X(k|k)$的协方差：

$$P(k \mid k) = (I - Kg(k)H)P(k \mid k-1) \tag{3.19.5}$$

式中，I 为单位阵，对于单模型单测量，$I=1$。当系统进入 $k+1$ 状态时，$P(k|k)$就是式(3.19.2)的 $P(k-1|k-1)$。这样，算法就可以自回归地运算下去。

式(3.19.1)～式(3.19.5)就是 Kalman 滤波的 5 个基本公式。根据这 5 个公式，可以用计算机语言来编程实现。

3.19.3 例程一点通

例程 3.19 - 1 是实现 Kalman 滤波的源程序，读者可通过该程序及相关注释进一步对 Kalman 滤波算法进行理解。运行结果见图 3.19 - 2。

【例程 3.19 - 1】

```
%Kalman 滤波
clear
N = 800;
w(1) = 0;
%系统预测的随机白噪声
w = randn(1,N)
x(1) = 0;
a = 1;
for k = 2:N;
%系统的预测值
x(k) = a * x(k - 1) + w(k - 1);
end
%测量值的随机白噪声
V = randn(1,N);
q1 = std(V);
Rvv = q1.^2;
q2 = std(x);
```

```
Rxx = q2.^2;
q3 = std(w);
Rww = q3.^2;
c = 0.2;
%测量值
Y = c * x + V;
p(1) = 0;
s(1) = 0;
for t = 2:N;
%前一时刻X的协方差系数
p1(t) = a.^2 * p(t - 1) + Rww;
%Kalman增益
b(t) = c * p1(t)/(c.^2 * p1(t) + Rvv);
%经过滤波后的信号
s(t) = a * s(t - 1) + b(t) * (Y(t) - a * c * s(t - 1));
%t状态下 x(t|t)的协方差系数
p(t) = p1(t) - c * b(t) * p1(t);
end
subplot(131)
plot(x)
title('系统的预测值')
subplot(132)
plot(Y)
title('测量值')
subplot(133)
plot(s)
title('滤波后的信号')
```


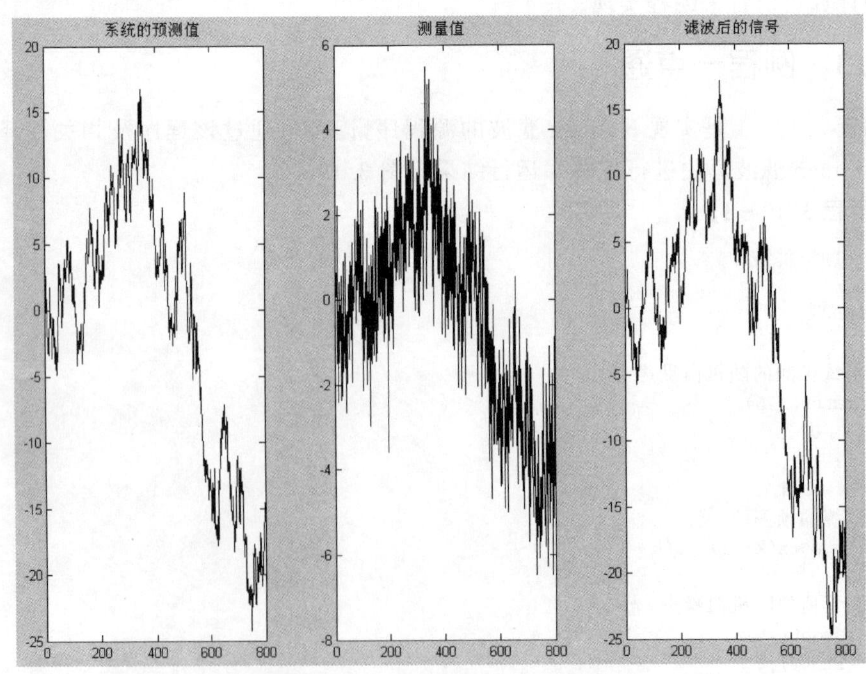

图3.19-2　例程3.19-1的运行结果

3.19.4　解读 Kalman 滤波

Kalman 滤波是一种最优化递归处理算法,其具有如下特点:

① Kalman 滤波充分利用如下信息估计感兴趣变量当前的取值:系统和测量装置的动态特性;系统噪声、测量误差和动态模型的不确定性的统计描述;感兴趣变量的初始条件的相关信息。

② Kalman 滤波不需要保存先前的数据,当进行新的测量时也不需要对原来数据进行处理。

③ Kalman 滤波算法获得理想滤波效果的前提是,必须已知系统模型以及系统噪声和量测噪声的统计模型。

④ Kalman 滤波的噪声过程必须为零均值白噪声。

经验分享　如果滤波模型与实际系统不符,不能真实地反映物理过程,使模型与获得的量测值不匹配,就会产生滤波误差,甚至可能发生滤波发散现象。

3.19.5　学以致用

例程 3.19－2 是采用 Kalman 滤波预测视频中红色小球位置的 MATLAB 源程序,读者可通过该程序及相关注释,理解 Kalman 滤波在基于二维数字图像的目标跟踪中的应用。运行结果见图 3.19－3。

【例程 3.19－2】

主程序:

```
clear,clc
% 计算背景图像
Imzero = zeros(240,320,3);
for i = 1:5
Im{i} = double(imread(['DATA/',int2str(i),'.jpg']));
Imzero = Im{i} + Imzero;
end
Imback = Imzero/5;
[MR,MC,Dim] = size(Imback);
% Kalman 滤波器初始化
R = [[0.2845,0.0045]',[0.0045,0.0455]'];
H = [[1,0]',[0,1]',[0,0]',[0,0]'];
Q = 0.01 * eye(4);
P = 100 * eye(4);
dt = 1;
A = [[1,0,0,0]',[0,1,0,0]',[dt,0,1,0]',[0,dt,0,1]'];
g = 6;
Bu = [0,0,0,g]';
kfinit = 0;
x = zeros(100,4);
```

```
% 循环遍历所有图像
for i = 1 : 60
  % 导入图像
  Im = (imread(['DATA/',int2str(i), '.jpg']));
  imshow(Im)
  imshow(Im)
  Imwork = double(Im);
  %提取球的质心坐标及半径
  [cc(i),cr(i),radius,flag] = extractball(Imwork,Imback,i);
  if flag == 0
    continue
  end
  %用绿色标出球实际运动的位置
hold on
    for c = -1 * radius: radius/20 : 1 * radius
      r = sqrt(radius^2 - c^2);
      plot(cc(i) + c,cr(i) + r,'g.')
      plot(cc(i) + c,cr(i) - r,'g.')
end
  % Kalman 器更新
  if kfinit == 0
    xp = [MC/2,MR/2,0,0]'
  else
    xp = A * x(i-1,:)' + Bu
  end
  kfinit = 1;
  PP = A * P * A' + Q
  K = PP * H' * inv(H * PP * H' + R)
  x(i,:) = (xp + K * ([cc(i),cr(i)]' - H * xp))';
  x(i,:)
  [cc(i),cr(i)]
  P = (eye(4) - K * H) * PP
 %用红色画出球实际的运动位置
  hold on
    for c = -1 * radius: radius/20 : 1 * radius
      r = sqrt(radius^2 - c^2);
      plot(x(i,1) + c,x(i,2) + r,'r.')
      plot(x(i,1) + c,x(i,2) - r,'r.')
    end
      pause(0.3)
end
 % 画出球横纵坐标的位置
  figure
  plot(cc,'r * ')
  hold on
  plot(cr,'g * ')
 %噪声估计
  posn = [cc(55:60)',cr(55:60)'];
```

```
  mp = mean(posn);
  diffp = posn - ones(6,1) * mp;
Rnew = (diffp' * diffp)/5;
```

子程序：

```
function [cc,cr,radius,flag] = extractball(Imwork,Imback,index)
% 功能:提取图像中最大斑点的质心坐标及半径
% 输入:Imwork - 输入的当前帧的图像;Imback - 输入的背景图像;index - 帧序列图像序号
% 输出:cc - 质心行坐标;cr - 质心列坐标;radius - 斑点区域半径;flag - 标志
  cc = 0;
  cr = 0;
  radius = 0;
  flag = 0;
  [MR,MC,Dim] = size(Imback);
  % 将输入图像与背景图像相减,获得差异最大的区域
  fore = zeros(MR,MC);
  fore = (abs(Imwork(:,:,1) - Imback(:,:,1)) > 10) ...
      | (abs(Imwork(:,:,2) - Imback(:,:,2)) > 10) ...
      | (abs(Imwork(:,:,3) - Imback(:,:,3)) > 10);
  foremm = bwmorph(fore,'erode',2); % 运用数学形态学去除微小的噪声
  % 选择大的斑点对其周围进行标记
  labeled = bwlabel(foremm,4);
  stats = regionprops(labeled,['basic']);
  [N,W] = size(stats);
  if N < 1
    return
  end
 % 如果大的斑点的数量大于1,则用冒泡法进行排序
  id = zeros(N);
  for i = 1 : N
    id(i) = i;
  end
  for i = 1 : N-1
    for j = i+1 : N
      if stats(i).Area < stats(j).Area
        tmp = stats(i);
        stats(i) = stats(j);
        stats(j) = tmp;
        tmp = id(i);
        id(i) = id(j);
        id(j) = tmp;
      end
    end
  end
  % 确定并选取一个大的区域
  if stats(1).Area < 100
    return
  end
```

```
selected = (labeled == id(1));
% 获得最大斑点区域的圆心及半径，
% 并将标志置为 1
centroid = stats(1).Centroid;
radius = sqrt(stats(1).Area/pi);
cc = centroid(1);
cr = centroid(2);
flag = 1;
return
```

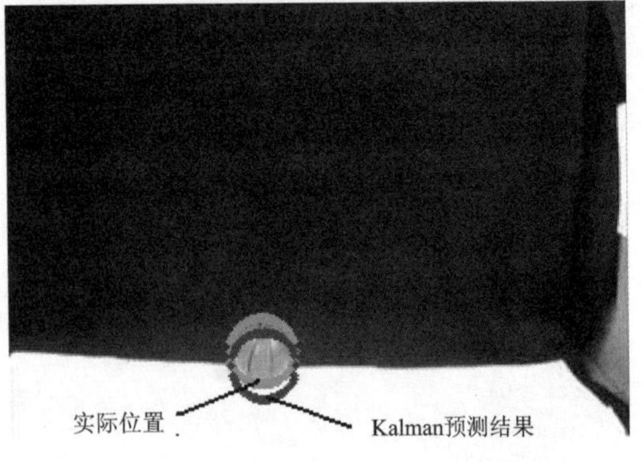

图 3.19－3　例程 3.19－2 运行结果截图

一语中的　Kalman 滤波算法是一个最优化自回归数据处理算法，运用 Kalman 滤波算法获得理想滤波效果的前提是：必须已知系统模型以及系统噪声和量测噪声的统计模型，且噪声过程必须为零均值白噪声。

3.20　基于 Hough 变换的人眼虹膜定位方法

【温馨提示】　本节主要介绍一种采用改进的 Hough 变换检测、定位人眼虹膜的方法。相关内容及例程设计 Hough 变换、边缘检测等基础知识。

近年来兴起的生物特征识别技术具有很好的可靠性。虹膜作为重要的身份鉴别特征，具有唯一性、稳定性、可采集性和非侵犯性等优点。与脸像、声音等身份鉴别方法相比，虹膜具有更高的准确性。据统计虹膜识别的错误率是各种生物识别中最低的。目前，虹膜识别与定位技术可应用于电子商务、条件登录、授权支付、权限信息和金融交易等领域。

虹膜(包含纹理的部分)是内外两个近似圆形边界之间的部分，虹膜的内侧与瞳孔相邻，外侧与眼白相邻，这两个圆不是完全同心的，需要分别对内外两个边界进行处理。目前国内外提出了不少的虹膜定位算法。本节主要研究基于 Hough 变换的虹膜定位方法。

3.20.1　分离瞳孔并估算出虹膜内半径

仔细观察眼睛的图像(如图 3.20－1 所示)发现与眼睛的其他部分相比，瞳孔暗得多，所以可以采用二值化的方法分离出瞳孔，根据瞳孔图像的面积估算出虹膜的内半径。二值化方法的关键在于阈值的选取，具体的做法是，先计算出整个图像的灰度直方图，它应该有两个主要的峰值，其中第一个峰值，对应的就是瞳孔区域灰度集中的范围，第二个峰值对应的是虹膜区域的灰度集中范围。显然，提取瞳孔的二值化阈值应该选择在第一个峰值的右侧(如图 3.20－2 所示)，图 3.20－3 是二值化后的结果，从图 3.20－3 可以看出，瞳孔被成功的分离了出来。

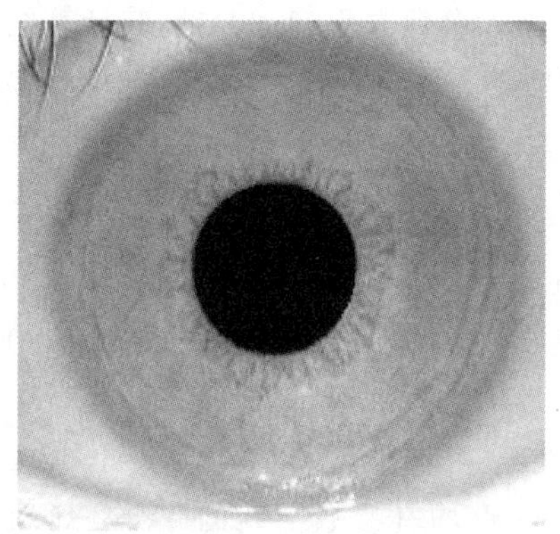

图 3.20-1　原始数图像

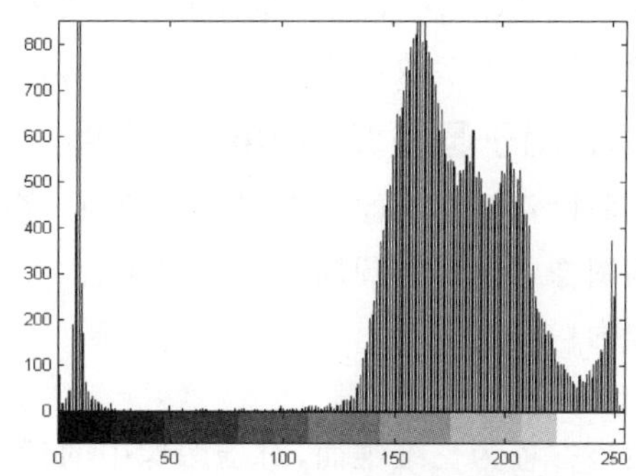

图 3.20-2　虹膜图像的灰度直方图

对于提取出的瞳孔图像函数 $p(i,j)$，选择适当的阈值 b，令

$$f(i,j)=\begin{cases}0 & 0<p(i,j)<b \\ 1 & p(i,j)>b\end{cases}$$

求出瞳孔的面积为

$$S=\sum_{(i,j)\in I} f(i,j)$$

估算出瞳孔的半径为

$$r=\sqrt{\frac{S}{\pi}}$$

图 3.20-3　二值化方法定位瞳孔

3.20.2　采用改进的 Hough 变换算法定位出虹膜内外边缘

1. Hough 变换的原理

Hough 变换的实质是将图像空间的具有一定关系的像元进行聚类，寻找能把这些像元用某一解析形式联系起来的参数空间累积对应点。采用 Hough 变换检测任意曲线的原理如下：

假设

$$a_n = f(a_1,\cdots,a_{n-1},x,y) \tag{3.20.1}$$

为需检测曲线的参数方程，式中 $a_1,\cdots,a_n$ 为形状参数，x,y 为空间域的图像点坐标，对于图像空间的任意点 (x_0,y_0)，利用式(3.20.1)可将其变换为参数空间 $(a_1,\cdots,a_n)$ 中的一条曲线。对空间域中位于同一曲线上的 n 个点逐一进行上述变换，则在参数空间 $(a_1,\cdots,a_n)$ 中对应的得到 n 条曲线，由式(3.20.1)可知，这 n 条曲线必定经过同一点 $(a_{10},\cdots,a_{n0})$，找到参数空间中的这个点就决定了空间域中的曲线 l。常用的检测直线、圆的参数方程为：

$$\rho = x\cos\theta + y\sin\theta \tag{3.20.2}$$

$$r=\sqrt{(x-a)^2+(y-b)^2} \tag{3.20.3}$$

传统的 Hough 变换是将空间域的每个轮廓点带入参数方程(3.20.1),其计算结果对参数空间(a_1,…,a_n)中的量化点进行投票,若票数超过某一门限,则认为有足够多的图像点位于该参数点所决定的曲线上。

2. 用于圆检测的 Hough 变换

假设希望在图像平面($X-Y$ 平面)考察并确定一个圆周,令$\{(x_i,y_i)|i=1,2,3,\cdots n\}$为图像中确定的圆周上的点的集合,$(x,y)$为集合中的一点,它在参数系$(a,b,r)$中方程为:

$$(a-x)^2+(b-y)^2=r^2 \tag{3.20.4}$$

显然该方程为三维锥面,对于图像中的任意确定的一点均有参数空间的一个三维锥面与之对应。

若集合中的点在同一圆周上,这些圆锥簇相交于参数空间上某一点(a_0,b_0,r_0),这点恰好对应于图像平面的圆心坐标及圆的半径。对于离散图像,式(3.20.4)可以改写为:

$$|(a_0-x_i)^2+(b_0-y_i)^2-r^2|\leqslant\zeta \tag{3.20.5}$$

其中 ζ 是考虑到对图像进行数字化和量化的补偿。

Hough 变换的基本思想在于证据积累,一般情况下圆变换的参数空间为三维的,在三维空间上进行证据累加的时间空间消耗是非常大的。

在参数空间(a,b,r)中,将 r 设为递增变量,每一步迭代都先固定 r,在垂直 r 的(a,b)平面上求对应于圆心为(x_i,y_i)的圆周各点,并将轨迹上的点在于此平面映像的一个二维累积阵列上的相应点上累加。R 从零开始递增到图像平面所能容纳的上限(一般可根据先验知识来确定 r 的可能的变化范围以减少计算量)。每次递增均有一平面映像与之对应。因此,对于图像上每一确定点(x_i,y_i),a 和 b 的变换范围均为 $2r$。求出在此范围中对应的每一 a 和 b 的坐标,即要计算式(3.20.5)$2r$ 次。由于式(3.20.5)的计算中包括平方及开方运算,进行一次此类运算远比一次加减或存储运算耗时多。设每次这种耗时为 l,则对应 r 的每一步进值的计算耗时为 $2rl$,若设 r 的步进范围为 R,则对于每个像元的计算量(忽略在累加阵列中所进行的累加及存储时间)为:

$$\sum_{r=l}^{R}2rt=R*(R+1)*t$$

若对图像平面上的 N 个点进行 Hough 变换,则总耗时为 $N*R*(R+1)*t$。而用于累加阵列的存储空间约为 $R*m*n$ 字节(设 m,n 分别为图像的高度和宽度,积累单元采用单字节)。可见,以上运算的时空开销是相当大的。

3. 改进的用于虹膜内外圆检测的快速 Hough 变换算法

从上面的分析可见,尽可能的减少参与 Hough 变换的点数和降低积累阵列的维数是提高 Hough 变换效率的关键。在此采用一种改进的 Hough 变换算法,变换过程分三步。

第一步,对虹膜图像进行预处理,减少参与 Hough 变换的像元数。利用 Canny 算子对虹膜图像进行边缘提取(见图 3.20－4),然后对图像进行黑白二值化。利用虹膜的特征,提取出瞳孔,估算出虹膜内半径,然后估算出外半径的大致范围,以降低参数空间的维数。

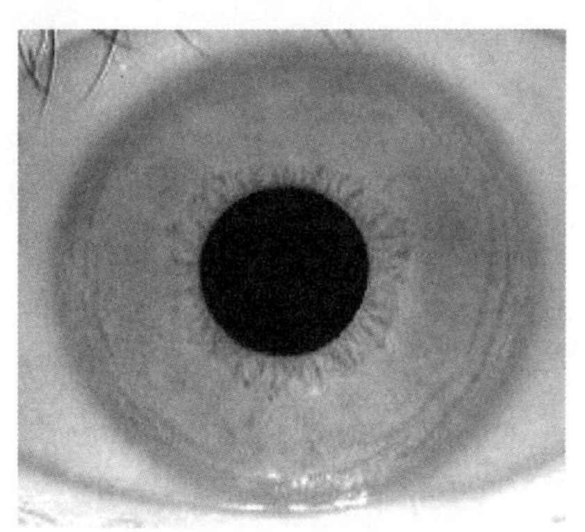

输入的原始虹膜图像

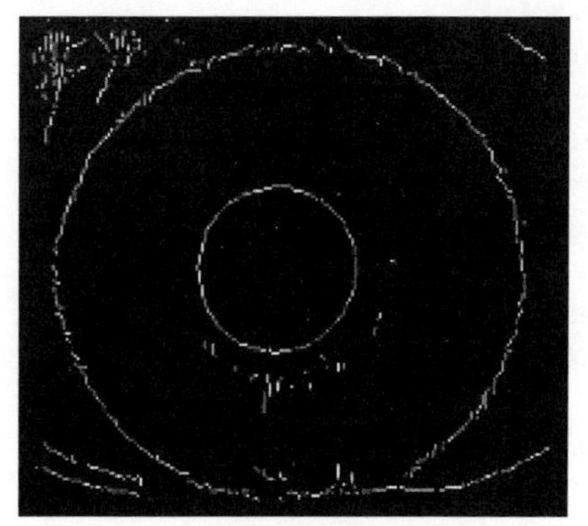

Canny算子检测结果

图 3.20－4　Canny 算子对虹膜图像边缘的检测结果

第二步,将圆的参数方程 $(a-x)^2+(b-y)^2=r^2$ 改写为:

$$a = x - r\cos\theta,\quad b = y = r\sin\theta \tag{3.20.6}$$

把图像空间中的边缘点逐一代入式(3.20.6)中,求出参数 (a,b) 之值,并将相应的累加阵 $H(a,b)$ 中的元素加 1。找出 $H(a,b)$ 中元素的最大值,其即为对应半径为 r,圆心为 (a,b),且圆周上边缘点最多的圆。

第三步,为了使检测结果具有一定的鲁棒性,使得在虹膜图像发生变形时也能得到正确的结果,需要对求出的圆上的边缘点个数与给定的阈值 T 进行比较,若得到的圆上的边缘点的数目大于给定的阈值,则求解结束;否则,另 $r=r-1$,然后从新返回到第二步计算。

3.20.3　例程一点通

例程 3.20－1 是利用改进的 Hough 变换对虹膜进行定位的 MATLAB 源程序。例程 3.20－1 的运行结果如图 3.20－5 所示。

【例程 3.20－1】

```
clear all;
close all;
i = imread('yanjing.bmp');
imshow(i);
iii = i;
% 把输入图像二值化,用 canny 算法返回阈值
sigma = 3.0;
thresh = [0.03,0.09];
bw_1 = i>70;
edgerm = edge(bw_1,'canny',thresh,sigma);
```

```
figure,imshow(edgerm);
t1 = 280;
s = 0;
while t1>10
t2 = 1;
while t2<310
%查找第一个边缘点
if edgerm(t1,t2) == 1
        u1 = t1;
        u2 = t2;
        s = 1;
end
if s == 1
   break;
end
  t2 = t2 + 1;
end
t1 = t1 - 1;
end
po = 1;
sum2 = 0;
%第一个边缘点
o1 = u1;
o2 = u2;
hang = zeros(0,0);
lie = zeros(0,0);
while (po == 1)
   while (po == 1)
         sum1 = 0;
         for t3 = 1:5
            for t4 = 1:5
               % 第一个边缘点的左上方5个像素内有边缘点
               if edgerm(u1 - t3 + 1,u2 + t4 - 1) == 1
                  % 第一个边缘点周围的边缘点个数
                  sum1 = sum1 + 1;
                  sum2 = sum2 + 1;
                  % 第 sum1 个边缘点位置 x
                  hang(sum1,1) = u1 - t3 + 1;
                  % 第 sum1 个边缘点位置 y
                  hang(sum1,2) = u2 + t4 - 1;
                  lie(sum2,1) = u1 - t3 + 1;
                  lie(sum2,2) = u2 + t4 - 1;
               end
            end
         end
         % 边缘点只有一个
            if sum1 == 1
            po = 0;
         % 没有边缘点
            elseif sum1 == 0
```

```
            po = 0;
         else
            % 以最后的边缘点为起点,进行下一轮搜索
            u1 = hang(sum1,1);
            u2 = hang(sum1,2);
            po = 1;
         end
      end
      % 边缘点个数小于30个
         if sum2<30
         u1 = o1;
         u2 = o2 + 1;
         po = 1;
         sum2 = 0;
      % 横坐标不变,改变纵坐标值得到边缘点
      while (edgerm(u1,u2)~ = 1)
         while (edgerm(u1,u2)~ = 1)&(u2<310)
            % 不是边缘点,纵坐标加1
            u2 = u2 + 1;
         end
         % 没有得到边缘点
         if u2 == 310
            u1 = u1 - 1;
            u2 = 1;
         end
      end
      % x不变,改变y重新得到边缘点
      o1 = u1;
      o2 = u2;
      else
         break;
      end
   end
% 边缘点个数
a1 = size(lie);
w1 = lie(a1(1),1);
w2 = lie(a1(1),2);
po1 = 1;
      while (po1 == 1)
         sum1 = 0;
         for t1 = 1:3
            for t2 = 1:5
               % 边缘点向左方3个像素,上方5个像素
               if edgerm(w1 - t1 + 1,w2 - t2 + 1) == 1
                  sum1 = sum1 + 1;
                  sum2 = sum2 + 1;
                  lie(sum2,1) = w1 - t1 + 1;
                  lie(sum2,2) = w2 - t2 + 1;
                  hang(sum1,1) = w1 - t1 + 1;
                  hang(sum1,2) = w2 - t2 + 1;
```

```
                end
            end
        end
        % 边缘点只有一个
        if sum1 == 1
            po1 = 0;
        else
            po1 = 1;
            w1 = hang(sum1,1);
            w2 = hang(sum1,2);
        end
    end
po2 = 1;
   while (po2 == 1)
        sum1 = 0;
        for t1 = 1:7
            for t2 = 1:15
                if edgerm(w1 + t1 - 1,w2 - t2 + 1) == 1
                    sum1 = sum1 + 1;
                    sum2 = sum2 + 1;
                    lie(sum2,1) = w1 + t1 - 1;
                    lie(sum2,2) = w2 - t2 + 1;
                    hang(sum1,1) = w1 + t1 - 1;
                    hang(sum1,2) = w2 - t2 + 1;
                end
            end
        end
        if sum1 == 1
            po2 = 0;
        else
            po2 = 1;
            w1 = hang(sum1,1);
            w2 = hang(sum1,2);
        end
    end
%不止一个边缘点
while (w1~ = lie(1,1))&(w2~ = lie(1,2))
        sum1 = 0;
        for t1 = 1:5
            for t2 = 1:5
                %向右向上5个像素搜索边缘点
                if edgerm(w1 + t1 - 1,w2 + t2 - 1) == 1
                    sum1 = sum1 + 1;
                    sum2 = sum2 + 1;
                    lie(sum2,1) = w1 + t1 - 1;
                    lie(sum2,2) = w2 + t2 - 1;
                    hang(sum1,1) = w1 + t1 - 1;
                    hang(sum1,2) = w2 + t2 - 1;
                end
            end
```

```
            end
                w1 = hang(sum1,1);
                w2 = hang(sum1,2);
end
for t1 = 1:280
    for t2 = 1:320
        % 初始化 Hough 矩阵
        e(t1,t2) = 0;
    end
end
% 边缘点个数
for t1 = 1:size(lie)
    % 将是边缘点的位置设为 1
    e(lie(t1,1),lie(t1,2)) = 1;
end
%确定瞳孔的边缘的上下限
minl = 320;
maxl = 1;
minh = 280;
maxh = 1;
for t1 = 1:280
    for t2 = 1:320
        if (e(t1,t2) == 1)&(t2<minl)
            minl = t2;
        end
        if (e(t1,t2) == 1)&(t2>maxl)
            maxl = t2;
        end
        if (e(t1,t2) == 1)&(t1<minh)
            minh = t1;
        end
        if (e(t1,t2) == 1)&(t1>maxh)
            maxh = t1;
        end
    end
end
% 采用二值化的方法求得瞳孔的面积 sum3
sum3 = 0;
t1 = minh;
while t1< = maxh
    t2 = minl;
    while t2< = maxl
        if (bw_1(t1,t2) == 0)
            sum3 = sum3 + 1;
        end
        t2 = t2 + 1;
    end
    t1 = t1 + 1;
end
% 得到瞳孔 r1 半径向上取整,sum3 表示瞳孔的面积
```

```
r1 = ceil(sqrt(sum3/pi));
% 向下取整 估算出瞳孔圆心 x 坐标
c(1,1) = floor((maxh - minh)/2 + minh);
c(1,2) = ceil((maxl - minl)/2 + minl);
r2 = ceil(r1/3);
r3 = 2 * r2;
for t1 = 1:ceil(r1/6) * 2
   for t2 = 1:ceil(r1/6) * 2
       pu(t1,t2) = 0;
   end
end
 %pu 中存放有相同圆心点的个数,以下找一个最大的 pu 认为是瞳孔的圆心
t1 = minh;
 while t1< = maxh
    t2 = minl;
    while t2< = maxl
      if (e(t1,t2) == 1)
            for a = 1:2 * ceil(r1/6)
                for b = 1:2 * ceil(r1/6)
                    if (((t1 - (c(1,1) + ceil(r1/6) - a))^2 + (t2 - (c(1,2) - ceil(r1/6) + b))^2 - r1^2)> - 10)&(((t1 - (c(1,1) + ceil(r1/6) - a))^2 + (t2 - (c(1,2) - ceil(r1/6) + b))^2 - r1^2)<10)
                        % 以 a,b 为圆心的圆累加个数
                        pu(a,b) = pu(a,b) + 1;
                    end
                end
            end
        end
        t2 = t2 + 1;
    end
    t1 = t1 + 1;
end
ma = pu(1,1);
% 选取同心圆最多的圆心
for a = 1:2 * ceil(r1/6)
   for b = 1:2 * ceil(r1/6)
      if (ma<pu(a,b))
         ma = pu(a,b);
         row = a;
         col = b;
      end
   end
end
% 圆心坐标
c(1,1) = c(1,1) + ceil(r1/6) - row;
c(1,2) = c(1,2) - ceil(r1/6) + col;
j = double(i);
for t1 = 1:280
   for t2 = 1:320
% 虹膜内边缘设为白色
```

```
         if ((t1 - c(1,1))^2 + (t2 - c(1,2))^2 - r1^2<80)&((t1 - c(1,1))^2 + (t2 - c(1,2))^2 - r1^2> - 80)
            i(t1,t2) = 255;
         end
      end
   end
   row1 = c(1,1);
   col1 = c(1,2);
   % 以上找到圆心(row1,col1),半径 r1;
   ha = row1;
   li = col1;
   sh1 = 1;
   zong = 0;
   while sh1< = 3
      sh2 = 1;
      while sh2< = 3
         zong = zong + 1;
         %  圆心向左、不变、向右移动 2
         row1 = ha - 4 + sh1 * 2;
         col1 = li - 4 + sh2 * 2;
         j1 = double(i);
         u = zeros(0,0);
           for t1 = 1:row1
               t2 = col1;
                  while t2< = 310
                      % 第一象限的图像对角变换
                      u(row1 - t1 + 1,t2 - col1 + 1) = j1(t1,t2);
                      t2 = t2 + 1;
                  end
           end
    u1 = double(u);
    % 第一象限图像的行列数
    yy = size(u);
    % 瞳孔半径 r1
    rr = r1 + 40;
    l1 = r1 + 40;
    l2 = 1;
    ll1 = 0;
    n1 = l1;
    sq1 = 0;
    % yy(1,2)表示第一象限的矩阵列数,yy(1,1)行数
    while (l2<l1)&(l1<yy(1,2))&(l2<yy(1,1))
       pk = (l1 - 1/2)^2 + (l2 + 1)^2 - rr^2;
    % 半径在 rr + 40 范围内
       if pk<0
          % 沿着 l1 方向灰度值累加
          sq1 = sq1 + u1(l2 + 1,l1);
          % 记录 sq1 的个数
          ll1 = ll1 + 1;
          l1 = l1;
```

```
            l2 = l2 + 1;
        else sq1 = sq1 + u1(l2 + 1,l1 - 1);
            ll1 = ll1 + 1;
            l1 = l1 - 1;
            l2 = l2 + 1;
        end
    end
    %灰度平均值
    sq = sq1/ll1;
    for t1 = r1 + 40:126
        sr1(t1) = 0;
    end
    rr = rr + 2;
    l1 = n1 + 2;
    l2 = 1;
    while (rr<= 126)&(rr<sqrt(2) * yy(1,2))&(rr<sqrt(2) * yy(1,1))&(l1>l2)&(l1<yy(1,
2))&(l2<yy(1,1))
        n1 = l1;
        ll2 = 0;
        sq2 = 0;
        while (l1>l2)&(l1<yy(1,2))&(l2<yy(1,1))
            pk = (l1 - 1/2)^2 + (l2 + 1)^2 - rr^2;
            if pk<0
                sq2 = sq2 + u1(l2 + 1,l1);
                ll2 = ll2 + 1;
                l1 = l1;
                l2 = l2 + 1;
            else sq2 = sq2 + u1(l2 + 1,l1 - 1);
                ll2 = ll2 + 1;
                l1 = l1 - 1;
                l2 = l2 - 1;
            end
        end
        sqq = sq2/ll2;
        sr1(rr) = abs(sqq - sq);
        sq = sqq;
        rr = rr + 2;
        l1 = n1 + 2;
        l2 = 1;
    end
    ma1 = sr1(r1 + 40);
    t1 = r1 + 40;
    while t1<= 126
        if sr1(t1)>ma1
            % 找出灰度值变化最大点
            ma1 = sr1(t1);
            % 半径
            rad1 = t1;
        end
        t1 = t1 + 1;
```

```
    end
    q1 = zeros(0,0);
    t1 = row1;
    while t1<280
        t2 = col1;
        while t2<310
            q1(t1 - row1 + 1,t2 - col1 + 1) = j1(t1,t2);
            t2 = t2 + 1;
        end
        t1 = t1 + 1;
    end
    yy1 = double(q1);
    ys1 = size(yy1);
    rr1 = r1 + 40;
    l21 = r1 + 40;
    l22 = 1;
    l13 = 0;
    n2 = l21;
    sq3 = 0;
    while (l22<l21)&(l21<ys1(1,2))&(l22<ys1(1,1))
        pk1 = (l21 - 1/2)^2 + (l22 + 1)^2 - rr1^2;
        if pk1<0
            sq3 = sq3 + yy1(l22 + 1,l21);
            l13 = l13 + 1;
            l21 = l21;
            l22 = l22 + 1;
        else sq3 = sq3 + yy1(l22 + 1,l21 - 1);
            l13 = l13 + 1;
            l21 = l21 - 1;
            l22 = l22 + 1;
        end
    end
    sq = sq3/l13;
    for t1 = r1 + 40:126
        sr2(t1) = 0;
    end
    rr1 = rr1 + 2;
    l21 = n2 + 2;
    l22 = 1;
    while (rr1< = 126)&(rr1<sqrt(2) * ys1(1,2))&(rr1<sqrt(2) * ys1(1,1))&(l21>l22)&
(l21<ys1(1,2))&(l22<ys1(1,1))
        n2 = l21;
        l14 = 0;
        sq4 = 0;
        while (l21>l22)&(l21<ys1(1,2))&(l22<ys1(1,1))
            pk1 = (l21 - 1/2)^2 + (l22 + 1)^2 - rr1^2;
            if pk1<0
                sq4 = sq4 + yy1(l22 + 1,l21);
                l14 = l14 + 1;
                l21 = l21;
```

```
            l22 = l22 + 1;
        else sq4 = sq4 + yy1(l22 + 1,l21 - 1);
            l14 = l14 + 1;
            l21 = l21 - 1;
            l22 = l22 + 1;
        end
    end
    sqq = sq4/l14;
    sr2(rr1) = abs(sqq - sq);
    sq = sqq;
    rr1 = rr1 + 2;
    l21 = n2 + 2;
    l22 = 1;
end
ma2 = sr2(r1 + 40);
t1 = r1 + 40;
while t1< = 126
    if sr2(t1)>ma2
        ma2 = sr2(t1);
        rad2 = t1;
    end
    t1 = t1 + 1;
end
% 以上是第四像限
q2 = zeros(0,0);
for t1 = 1:row1
    for t2 = 1:col1
        q2(row1 + 1 - t1,col1 + 1 - t2) = j1(t1,t2);
    end
end
yy2 = double(q2);
ys2 = size(yy2);
rr2 = r1 + 40;
l31 = r1 + 40;
l32 = 1;
l15 = 0;
n3 = l31;
sq5 = 0;
while (l32<l31)&(l31<ys2(1,2))&(l32<ys2(1,1))
    pk2 = (l31 - 1/2)^2 + (l32 + 1)^2 - rr2^2;
    if pk2<0
        sq5 = sq5 + yy2(l32 + 1,l31);
        l15 = l15 + 1;
        l31 = l31;
        l32 = l32 + 1;
    else sq5 = sq5 + yy2(l32 + 1,l31 - 1);
        l15 = l15 + 1;
        l31 = l31 - 1;
        l32 = l32 + 1;
    end
```

```
    end
    sq = sq5/l15;
    for t1 = r1 + 40:126
        sr3(t1) = 0;
    end
    rr2 = rr2 + 2;
    l31 = n3 + 2;
    l32 = 1;
    while (rr2< = 126)&(rr2<sqrt(2) * ys2(1,2))&(rr2<sqrt(2) * ys2(1,1))&(l31>l32)&
(l31<ys2(1,2))&(l32<ys2(1,1))
        n3 = l31;
        l16 = 0;
        sq6 = 0;
        while (l31>l32)&(l31<ys2(1,2))&(l32<ys2(1,1))
            pk2 = (l31 - 1/2)^2 + (l32 + 1)^2 - rr2^2;
            if pk2<0
                sq6 = sq6 + yy2(l32 + 1,l31);
                l16 = l16 + 1;
                l31 = l31;
                l32 = l32 + 1;
            else sq6 = sq6 + yy2(l32 + 1,l31 - 1);
                l16 = l16 + 1;
                l31 = l31 - 1;
                l32 = l32 + 1;
            end
        end
        sqq = sq6/l16;
        sr3(rr2) = abs(sqq - sq);
        sq = sqq;
        rr2 = rr2 + 2;
        l31 = n3 + 2;
        l32 = 1;
    end
    ma3 = sr3(r1 + 40);
    t1 = r1 + 40;
    while t1< = 126
        if sr3(t1)>ma3
            ma3 = sr3(t1);
            rad3 = t1;
        end
        t1 = t1 + 1;
    end
    % 以上是第二像限
    j1 = double(i);
    q3 = zeros(0,0);
    t1 = row1;
    while t1<280
        for t2 = 1:col1
            q3(t1 - row1 + 1,col1 + 1 - t2) = j1(t1,t2);
        end
```

```
        t1 = t1 + 1;
    end
    yy3 = double(q3);
    ys3 = size(yy3);
    rr3 = r1 + 40;
    l41 = r1 + 40;
    l42 = 1;
    l17 = 0;
    n4 = l41;
    sq7 = 0;
    while (l42<l41)&(l41<ys3(1,2))&(l42<ys3(1,1))
        pk3 = (l41 - 1/2)^2 + (l42 + 1)^2 - rr3^2;
        if pk3<0
            sq7 = sq7 + yy3(l42 + 1,l41);
            l17 = l17 + 1;
            l41 = l41;
            l42 = l42 + 1;
        else sq7 = sq7 + yy3(l42 + 1,l41 - 1);
            l17 = l17 + 1;
            l41 = l41 - 1;
            l42 = l42 + 1;
        end
    end
    sq = sq7/l17;
    for t1 = r1 + 40:126
        sr4(t1) = 0;
    end
    rr3 = rr3 + 2;
    l41 = n4 + 2;
    l42 = 1;
    while (rr3< = 126)&(rr3<sqrt(2) * ys3(1,2))&(rr3<sqrt(2) * ys3(1,1))&(l41>l42)&
(l41<ys3(1,2))&(l42<ys3(1,1))
        n4 = l41;
        l18 = 0;
        sq8 = 0;
        while (l41>l42)&(l41<ys3(1,2))&(l42<ys3(1,1))
            pk3 = (l41 - 1/2)^2 + (l42 + 1)^2 - rr3^2;
            if pk3<0
                sq8 = sq8 + yy3(l42 + 1,l41);
                l18 = l18 + 1;
                l41 = l41;
                l42 = l42 + 1;
            else sq8 = sq8 + yy3(l42 + 1,l41 - 1);
                l18 = l18 + 1;
                l41 = l41 - 1;
                l42 = l42 + 1;
            end
        end
        sqq = sq8/l18;
        sr4(rr3) = abs(sqq - sq);
```

```
        sq = sqq;
        rr3 = rr3 + 2;
        l41 = n4 + 2;
        l42 = 1;
    end
    ma4 = sr4(r1 + 40);
    t1 = r1 + 40;
    while t1< = 126
        if sr4(t1)>ma4
            ma4 = sr4(t1);
            rad4 = t1;
        end
        t1 = t1 + 1;
    end
    % 以上是第三像限
    % 四个像限的半径平均值
    ra(zong) = (rad1 + rad2 + rad3 + rad4)/4;
    % 圆心位置
    xin(zong,1) = row1;
    xin(zong,2) = col1;
    sh2 = sh2 + 1;
    % 4 个像限最大灰度差值和
    ma(zong) = ma1 + ma2 + ma3 + ma4;
    end
    sh1 = sh1 + 1;
    end
    max1 = ma(1);
    for t1 = 1:zong
        if max1< = ma(t1)
            % 最大值是第 t1 次循环
            shh = t1;
            % 循环后的最大灰度差值
            max1 = ma(t1);
        end
    end
    jing = 0;
    for t1 = 1:zong
        jing = jing + ra(t1);
    end
    % 虹膜半径
    jing = floor(jing/zong);
    % 虹膜的圆心
    row2 = xin(shh,1);
    col2 = xin(shh,2);
    for t1 = 1:280
        for t2 = 1:320
            if ((t1 - row2 - 2)^2 + (t2 - col2 + 4)^2 - jing^2<200)&((t1 - row2 - 2)^2 + (t2 - col2 +
4)^2 - jing^2> - 200)
    %设置虹膜外边缘为白色
    i(t1,t2) = 255;
```

```
            end
        end
    end
    for t1 = 1:280
        for t2 = 1:320
            if ((t1 - c(1,1))^2 + (t2 - c(1,2))^2 <= r1^2)|((t1 - c(1,1))^2 + (t2 - c(1,2))^2 >= jing^2)
    % 把虹膜以外的部分设为白色
    iii(t1,t2) = 255;
            end
        end
    end
    figure,imshow(i);
    figure,imshow(iii);
```

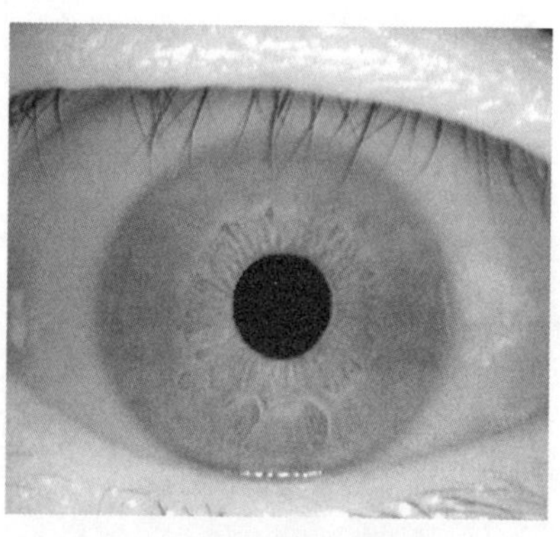

(a) 输入的原始图像

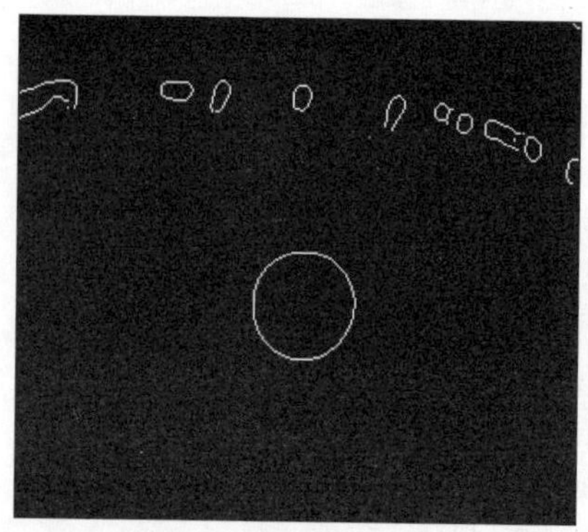

(b) 二值化后的结果

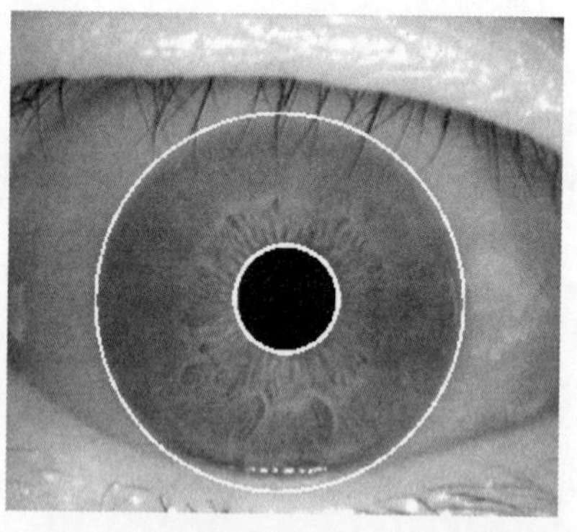

(c) 运用改进型Hough变换进行检测的结果

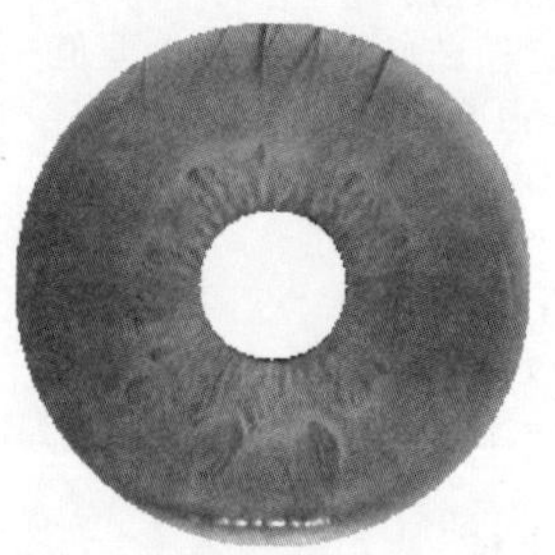

(d) 虹膜定位结果

图 3.20-5 例程 3.20-1 的运行结果

一语中的 本节所介绍的人眼虹膜的方法采用 Canny 算子对人眼图像进行预处理,有效地减少了后续 Hough 变换检测的运算量;累加过程中阈值的设定增加了检测的鲁棒性。

3.21 基于模糊集的图像增强方法

【温馨提示】 本节将模糊理论应用于对图像增强的过程中，读者应结合例程掌握基于模糊集的图像增强方法的实现步骤。

在图像处理中，图像增强是图像预处理中最常用的技术之一，图像增强技术对于提高图像质量起着重要的作用。所谓图像增强，就是指对图像的某些特征，如边缘、轮廓、对比度等进行调整或尖锐化，以便于显示、观察或进一步的分析与处理。图像增强将不增加图像数据中的相关信息，但它将增加所选择特征的动态范围，从而使这些特征更加容易地被检测或识别。

近年来，人们对基于模糊的图像处理技术也进行了研究。模糊集合理论能够成功地应用于图像处理领域，并表现出优于传统方法的处理效果，其根本原因在于：图像所具有的不确定性往往是由模糊性引起的。图像增强的模糊方法，有些类似于空域处理方法，它是在图像的模糊特征域上通过修改像素值而实现的。基于模糊的图像处理技术是一种值得重视的研究方向，应用模糊方法往往能取得优于传统方法的处理效果。

3.21.1 模糊理论及其实现步骤

1965年，美国加州大学伯克利分校扎德教授发表了关于模糊理论的第一篇论文，从集合论的角度首次提出表述模糊性事值的模糊集合概念，以弥补用二值逻辑来描述事物的缺点。模糊逻辑是通过模仿人的思维方式来表示和分析不确定、不精确信息的方法和工具。模糊逻辑本身并不模糊，它并不是“模糊的”逻辑，而是用来对“模糊”(现象、事件)进行处理，以达到消除“模糊”的逻辑。

在模糊逻辑中，采用隶属度函数来反映模糊集合中的元素属于该集合的程度。

实现模糊逻辑推理可通过以下三个步骤来实现。

(1) 模糊化

通过模糊化可将精确量转换为标准论域上的模糊子集。精确量经对应关系转换为标准论域上的基本元素，在该元素上具有最大隶属度的模糊子集即为该精确量对应的模糊子集。简言之，模糊化是将输入/输出变量按各种分类被安排成不同的隶属度。如温度输入，根据其高低被安排成冷、凉、暖、热等。

模糊集使得某元素可以在一定程度属于某集合，某元素属于某集合的程度由“0”与“1”之间的一个数值——隶属度来刻画或描述。把一个具体的元素映射到一个合适的隶属度是由隶属度函数来实现的。

隶属度函数可以是任意形状的曲线，取什么形状取决于是否让我们使用起来感到简单、方便、快递、有效，唯一的约束条件是隶属度函数的值域为[0,1]。模糊系统中常用的隶属度函数有高斯型隶属度函数、三角形隶属度函数、梯形隶属度函数等。

(2) 模糊推理

在模糊推理过程中，输入变量被加到一个“if-then”的控制规则的集合中。按各种控制规则进行推理,将结果合成在一起,产生一个"模糊推理输出"集合。

模糊逻辑推理是不确定性推理方法之一,其基础是模糊逻辑。该方法以模糊判断为前提,运行模糊语言规则,推理出一个新的、近似的模糊判断结论。决定是否进行了模糊逻辑推理并不是看前提和结论中是否使用了模糊概念,而是看推理过程是否具有模糊性,具体表现在推理规则是不是模糊的。

(3) 解模糊化

解模糊化是对模糊推理输出进行解模糊判决,即在一个输出范围内,找到一个被认为最具有代表性、确切的输出值。常用的方法有:重心法、最大隶属度法以及系数加权平均法。

模糊系统能快速方便地描述与处理问题主要是基于以下原因:

① 模糊逻辑是基于自然语言的描述;

② 模糊逻辑可以建立在专家经验的基础上;

③ 模糊逻辑容许使用不精确的数据;

④ 模糊逻辑在概念上易于理解;

⑤ 模糊逻辑可以对任意复杂的非线性函数进行建模。

模糊性反映了事件的不确定性,但这种不确定性不同于随机性。随机性反映的是客观上的自然的不确定性,或时间发生的偶然性;而模糊性则反映人们主观理解上的不确定性,即人们对有关时间定义或概念描述在语言意义理解上的不确定性。

3.21.2 基于模糊集的图像增强方法

基于模糊集的图像增强主要有以下三个步骤:图像模糊特征提取、隶属函数值的修正和模糊域反变换,如图3.21-1所示。

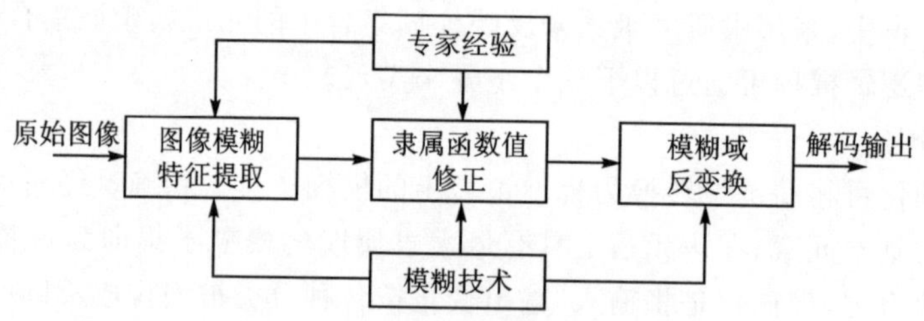

图3.21-1 基于模糊集的图像增强的步骤

(1) 图像的模糊特征提取

通过以下变换将图像从空间域变换到模糊域:

$$\mu_{mn} = G(g_{mn}) = \left[1 + \frac{g_{\max} - g_{mn}}{F_d}\right]^{-F_e}$$

式中,F_e 和 F_d 为变换系数,$g_{\max}$ 为图像中最大的灰度值,g_{mn} 是当前像素点的灰度值。

(2) 隶属度函数值修正

通过下述变换,即运用模糊增强算子(INT)的回归调用来修正隶属度:

$$T(\mu_{mn}) = \begin{cases} 2 \cdot [\mu_{mn}]^2 & 0 \leqslant \mu_{mn} \leqslant 0.5 \\ 1 - 2 \cdot [1 - \mu_{mn}]^2 & 0.5 \leqslant \mu_{mn} \leqslant 1 \end{cases}$$

模糊增强的关键在于:用模糊增强算子通过增大大于 0.5 的隶属度值而减小小于 0.5 的隶属度值。

(3) 模糊域反变换

通过反变换产生新灰度级,从而将数据从模糊域变换到图像的空间域:

$$g'_{mn} = G^{-1}(\mu'_{mn}) = g_{mn} - F_d[(\mu'_{mn})^{\frac{-1}{F_e}} - 1]$$

3.21.3 例程一点通

例程 3.21-1 是基于模糊集对图像进行增强的 MATLAB 源程序,图 3.21-2 是其运行结果。

【例程 3.21-1】

```
x = imread('lena.bmp');
[M,N] = size(x);
x1 = double(x);
% 基本参数
Fd = 0.8;
FD = -1 * Fd;
% Fe = 128;
Fe = 128;
Xmax = 255;
% 模糊特征平面
for i = 1:M
    for j = 1:N
        P(i,j) = (1 + (Xmax - x1(i,j))/Fe)^FD;
    end
end
% 模糊增强
times = 1;
for k = 1:times
    for i = 1:M
        for j = 1:N
            if P(i,j) <= 0.5000
                P1(i,j) = 2 * P(i,j)^2;
            else
                P1(i,j) = 1 - 2 * (1 - P(i,j))^2;
            end
        end
    end
    P = P1;
end
% 反模糊化
for i = 1:M
    for j = 1:N
        I(i,j) = Xmax - Fe * ((1/P(i,j))^(1/Fd) - 1);
    end
```

```
    end
    X = uint8(I);
    figure,imshow(x);
    figure,imshow(X);
```

(a) 输入的原始图像

(b) 模糊增强后的图像

图 3.21-2 例程 3.21-1 的运行结果

一语中的 基于模糊集的图像增强主要包括三个核心步骤:图像模糊特征提取、隶属函数值的修正和模糊域反变换。

3.22 基于 K-L 变换的人脸识别技术

【温馨提示】 本节主要讲解人脸识别的相关内容,内容涉及图像的 K-L 变换等基础知识。

3.22.1 人脸识别技术的发展

人脸是人类情感表达和交流的最重要、最直接的载体。通过人脸可以推断出一个人的种族、地域甚至身份、地位等信息;人们还能通过人脸丰富而复杂细小的变化,得到对方的个性和情绪状态。科学界从计算机图形学、图像处理、计算机视觉、人类学等多个学科对人脸进行研究。最早的人脸识别技术的研究可以追溯到 20 世纪 50 年代,当时的研究人员主要涉及的是社会心理学领域;到了 20 世纪 60 年代,开始有一些工程文献陆续发表出来;但是,真正的自动人脸识别的研究是从 20 世纪 70 年代的 Kanade 和 Kelly 开始的,当时采用的技术基本上都是典型的模式识别技术,例如利用脸部重要特征点之间的距离进行分类识别。

随着计算机技术的发展,从 20 世纪 80 年代到 90 年代初期,人脸识别技术得到了很大的发展并进入了实际应用领域。在这一阶段,基于人脸外貌的统计识别方法得到了很大的发展，其中，Eigenfaces 和 Fisherfaces 在大规模的人脸数据库上进行的实验得到了相当不错的结果。同时，基于人脸特征的识别方法也逐渐发展起来，此类方法对光线和视角的变化、人脸的定位都不太敏感，有利于识别率的提高。

3.22.2　研究人脸识别的意义

自20世纪90年代后期以来，一些商业性的人脸识别系统逐渐进入市场。近几年来人脸识别作为计算机安全技术在全球范围内迅速发展起来，特别是美国遭受911恐怖袭击以后，人脸识别技术更引起了广泛的关注。在这一阶段，更多的研究集中在基于视频的人脸识别上面。人脸识别技术具有广泛的应用前景：在国家安全、军事安全和公共安全领域，智能门禁、智能视频监控、公安布控、海关身份验证、司机驾照验证等是典型的应用；在民事和经济领域，各类银行卡、金融卡、信用卡、储蓄卡持卡人的身份验证、社会保险人的身份验证等具有重要的应用价值；在家庭娱乐等领域，人脸识别也具有一些有趣有益的应用，比如能够识别主人身份的智能玩具、家政机器人、具有真实面像的虚拟游戏玩家等。

今天，人脸检测的应用背景已经远远超出了人脸识别系统的范畴，在基于内容的检索、数字视频处理、视觉监测等方面有着重要的应用价值。

同时，人脸识别作为一种生物体征识别，与其他较成熟的识别方法（如指纹、虹膜、DAN 检测等）相比，有以下几个优点：

① 无侵犯性。人脸图像的获取不需要与被检测人发生身体接触，可以在不惊动被检测人的情况下进行。

② 低成本、易安装。人脸识别系统只需采用普通的视觉传感器、数码摄像机或手机上的嵌入式摄像头等广泛使用的摄像设备即可，对用户也没有特别的安装要求。

③ 无人工参与。整个人脸识别过程不需要用户或被检测人的主动参与，计算机可以根据用户预先的设置自动进行。

由于具有以上优点，近几年来，人脸识别技术引起了越来越多科研人员的关注。

3.22.3　国内外研究状况分析

当前很多国家展开了有关人脸识别的研究，主要有美国、欧洲国家、日本等。著名的研究机构有美国 MIT 的 Media lab、AI lab、CMU 的 Human - ComputerInterface Institute、Microsoft Research，英国的 Department of Engineering in University of Cambridge 等。

20世纪90年代以来，随着高速高性能计算机的出现，人脸识别方法有了重大突破，进入了真正的机器自动识别阶段。国外有许多大学在此方面取得了很大进展，他们研究涉及的领域很广，其中有从感知和心理学角度探索人类识别人脸机理的，如美国 Texas at Dallas 大学的 Abdi 和 Toole 小组，主要研究人类感知人脸的规律；由 Stirling 大学的 Bruce 教授和 Glasgow 大学的 Burton 教授合作领导的小组，主要是研究人类大脑在人脸认知中的作用，并在此基础上建立了人脸认知的两大功能模型，他们对熟悉和陌生人脸的识别规律以及图像序列的人脸识别规律也进行了研究；也有从视觉机理角度进行研究的，英国 Aberdeen 大学的 Craw 小组主要研究人脸视觉表征方法，他们对空间频率在人脸识别中的作用也进行了分析；荷兰 Groningen 大学的 Petkov 小组，主要研究人类视觉系统的神经生理学机理，并在此基础上发展了并行模式识别方法，更多的学者则从事利用输入图像进行计算机人脸识别的研究工作。

在人脸识别的领域中，国际上逐步形成了以下几个研究方向：

① 基于几何特征的人脸识别方法，主要代表是 MIT 的 Brunelli 和 Poggio 小组，他们采用改进的积分投影法提取出用欧氏距离表征的 35 维人脸特征矢量用于模式分类。

② 基于模板匹配的人脸识别方法，主要代表是 Harvard 大学 Smith – Kettlewell 眼睛研究中心的 Yuille，他采用弹性模板来提取眼睛和嘴巴的轮廓，Chen 和 Huang 则进一步提出用活动轮廓模板提取眉毛、下巴和鼻孔等不确定形状。

③ 基于 K – L 变换的特征脸的方法，主要研究者是 MIT 媒体实验室的 Pentland。

④ 基于隐马尔可夫模型的方法，主要代表有 Cambridge 大学的 Samaria 小组和 Georgia 技术研究所的 Nefian 小组。

⑤ 神经网络识别的方法，如 Poggio 小组提出的 HyperBF 神经网络识别方法，英国 Sussex 大学的 Buxton 和 Howell 小组提出的 RBF 网络识别方法等。

⑥ 基于动态链接结构的弹性图匹配方法，主要研究者是由 C. Von derMalsburg 领导的德国 Bochum 大学和美国 Southern California 大学的联合小组。

⑦ 利用运动和颜色信息对动态图像序列进行人脸识别的方法，主要代表是 Queen Mary 和 Westfield 大学的 Shaogang Gong 小组。

国内关于人脸自动识别的研究始于 20 世纪 80 年代，主要的研究单位有清华大学、哈尔滨工业大学、中科院计算所、中科院自动化所、复旦大学、北京科技大学等，并都取得了一定的成果。国内的研究工作主要集中在三大类方法的研究：基于几何特征的人脸正面自动识别方法、基于代数特征的人脸正面自动识别方法和基于连接机制的人脸正面自动识别方法。

3.22.4 基于 K – L 变换的人脸识别

(1) 人脸检测与图像归一化

设处理的图像为 $I(x,y)$，其大小为 $N\times N$，则该图像的垂直灰度投影函数为：

$$PV(X)=\sum_{y=1}^{N}I(x,y) \tag{3.22.1}$$

式中，PV 称为垂直灰度投影曲线。人脸所在区域的投影曲线具有两个一定宽度的凸峰，所以通过凸峰可以定位人脸的左右边界。为了去除噪声的影响，对垂直灰度投影曲线先进行平滑处理。当人脸的左右边界确定之后，取左右边界之大小为 $M'\times N$，该图像区域的水平灰度投影得到脸上下边界。

得到上述包含眉眼的矩形区域后，需要加以区分的有脸上的各种器官。对矩阵区域进行分块，根据眼睛的大小将区域分成 $S\times S$ 的大小，其中，相邻两块是半块半块重叠的,这样做的目的是为了后面微调方便。

首先,如果图片带有白色斑点,则对眉眼区域图像进行去噪、增强处理。然后根据眼睛部位的像素变化较多这一特点,对小块进行灰度变化统计,选择其中最大值的若干块(如 20),这时人的眼睛、鼻孔、眉毛一般都在这些较大值的块里。

如果同一高度上图像块有重叠,去掉纵向复杂度小的块,留下复杂度大的块。经过合并的小方块并不一定就框住了眼睛和鼻孔,要进一步对小方块进行微调,微调的幅度是方块的半宽和半高,找到所有微调中纵向复杂度最大的方块取代原来的方块。经过微调后,在一般情况下还会有图像块在水平方向上重叠。做第二次合并,并去除离边界较近的小方块。

对剩下的方块,用一些人脸器官特征,如眼距与脸宽比值在一定的范围内、鼻孔离两眼距离相同、眼睛下方有鼻孔等来判断其是否可能是双眼。对满足要求的方块对,取相似度最大的为双眼。

通过上述算法,则已经得到了人脸正面图像的左右两眼的中心位置 Er、El,根据两眼坐标,进行图像裁剪。

设 O 点为 Er、El 的中心,并设 Er、El 间的长度为 d,经过裁剪,在 $2d\times 2d$ 的图像内,可以保证 O 点固定于$(0.5d,d)$处。对取出的图像进行缩小和放大变换,得到统一大小的校准图像,然后把得到的脸部图像再进行灰度拉伸,以改善图像的对比度。采用直方图修正技术使得图像具有统一的均值和方差,以部分地消除光照的影响,得到最终归一化后的图像。

(2) 基于 K-L 算法的人脸特征向量提取

假设数据库里有 P 个人,每人有 ω_i 幅人脸图像,设每位训练者图像的平均矢量为 m_i,则 $\boldsymbol{M}=[m_0,m_1,\cdots,m_{p-1}]$,其总体灰度平均值为 m,$\boldsymbol{M}$ 与之相减后构成一组大矢量 $\boldsymbol{A}=[\phi_1,\phi_2,\cdots,\phi_P]$,其中 $\phi_i=m_i-m$,它用于进行主分量分析(K-L 变换),找出 $\boldsymbol{M}$ 个正交矢量 μ_k 及本征值 λ_k 用以描述数据分布规律,μ_k 和 λ_k 是协方差矩阵 $\boldsymbol{C}$ 的本征矢量和本征值:

$$\boldsymbol{C}=\sum p(\omega_i)\phi_i\phi_i^{\mathrm{T}}=\boldsymbol{A}\boldsymbol{A}^{\mathrm{T}} \tag{3.22.2}$$

求解出来的特征值和特征向量即为“特征脸”,设为矩阵 $\boldsymbol{U}$,对每个人的训练样本的平均图像矢量 $m_i(i=0,\cdots,P-1)$,向由“特征脸”图像矢量所生成的子空间上投影,其坐标系数矢量就是其 K-L 变换的展开系数矢量,即:

$$c_i=\boldsymbol{U}^{\mathrm{T}}m_i \qquad i=0,\cdots,P-1 \tag{3.22.3}$$

对待识别图像 f,首先用“特征脸”参数把图像投影到子空间内,得到 f 的系数向量 η,然后运用最小距离公式分别计算 c_i 与 η 的距离,取距离最小的 c_k,则可认为 f 为训练样本库中的第 k 个人。对随意输入的图像 f,如果其信噪比大过某个阈值,则可认为输入的图像 f 不是人脸。

3.22.5　例程一点通

例程 3.22-1 是利用本节原理进行人脸检测的 MATLAB 源程序。该程序所用的测试图像组见共享资料3.22文件夹下的att_faces。注：在运行该程序时，请将att_faces复制到计算机的\My Documents\MATLAB文件夹下。

【例程3.22-1】

```
% 导入人脸图像集合
k = 0;
for i = 1:1:40
    for j = 1:1:10
        filename = sprintf('d:\\My Documents\\MATLAB\\att_faces\\s%d\\%d.pgm',i,j);
        image_data = imread(filename);
        k = k + 1;
        x(:,k) = image_data(:);
        anot_name(k,:) = sprintf('%2d:%2d',i,j);
    end;
end;
nImages = k;                          %图像总共的数量
imsize = size(image_data);            %图像尺寸
nPixels = imsize(1) * imsize(2);      %图像中的像素数
x = double(x)/255;                    %转换成双精度型并进行归一化处理
%计算图像均值
avrgx = mean(x')';
for i = 1:1:nImages
    x(:,i) = x(:,i) - avrgx;
end;
subplot(2,2,1); imshow(reshape(avrgx, imsize)); title('mean face')
cov_mat = x' * x; %计算协方差矩阵
%计算协方差矩阵的奇异值
[V,D] = eig(cov_mat);
V = x * V * (abs(D))^-0.5;
subplot(2,2,2); imshow(ScaleImage(reshape(V(:,nImages   ),imsize)));
title('1st eigen face');
subplot(2,2,3); imshow(ScaleImage(reshape(V(:,nImages - 1),imsize)));
title('2st eigen face');
subplot(2,2,4); plot(diag(D)); title('Eigen values');
KLCoef = x' * V; %图像分解系数
%重构图像
image_index = 12;  reconst = V * KLCoef';
diff = abs(reconst(:,image_index) - x(:,image_index));
strdiff_sum = sprintf('delta per pixel: %e',sum(sum(diff))/nPixels);
figure;
subplot(2,2,1); imshow((reshape(avrgx + reconst(:,image_index), imsize)));
title('Reconstructed');
subplot(2,2,2); imshow((reshape(avrgx + x(:,image_index), imsize)));title('original');
subplot(2,2,3); imshow(ScaleImage(reshape(diff, imsize))); title(strdiff_sum);
for i = 1:1:nImages
%计算欧式距离
dist(i) = sqrt(dot(KLCoef(1,:) - KLCoef(i,:), KLCoef(1,:) - KLCoef(i,:)));
end;
```

```
subplot(2,2,4); plot(dist,'. - '); title('euclidean distance from the first face');
figure;
show_faces = 1:1:nImages/2;
plot(KLCoef(show_faces,nImages), KLCoef(show_faces,nImages - 1),'.');
title('Desomposition: Numbers indicate (Face:Expression)');
for i = show_faces
    name = anot_name(i,:);
    text(KLCoef(i,nImages), KLCoef(i,nImages - 1),name,'FontSize',8);
end;
% 查找相似图像
image_index = 78;
for i = 1:1:nImages
dist_comp(i) = sqrt(dot(KLCoef(image_index,:) - KLCoef(i,:),KLCoef(image_index,:) -
KLCoef(i,:)));
    strDist(i) = cellstr(sprintf('%2.2f\n',dist_comp(i)));
end;
[sorted, sorted_index] = sort(dist_comp);
figure;
for i = 1:1:9
subplot(3,3,i);
imshow((reshape(avrgx + x(:,sorted_index(i)),imsize)));
title(strDist(sorted_index(i)));
%%%%%%子函数%%%%%%
function out = ScaleImage(in)
in_min = min(min(in));
in_max = max(max(in));
out = (in - in_min)/ (in_max - in_min);
```


一语中的 基于K-L变换的人脸识别技术的主要思想是:提取输入人脸图像矩阵的特征向量,并与图像数据库中样本特征向量求欧式距离,距离小于阈值时便认为识别成功。

3.23 图像分割技术及其实现

【温馨提示】 本节主要介绍图像分割的基本原理和实现的各种方法,读者应着重掌握每种图像分割算法的实现步骤和主要特点。

在对图像的研究和应用中,人们往往仅对图像中的某些部分感兴趣,这些部分通常被称为前景或目标,其余部分则称为背景。目标一般对应于图像中特定的、具有独特性质的区域。独特性质可以是像素的灰度值、物体轮廓曲线、颜色和纹理等。为了识别和分析图像中的目标,需要将它们从图像中分离提取出来,在此基础上才有可能进一步对目标进行测量和对图像进行利用。图像分割就是指把图像分成各具特性的区域并提取出感兴趣目标的技术和过程。

3.23.1 什么是"图像分割"

图像分割的定义为：令集合 R 代表整个图像区域，对 R 的分割可看作将 R 分解为 N 个满足以下条件的非空子集 $R_1,R_2,\cdots,R_N$：

① $\bigcup_{i=1}^{N} R_i = R$；

② 对于所有的 i,j，当 $i \neq j$ 时，满足 $R_i \cap R_j = \varnothing$；

③ 对 $i=1,2,\cdots,N$，有 $P(R_i)=\text{TRUE}$；

④ 对于 $i \neq j$，有 $P(R_i \cup R_j)=\text{FALSE}$；

⑤ 对 $i=1,2,\cdots,N$，R_i 是连通的区域。

上式中，P 为对所有集合 R_i 中元素的逻辑谓词，$\varnothing$则代表空集。通过定义可知：对一幅图像的分割结果中全部子区域的并集应能包括图像的所有像素，而分割结果中各个子区域是互不重叠的，即每个像素不能同时属于不同的区域。属于同一区域的像素应该满足某些相同的属性，而不同的区域具有不同的特性。分割结果中同一子区域内的像素应该是连通的。

图像分割在图像工程中占据重要的位置，它是从图像预处理到图像识别、理解的关键步骤。一方面它是目标表达的基础，对特征测量有重要的影响；另一方面，图像分割及基于分割的目标表达、特征提取和参数测量等将原始图像转化为更为抽象的、更为紧凑的形式，使得更高层的图像识别、分析和理解成为可能。

图像分割的方法已有上千种，每年还有新的方法不断涌现。实际的图像处理和分析都是面向某种特定应用的。迄今为止，还没有找到一种通用的图像分割方法。典型而传统的分割方法可以分为基于阈值的分割方法、基于边缘的分割方法、基于区域的分割方法和基于特征的分割方法等。本节将对这些典型的分割方法加以介绍。

3.23.2 基于阈值的图像分割

阈值分割法是图像分割中最具代表性的一种分割算法。由于图像阈值处理的直观性和易于实现的特点，以及阈值分割总能用封闭而连通的边界定义不交叠的区域，使得阈值化分割算法成为图像分割中较为常见的分割方法之一。它特别适合于目标和背景占据不同灰度级范围的图像。

阈值分割法分为全局阈值和局部阈值两种。如果在分割过程中对图像的每个像素都使用相同的阈值，则称为全局阈值方法；如果整幅图像不是所有的像素使用的阈值都相同，则称为局部阈值。显然，阈值的选取是阈值分割法的关键所在。

1. 全局阈值法

采用阈值确定边界的最简单方法是在整个图像中将灰度阈值设为常数。当图像中背景的灰度值在整个图像中与前景明显不同时，只需要设置正确的阈值，使用一个固定的全局阈值就会有好的效果。

(1) 基于灰度直方图的阈值分割

一般，运用全局阈值进行图像分割(二值化)时，需要求取最佳的阈值。最佳阈值的选择需要根据具体问题来确定，一般通过实验来确定。对于给定的图像，可以通过分析直方图的方法确定最佳的阈值。例如，当直方图明显呈现双峰情况时，可以选择两个峰值的中点作为最佳阈值。

例程 3.23－1 是运用直方图进行阈值分割的 MATLAB 源程序，其运行结果如图 3.23－1 所示。

【例程 3.23－1】

```
%读入图像
A = imread('hehua.jpg');
B = rgb2gray(A);
B = double(B);
%求图像的灰度直方图
hist(B)
[m,n] = size(B);
%根据直方图进行阈值分割
for i = 1:m
    for j = 1:n
%阈值
        if B(i,j)>70&B(i,j)<130
            B(i,j) = 1;
        else
            B(i,j) = 0;
        end
    end
end
%显示分割结果
subplot(121),imshow(A)
subplot(122),imshow(B)
```

(2) 迭代阈值分割

假设有一幅图像 $f(x,y)$，$Z(i,j)$是图像上(i,j)点的灰度值，$N(i,j)$是(i,j)点的权重系数，$N(i,j)$取(i,j)点灰度的概率。下面介绍一种通过迭代求图像最佳分割阈值的方法。迭代法采用基于逼近的思想。

步骤一：求出图像中的最小和最大灰度值 Z_l 和 Z_k 的阈值初值 $T_0=(Z_0+Z_k)/2$。

步骤二：根据阈值 T_k 将图像分割成目标与背景两部分，求出两部分的平均灰度值 Z_0 和 Z_B。

$$Z_0=\frac{\sum\limits_{z(i,j)<T_k} z(i,j)\times N(i,j)}{\sum\limits_{z(i,j)<T} N(i,j)},\quad Z_B=\frac{\sum\limits_{z(i,j)>T_k} z(i,j)\times N(i,j)}{\sum\limits_{z(i,j)<T} N(i,j)}$$

步骤三：求出新阈值 T_{k+1}

$$T_{k+1}=\frac{Z_0+Z_B}{2}$$

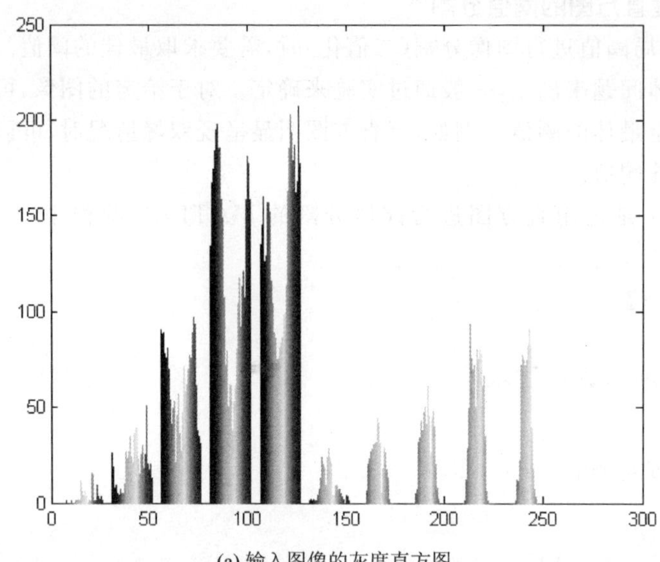

(a) 输入图像的灰度直方图

(b) 输入的图像　　(c) 分割后的结果

图 3.23-1　例程 3.23-1 的运行结果

步骤四:若 $T_k = T_{k+1}$,则结束;否则,$k+1 \rightarrow k$,转第二步。

步骤五:第四步结束后,T_k 即为最佳阈值。

上述步骤可由例程 3.23-2 来实现,其运行结果如图 3.23-2 所示。

【例程 3.23-2】

```
%读入图像,并进行灰度转换
A = imread('baihe.jpg');
B = rgb2gray(A);
%初始化阈值
T = 0.5 * (double(min(B(:))) + double(max(B(:))));
d = false;
%通过迭代求最佳阈值
while~d
      g = B>= T;
```

```
        Tn = 0.5 * (mean(B(g)) + mean(B(~g)));
        d = abs(T - Tn)<0.5;
        T = Tn;
    end
    % 根据最佳阈值进行图像分割
    level = Tn/255;
    BW = im2bw(B,level);
    % 显示分割结果
    subplot(121),imshow(A)
    subplot(122),imshow(BW)
```

上述程序中,使用语句 T=0.5 * (double(min(B(:)))+double(max(B(:))));为变量 T 赋初值,首先把 B 中的元素排成一列,然后把 B 的最大值与最小值相加再乘以 0.5。逻辑变量 d 的初始值设为 false。在循环语句的迭代过程中,每次都要给 d 赋新值,然后在 while 语句处检查 d 的真假。当 d 为真时,也就是当 abs($T-T_n$)<0.5 时结束循环。语句 g=B>=T 中,B>=T 返回一个 0、1 逻辑矩阵,然后把这个逻辑矩阵赋给 g,g 的维数与 B 相同。如果 B 中元素大于 T,那么在相应位置上矩阵 g 的元素为 1,否则 g 的元素为 0。语句 Tn=0.5 * (mean(B(g))+mean(B(~g)))中,B(g)按照 g 的非零元素位置提取出 B 的元素构成一个列向量,B(~g)是按照 g 的零元素位置提取出 B 的元素构成一个列向量。然后计算最大最小值的均值,并将它们赋给 T_n。

(a) 输入的图像

(b) 分割后的结果

图 3.23-2 例程 3.23-2 的运行结果

(3) 最大类间方差阈值分割法

这种算法是由日本大津展之在 1980 年提出的,它是在最小二乘法原理的基础上推导出来的,其基本思路是将图像的直方图以某一灰度为阈值将图像分成两组并计算两组的方差,当被分成的两组之间的方差最大时,就以这个灰度值为阈值分割图像。设一幅图像的灰度值为 m 个,灰度值为 i 的像素数为 n_i,则得到总像素数为:

$$N = \sum_{i=1}^{m} n_i \tag{3.23.1}$$

各灰度值的概率为:

$$P_i = \frac{n_i}{N} \tag{3.23.2}$$

然后用 k 值将其分成两组 $C_0=[1\cdots k]$ 和 $C_1=[k+1\cdots m]$，则 C_0 组产生的概率为：

$$w_0 = \frac{\sum_{i=1}^{k} n_i}{N} = \sum_{i=1}^{k} p_i \tag{3.23.3}$$

C_1 组产生的概率为：

$$w_1 = \frac{\sum_{i=k+1}^{m} n_i}{N} = \sum_{i=k+1}^{m} p_i = 1 - w_0 \tag{3.23.4}$$

C_0 组的平均灰度值为：

$$u_0 = \frac{\sum_{i=1}^{k} n_i * i}{\sum_{i=1}^{k} n_i} = \frac{\sum_{i=1}^{m} p_i * i}{w_0} \tag{3.23.5}$$

C_1 组的平均灰度值为：

$$u_1 = \frac{\sum_{i=k+1}^{m} n_i * i}{\sum_{i=k+1}^{m} n_i} = \frac{\sum_{i=k+1}^{m} p_i * i}{w_1} \tag{3.23.6}$$

整体平均灰度值为：

$$u = \sum_{i=1}^{m} p_i * i$$

其中阈值为 k 时灰度的平均值为：

$$u(k) = \sum_{i=1}^{k} p_i * i$$

采样的灰度平均值为 $\mu = w_0 u_0 + w_1 u_1$，两组间的方差公式如下：

$$d(k) = w_0 (u_0 - u)^2 + w_1 (u - u_1)^2 \tag{3.23.7}$$

把整体灰度平均值代入(3.23.7)得：

$$d(k) = w_0 w_1 (u_1 - u_2)^2 \tag{3.23.8}$$

从 1～m 之间改变 k 值，求 k^*，使得 $d(k^*)=\max(d(k))$；然后，以 k^* 为阈值分割图像，这样就得到最佳的分割效果。

例程 3.23－3 是实现最大类间方差阈值分割法的 MATLAB 源程序，其运行结果如图 3.23－3 所示。

【例程 3.23－3】

```
I = imread('moli.jpg');
% rgb 转灰度
if isrgb(I) == 1
    I_gray = rgb2gray(I);
```

```
else
    I_gray = I;
end
subplot(121),imshow(I_gray);
%转化为双精度
I_double = double(I_gray);
[wid,len] = size(I_gray);
%灰度级
colorlevel = 256;
%直方图
hist = zeros(colorlevel,1);
%计算直方图
for i = 1:wid
    for j = 1:len
        m = I_gray(i,j) + 1;
        hist(m) = hist(m) + 1;
    end
end
%直方图归一化
hist = hist/(wid * len);
miuT = 0;
for m = 1:colorlevel
    miuT = miuT + (m - 1) * hist(m);
end
xigmaB2 = 0;
for mindex = 1:colorlevel
    threshold = mindex - 1;
    omega1 = 0;
    omega2 = 0;
    for m = 1:threshold - 1
          omega1 = omega1 + hist(m);
    end
    omega2 = 1 - omega1;
    miu1 = 0;
    miu2 = 0;
    for m = 1:colorlevel
        if m<threshold
           miu1 = miu1 + (m - 1) * hist(m);
        else
           miu2 = miu2 + (m - 1) * hist(m);
        end
    end
    miu1 = miu1/omega1;
    miu2 = miu2/omega2;
    xigmaB21 = omega1 * (miu1 - miuT)^2 + omega2 * (miu2 - miuT)^2;
    xigma(mindex) = xigmaB21;
    if xigmaB21>xigmaB2
        finalT = threshold;
        xigmaB2 = xigmaB21;
```

```
    end
end
%阈值归一化
fT = finalT/255
for i = 1:wid
    for j = 1:len
        if I_double(i,j)>finalT
            bin(i,j) = 1;
        else
            bin(i,j) = 0;
        end
    end
end
subplot(122),imshow(bin);
```

(a) 输入的图像

(b) 分割后的结果

图 3.23－3　例程 3.23－3 的运行结果

MATLAB 提供了一个全局阈值函数 graythresh()，它采用最大类间方差阈值计算图像的全局阈值，与 im2bw()结合可将灰度图像转化为二值图像，实现图像的分割。它的使用语法如下。

```
I = imread();
level = graythresh(I);      %求取二值化的阈值
BW = im2bw(I,level);        %按阈值进行二值化
figure,imshow(BW);
```

例程 3.23－4 是利用函数 graythresh()进行全局阈值分割的 MATLAB 代码，其运行结果如图 3.23－4 所示。

【例程 3.23－4】

```
I = imread('shuixian.jpg');
Level = graythresh(I);
BW = im2bw(I,Level);
subplot(121),imshow(I);
subplot(122),imshow(BW);
```

2. 局部阈值法

当图像中有如下情况：有阴影，光照不均匀，各处的对比度不同，有突发噪声，背景

(a) 输入的图像

(b) 分割后的结果

图 3.23-4　例程 3.23-4 的运行结果

灰度变化等,如果只用一个固定的全局阈值对整幅图像进行分割,则由于不能兼顾图像各处的情况而使分割效果受到影响。有一种解决办法就是用与像素值位置相关的一组阈值来对图像各部分分别进行分割。这种与坐标相关的阈值也叫做动态阈值、局部阈值或自适应阈值。它的优点是抗噪声能力强,对一些用全局阈值不能分割的图像有较好的效果;缺点是时间复杂度和空间复杂度比较大。

【例程 3.23-5】

```
function bw = adaptivethreshold(IM,ws,C,tm)
%    功能:自适应图像分割
%    输入:
%     IM - 待分割的原始图像
%     ws - 平均滤波时的窗口大小,可参考 fspecial 的用法
%     C - 常量,需要根据经验选取合适的参数
%     tm - 开关变量,tm = 1 进行中值滤波,tm = 0 则进行均值滤波
%     bw - 图像分割后输出的二值图像
%     输入参数处理
if (nargin<3)
    error('You must provide the image IM, the window size ws, and C.');
elseif (nargin == 3)
    tm = 0;
elseif (tm~ = 0 && tm~ = 1)
    error('tm must be 0 or 1.');
end
IM = mat2gray(IM);
if tm == 0
% 图像均值滤波
    mIM = imfilter(IM,fspecial('average',ws),'replicate');
else
% 图像中值滤波
mIM = medfilt2(IM,[ws ws]);
end
sIM = mIM - IM - C;
bw = im2bw(sIM,0);
bw = imcomplement(bw);
```

在MATLAB的命令窗口输入以下指令,运行结果如图3.23-5所示。

```
clear;close all;
im1 = imread('tshape.png');
bwim1 = adaptivethreshold(im1,15,0.02,0);
subplot(1,2,1);
imshow(im1);
subplot(1,2,2);
imshow(bwim1);
```

(a) 输入的图像　　(b)自适应分割后的结果

图3.23-5 例程3.23-5的运行结果

3.23.3 基于区域生长法的图像分割

区域生长法是根据同一物体区域内像素的相似性质来聚集像素点的方法,从初始区域(如小邻域或甚至于每个像素)开始,将相邻的具有同样性质的像素或其他区域归并到目前的区域中,从而逐步增长区域,直至没有可以归并的点或其他小区域为止。区域内像素的相似性度量可以包括平均灰度值、纹理、颜色等信息。

区域生长法是一种比较普遍的方法,在没有先验知识可以利用时,也可以取得比较理想的性能,可以用来分割比较复杂的图像,如自然景物等。当然,考虑到噪声的影响和区域统计特性的更新,引入一定的先验知识,可以得到更好的效果。区域生长法是一种迭代的方法,空间和时间开销都比较大。

区域生长算法具体描述如下。

① 选取待分割区域内的一点作为种子点(x_0,y_0);

② 以(x_0,y_0)为中心,考虑(x_0,y_0)的4个邻域像素(x,y):如果(x,y)满足生长规则,则将(x,y)与(x_0,y_0)合并,同时将(x,y)压入堆栈;

③ 从堆栈中取出一个像素,把它当作(x_0,y_0),回到步骤②;

④ 当堆栈为空时,生长结束。

经验分享 当采用4邻域时,种子像素与相邻像素的坐标关系为:$x=x_0\pm 1,y=y_0$或者$x=x_0,y=y_0\pm 1$。

一般来说，基于区域生长的分割方法主要取决于像素之间的相似性度量，最终的分割结果还与所采用的扫描策略有关。在实际应用区域生长法时，需要解决以下三个问题。

- 选择或确定一组能正确代表所需区域的种子像素，即种子点的选择；
- 确定在生长过程中能将相邻像素包含进来的准则；
- 制定让生长过程停止的条件或规则。

例程 3.23-6 是基于区域生长法的图像分割的 MATLAB 源程序。

【例程 3.23-6】

```
function J = regiongrowing(I,x,y,reg_maxdist)
% 功能:基于区域生长法的图像分割
% 输入:I-待分割的输入图像                    x,y-种子点的坐标
%        t  -最大密度距离(默认值为 0.2)
% 输出:J-分割后的图像
% 示例:
% I = im2double(imread('medtest.png'));
% x = 198; y = 359;
% J = regiongrowing(I,x,y,0.2);
% figure, imshow(I + J);
if(exist('reg_maxdist','var') == 0), reg_maxdist = 0.2; end
if(exist('y','var') == 0), figure, imshow(I,[]); [y,x] = getpts; y = round(y(1)); x =
round(x(1)); end
J = zeros(size(I));
Isizes = size(I);
% 分割区域的均值
reg_mean = I(x,y);
% 区域中的像素数
reg_size = 1;
neg_free = 10000; neg_pos = 0;
neg_list = zeros(neg_free,3);
% 区域中新的像素距区域的距离
pixdist = 0;
neigb = [-1 0; 1 0; 0 -1;0 1];
% 基于区域生长的图像分割
while(pixdist<reg_maxdist&&reg_size<numel(I))
    % 添加新的邻域像素
    for j = 1:4,
        % 计算邻域坐标
        xn = x  + neigb(j,1); yn = y  + neigb(j,2);
        % 检查邻域是否在图像内部
        ins = (xn>=1)&&(yn>=1)&&(xn<=Isizes(1))&&(yn<=Isizes(2));
        if(ins&&(J(xn,yn) == 0))
                neg_pos = neg_pos + 1;
                neg_list(neg_pos,:) = [xn yn I(xn,yn)]; J(xn,yn) = 1;
        end
    end
    if(neg_pos + 10>neg_free), neg_free = neg_free + 10000; neg_list((neg_pos + 1):neg_
```

```
free,:) = 0; end
        dist = abs(neg_list(1:neg_pos,3) - reg_mean);
        [pixdist, index] = min(dist);
        J(x,y) = 2; reg_size = reg_size + 1;
        % 计算区域新的均值
        reg_mean = (reg_mean * reg_size  + neg_list(index,3))/(reg_size + 1);
        x = neg_list(index,1); y = neg_list(index,2);
        neg_list(index,:) = neg_list(neg_pos,:); neg_pos = neg_pos - 1;
    end
    J = J>1;
```

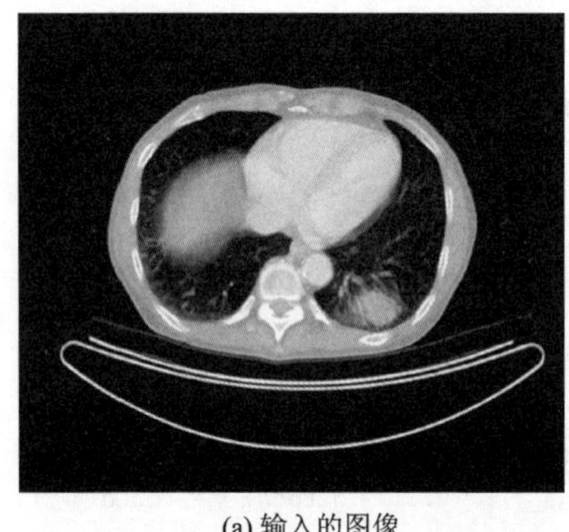

(a) 输入的图像

(b) 分割后的结果

图 3.23-6 例程 3.23-6 的运行结果

3.23.4 基于最大方差法灰度门限的图像分割

分割门限选择的准确性直接影响分割精度及图像描述分析的正确性。门限选得太高,容易把大量的目标判为背景,定得太低又会把大量的背景判为目标。因此,正确分割门限是很重要的。通常采用根据先验知识确定门限,或者利用灰度直方图特征和统计判决方法确定灰度分割门限。

如果已知被处理图像的一些先验信息,可以利用试探的方法确定门限。例如已知一幅文字图像中文字占有的比例为 x,可以选择这样一个门限,使得对图像进行门限化处理后,灰度小于门限的像素的数目约占总像素的百分比为 x。

很多时候,我们并没有关于图像充分的先验知识,因此只能从图像本身的特征出发来确定门限,图像的统计特征可以提供分割的依据。利用灰度直方图特征确定灰度分割门限的原理是:如果图像所含的目标区域和背景区域大小可比,而且目标区域和背景区域在灰度值上有一定的差别,那么该图像的灰度直方图会呈现双峰一谷状:其中一个峰值对应于目标中心灰度,另一个峰值对应于背景的中心灰度。由于目标边界点较少且其灰度介于它们之间,因此双峰之间的谷点对应着边界的灰度,可以将谷点的灰度作为分割门限。

由于直方图的参差性,实际上找谷值并不是一个简单的过程,需要设计一定的准则进行搜索。假设图像的直方图为 h，确定直方图谷点的位置方法之一是通过搜索找出直方图的两个局部最大值，设它们的位置是 Z_1 和 Z_2，并且要求这两点距离大于某个设定的距离，然后求 Z_1 和 Z_2 之间的直方图最低点 Z_m，用 $h(Z_m)/\min(h(Z_1),h(Z_2))$ 测度直方图的平坦性，若这个值很小，则表示直方图是双峰一谷状，可将 Z_m 作为分割门限。

寻找灰度门限也可以利用一个解析函数来拟合直方图双峰之间的部分，然后再用函数求极值的方法找出这个解析函数极小值的位置作为谷点。例如，可用二次曲线 $y=ax^2+bx+c$ 来拟合双峰之间的直方图，求得拟合系数，则 $x=-b/(2a)$ 可作为分割门限。

类似地，也可以使用两个高斯函数拟合直方图的两个峰，然后求出两个高斯函数的交点来确定门限。

需要指出的是，由于直方图是各灰度的像素统计，未考虑图像其他方面的知识，只靠直方图分割的结果有可能是错误的。即使直方图是典型的双峰一谷特性，这个图像也未必含有和背景有反差的目标。例如，一幅左边是黑色而右边是白色的图像和一幅黑白像点随机分布的图像具有相同的直方图，但是后者就不包含有意义的目标。另外，还可以利用统计判决确定门限，比如利用最小误判概率准则确定分割的最佳门限。

设图像含有目标和背景，目标点出现的概率为 θ，其灰度分布密度为 $p(x)$，背景点的灰度分布密度为 $q(x)$。按照概率论理论，这幅图像的灰度分布密度函数为：

$$S(x)=\theta p(x)+(1-\theta)q(x)$$

假设我们根据灰度门限 t 对图像进行分割，并将灰度小于 t 的像点作为背景点，灰度大于 t 的像点作为目标点，于是将目标点误判为背景点的概率为：

$$\varepsilon_{12}=\int_{-\infty}^{t}p(x)\mathrm{d}x$$

把背景点误判为目标点的概率为：

$$\varepsilon_{21}=\int_{t}^{+\infty}q(x)\mathrm{d}x$$

按照总误判概率最小准则，我们选取的门限 t 应使下式最小：

$$\varepsilon=\theta\varepsilon_{12}+(1-\theta)\varepsilon_{21}$$

根据函数求极值的方法，对 t 求导令结果为零，有：

$$\theta p(t)+(1-\theta)q(t)=0$$

这是典型的统计判决方法。另外还可以采用最大后验概率方法、最小误判风险方法等。已知 θ、$p(x)$ 及 $q(x)$ 则可以求解出最佳门限 t。对于正态分布、瑞利分布、对数正态分布，最佳门限 t 是容易求解的。

在不知道图像灰度分布的情况下，还可以采用模式识别中最大类间方差准则确定分割的最佳门限。其基本思想是对像素进行划分，通过使划分得到的各类之间的距离达到最大，来确定合适的门限。

设图像 f 中,灰度值为 K 的像素的数目是 n_i,总像素数目为:

$$N=\sum_{i=1}^{L}n_i$$

各灰度出现的概率为:

$$p_i=\frac{n_i}{N}$$

设以灰度 k 为门限将图像分为两个区域,灰度为 $1\sim k$ 的像素和灰度为 $k+1\sim L$ 的像素分别属于区域 A 和 B 的概率分别为:

$$\omega_A=\sum_{t=1}^{k}p_t \text{ 和 } \omega_B=\sum_{t=k+1}^{L}p_t$$

为了简便起见,定义 $\omega_A=\omega(k)$。

区域 A 和 B 的平均灰度为:

$$\mu_A=\frac{1}{\omega_A}\sum_{i=1}^{k}ip_i\ \frac{\Delta\mu(k)}{\omega(k)} \quad \text{和} \quad \mu_B=\frac{1}{\omega_B}\sum_{i=k+1}^{L}ip_i\ \frac{\Delta\mu-\mu(k)}{1-\omega(k)}$$

两个区域的方差为:

$$\sigma^2=\omega_A(\mu_A-\mu)^2+\omega_B(\mu_B-\mu)^2=\frac{[\mu\omega(k)-\mu(k)]^2}{\omega(k)[1-\omega(k)]}$$

按照最大类间方差的准则,从 1 到 L 改变 k,并计算类间方差,使上式最大的 k 就是区域分割的门限。

例程 3.23-7 是最大方差法计算灰度分割门限的代码。

【例程 3.23-7】

```
function th = thresh_md(a)
%功能:实现最大方差法计算分割门限
%输入:a-为灰度图像
%输出:th-灰度分割门限
%返回图像矩阵a各个灰度等级像素个数
count = imhist(a);
[m,n] = size(a);
N = m * n - sum(sum(find(a == 0),1));
%指定图像灰度等级为256级
L = 256;
%计算出各灰度出现的概率
count = count/N;
%找出出现概率不为0的最小灰度
for i = 2:L
   if count(i)~ = 0
      st = i - 1;
      break;
   end
end
%找出出现概率不为0的最大灰度
for i = L: - 1:1
    if count(i)~ = 0
```

```
        nd = i - 1;
        break;
    end
end
f = count(st + 1:nd + 1);
% p 和 q 分别为灰度起始和结束值
p = st;
q = nd - st;
% 计算图像的平均灰度
u = 0;
for i = 1:q
    u = u + f(i) * (p + i - 1);
    ua(i) = u;
end
% 计算出选择不同 k 值时,A 区域的概率
for i = 1:q
    w(i) = sum(f(1:i));
end
% 求出不同 k 值时类间的方差
d = (u * w - ua).^2./(w. * (1 - w));
% 求出最大方差对应的灰度级
[y,tp] = max(d);
th = tp + p;
```

3.23.5　基于 K - means 算法的图像分割

1. 算法原理

K - means 算法,也被称为 K -平均或 K -均值,是一种得到最广泛使用的聚类算法。它是将各个聚类子集内的所有数据样本的均值作为该聚类的代表点,算法的主要思想是通过迭代过程把数据集划分为不同的类别,使得评价聚类性能的准则函数达到最优,从而使生成的每个聚类内紧凑、类间独立。

(1) 选定某种距离作为数据样本间的相似性度量

在计算数据样本之间的距离时,可以根据实际需要选择欧式距离、曼哈顿距离或者明考斯距离中的一种来作为算法的相似性度量,其中最常用的是欧式距离。下面具体介绍一下欧式距离。

假设给定的数据集 $X=\{x_m|m=1,2,\cdots,total\}$,$X$ 中的样本用 d 个描述属性 A_1,A_2,…,A_d来表示,并且 d 个描述属性都是连续型属性。数据样本 $x_i=(x_{i1},x_{i2},\cdots,x_{id})$, $x_j=(x_{j1},x_{j2},\cdots,x_{jd})$。其中,$x_{i1},x_{i2},\cdots,x_{id}$和 $x_{j1},x_{j2},\cdots,x_{jd}$分别是样本 x_i和 x_j对应 d 个描述属性 $A_1,A_2,\cdots,A_d$的具体取值。样本 x_i 和 x_j 之间的相似度通常用它们之间的距离 $d(x_i,x_j)$来表示,距离越小,样本 x_i和 x_j越相似,差异度越小;距离越大,样本 x_i和 x_j越不相似,差异度越大。

欧式距离公式如下:

$$d(x_i, x_j) = \sqrt{\sum_{k=1}^{d} (x_{ik} - x_{jk})^2}$$

(2) 选择评价聚类性能的准则函数

K-means 聚类算法使用误差平方和准则函数来评价聚类性能。给定数据集 X，其中只包含描述属性，不包含类别属性。假设 X 包含 k 个聚类子集 $X_1, X_2, \cdots, X_k$；各个聚类子集中的样本数量分别为 $n_1, n_2, \cdots, n_k$；各个聚类子集的均值代表点(也称聚类中心)分别为 $m_1, m_2, \cdots, m_k$，则误差平方和准则函数公式为：

$$E = \sum_{i=1}^{k} \sum_{p \in X_i} \| p - m_i \|^2$$

(3) 相似度的计算根据一个簇中对象的平均值来进行，其具体步骤如下

① 将所有对象随机分配到 k 个非空的簇中；

② 计算每个簇的平均值，并用该平均值代表相应的簇；

③ 根据每个对象与各个簇中心的距离，分配给最近的簇；

④ 然后转到②，重新计算每个簇的平均值，这个过程不断重复直到满足某个准则函数才停止。

2. 算法步骤

输入：簇的数目 k 和包含 n 个对象的数据库。

输出：k 个簇，使平方误差准则最小。

算法步骤：

① 为每个聚类确定一个初始聚类中心，这样就有 K 个初始聚类中心；

② 将样本集中的样本按照最小距离原则分配到最邻近聚类；

③ 使用每个聚类中的样本均值作为新的聚类中心；

④ 重复步骤②、③步直到聚类中心不再变化；

⑤ 结束，得到 K 个聚类。

3. 基于 K-means 算法的图像分割的 MATLAB 程序实现

例程 3.23-8 是基于基于 K-means 算法的图像分割的 MATLAB 源程序，读者可以根据程序和注释对 K-means 算法做进一步的理解，例程 3.23-8 的运行结果如图 3.23-7 所示。

【例程 3.23-7】

```
function [mu,mask] = kmeans(ima,k)
%    功能：运用 K-means 算法对图像进行分割
%    输入：ima-输入的灰度图像                k-分类数
%    输出：mu-均值类向量                      mask-分类后的图像
ima = double(ima);
copy = ima;
ima = ima(:);
mi = min(ima);
ima = ima - mi + 1;
```

```
s = length(ima);
% 计算图像灰度直方图
m = max(ima) + 1;
h = zeros(1,m);
hc = zeros(1,m);
for i = 1:s
  if(ima(i)>0) h(ima(i)) = h(ima(i)) + 1;end;
end
ind = find(h);
hl = length(ind);
% 初始化质心
mu = (1:k) * m/(k + 1);
% start process
while(true)
  oldmu = mu;
   % 现有的分类
  for i = 1:hl
      c = abs(ind(i) - mu);
      cc = find(c == min(c));
      hc(ind(i)) = cc(1);
  end
   %重新计算均值
  for i = 1:k,
      a = find(hc == i);
      mu(i) = sum(a. * h(a))/sum(h(a));
  end
  if(mu == oldmu) break;end;
  end
% calculate mask
s = size(copy);
mask = zeros(s);
for i = 1:s(1),
for j = 1:s(2),
  c = abs(copy(i,j) - mu);
  a = find(c == min(c));
  mask(i,j) = a(1);
end
end
mu = mu + mi - 1;
```

4. 基于 K - means 算法的图像分割的性能分析

基于 K - means 算法的图像分割有如下优点：

- 思想简单易行；
- 时间复杂度接近线性；
- 对大规模数据的挖掘具有高效性和可伸缩性。

当然，其也存在着如下不足：

- 最终的结果会随初始中心的变化而变化；

(a) 灰度图像

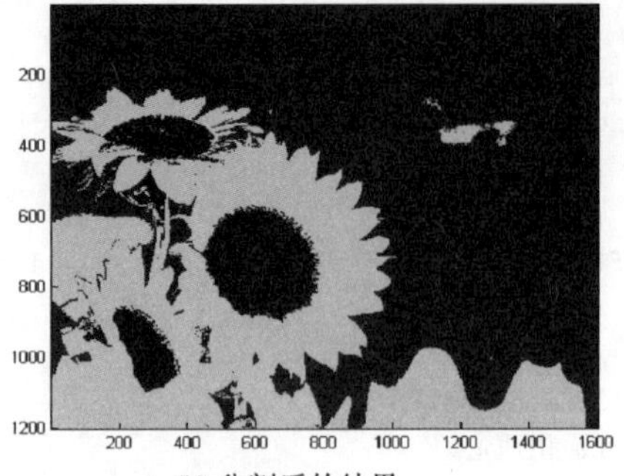

(b) 分割后的结果

图 3.23-7 例程 3.23-8 的运行结果

- 算法依赖于指定的 k 值；
- 各聚类间线性不可分时，K-means 算法就会失效。

一语中的 图像分割是指通过某种方法将数字图像细分为多个具有特殊含义的图像子区域的过程，这些区域互相不交叉，每一个区域都满足特定区域的一致性。

3.24 基于蚁群算法的图像边缘检测

【温馨提示】 本节主要介绍仿生优化智能算法——蚁群算法在现代数字图像处理中的应用，读者应结合例程掌握基于蚁群算法的图像边缘检测技术。

3.24.1 认识"蚁群算法"

蚁群算法(Ant Colony Optimization，ACO)又称蚂蚁算法，它由 Marco Dorigo 于1992年在其博士论文中引入，其灵感来源于蚂蚁在寻找食物过程中发现路径的行为。

蚁群算法是对自然界蚂蚁的寻径方式进行模拟而得出的一种仿生算法。蚂蚁在运动过程中，能够在它所经过的路径上留下一种称为信息素(pheromone)的物质进行信息传递，而且蚂蚁在运动过程中能够感知这种物质，并以此指导自己的运动方向。因此由大量蚂蚁组成的蚁群集体行为便表现出一种信息正反馈现象：某一路径上走过的蚂蚁越多，则后来者选择该路径的概率就越大。

为了说明蚁群算法的原理，先简要介绍一下蚂蚁搜寻食物的具体过程：在蚁群寻找食物时，它们总能找到一条从食物到巢穴之间的最优路径。这是因为蚂蚁在寻找路径时会在路径上释放出一种特殊的信息素，当它们碰到一个还没有走过的路口时，就随机地挑选一条路径前行，与此同时释放出与路径长度有关的信息素。路径越长，释放的激索浓度越低。当后来的蚂蚁再次碰到这个路口的时候，选择激素浓度较高路径的概率就会相对较大。这样就形成一个正反馈。最优路径上的激索浓度越来越大，而其他路径上激素浓度却会随着时间的流逝而消减。最终整个蚁群会找出最优路径。

如图 3.24-1 所示，蚂蚁从 A 点出发，速度相同，食物在 D 点，可能随机选择路线

ABD或ACD。假设初始时每条分配路线一只蚂蚁,每个时间单位行走一步,图3.24-1为经过9个时间单位时的情形:走ABD的蚂蚁到达终点,而走ACD的蚂蚁刚好走到C点,为一半路程。图3.24-2为从开始算起,经过18个时间单位时的情形:走ABD的蚂蚁到达终点后得到食物又返回了起点A,而走ACD的蚂蚁刚好走到D点。假设蚂蚁每经过一处所留下的信息素为一个单位,则经过36个时间单位后,所有开始一起出发的蚂蚁都经过不同路径从D点取得了食物,此时ABD的路线往返了2趟,每一处的信息素为4个单位,而ACD的路线往返了一趟,每一处的信息素为2个单位,其比值为2:1。寻找食物的过程继续进行,则按信息素的指导,蚁群在ABD路线上增派一只蚂蚁(共2只),而ACD路线上仍然为一只蚂蚁。再经过36个时间单位后,两条线路上的信息素单位积累为12和4,比值为3:1。

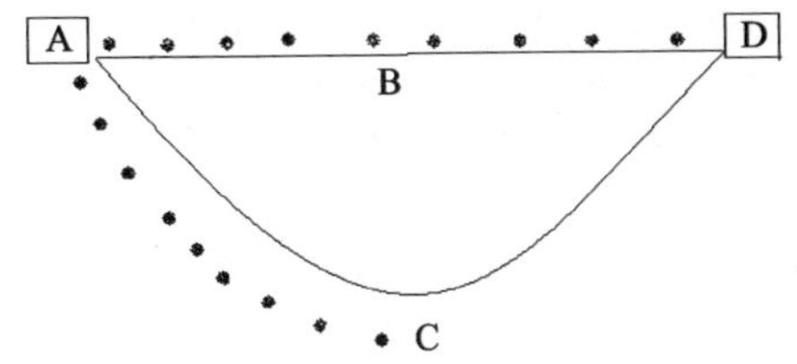

图3.24-1　蚂蚁觅食示意图1

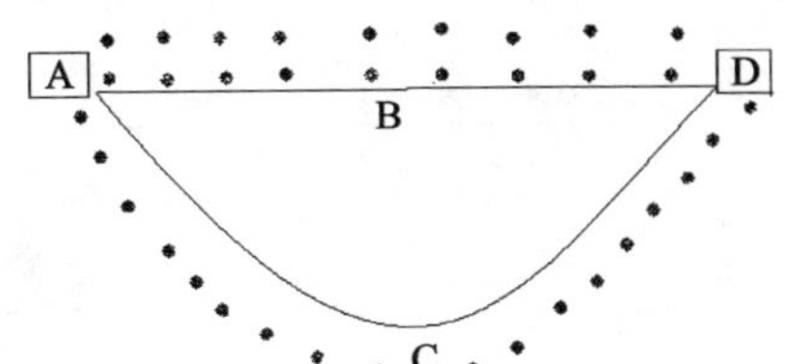

图3.24-2　蚂蚁觅食示意图2

若按以上规则继续,蚁群在ABD路线上再增派一只蚂蚁(共3只),而ACD路线上仍然为一只蚂蚁。再经过36个时间单位后,两条线路上的信息素单位积累为24和6,比值为4:1。若继续进行,则按信息素的指导,最终所有的蚂蚁会放弃ACD路线,而都选择ABD路线,这便是正反馈效应。

在此过程中,信息素的更新方式有两种:一是挥发,也就是所有路径上的信息素以一定的比率进行减少,模拟自然蚁群的信息素随时间挥发的过程;二是增强,给评价值“好”(有蚂蚁走过)的路径增加信息素。蚂蚁正常行进,突然环境变化,如图3.24-3所示,增加了障碍物,蚂蚁以同等概率选择各条路径,紧接着,随着时间的增加较短路径信息浓度高,选择该路径的蚂蚁逐渐增多,蚂蚁最终绕过障碍物找到最优路径。

分析蚂蚁觅食的过程可以得出如下结论:多样性,蚂蚁在觅食的时候路线不一,随机性的向着某个方向行走,打破常规,进行创新;正反馈,优化的路线不断被保存并加大自身概率,保证了相对优良的信息能够被保存下来。多样性保证了系统的创新能力,正反馈保证了优良特性能够得到强化,两者要恰到好处的结合。

上述对蚂蚁觅食过程的分析,是蚁群算法提出的仿生学基础。

3.24.2　解析“蚁群算法”

蚁群算法旨在用反复迭代的方法找到目标问题的最优解。它通过建立信息素信息对解空间进行的搜索(即若干蚂蚁的运动)来实现。具体来讲,假设共K只蚂蚁被用来在由$M_1 \times M_2$个节点组成的解空间χ中寻找最优解,该蚁群优化过程可以总结为:

① 初始化所有K只蚂蚁的位置以及信息素矩阵$\boldsymbol{\tau}^{(0)}$。

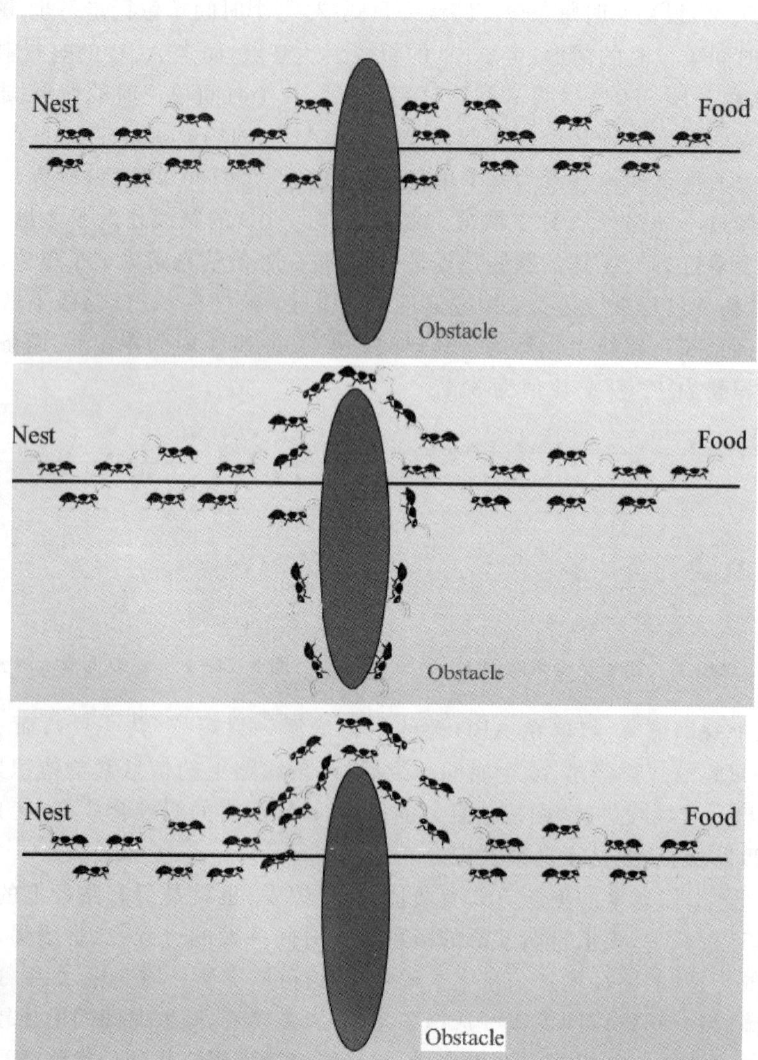

图 3.24-3 蚂蚁觅食时遇到障碍时寻找路径的过程

② For 执行步骤 $n=1:N$。

—For 蚂蚁数量 $k=1:K$,根据一个大小为 $M_1M_2 \times M_1M_2$ 的概率转换矩阵 $p^{(n)}$ 连续地将第 k 只蚂蚁走 L 步。

—更新信息素矩阵 $\boldsymbol{\tau}^{(n)}$。

③ 根据最终的信息素矩阵 $\boldsymbol{\tau}^{(N)}$ 得出结果。

在上述的蚁群优化过程中存在两个根本性的困难,即如何建立概率转换矩阵 $p^{(n)}$,以及如何更新信息素矩阵 $\boldsymbol{\tau}^{(n)}$,这两个问题将在下面分别详细介绍。

首先,在蚁群优化的第 n 步执行过程中,第 k 只蚂蚁根据一项与概率相关的行动规则从节点 i 移动到节点 j,该规则由式(3.24.1)确定:

$$p_{i,j}^{(n)} = \frac{(\tau_{i,j}^{(n-1)})^{\alpha}(\eta_{i,j})^{\beta}}{\sum_{j\in\Omega_i}(\tau_{i,j}^{(n-1)})^{\alpha}(\eta_{i,j})^{\beta}}, \quad \text{if} \quad j \in \Omega_i \tag{3.24.1}$$

式中，$\tau_{i,j}^{(n-1)}$ 为连接节点 i 和节点 j 的弧的信息素值；蚂蚁 a_k 处于节点 i，Ω_i 代表其相邻节点；常数 α 和 β 分别代表信息素信息和启发信息的相对重要程度；$\eta_{i,j}$ 代表从节点 i 到节点 j 的启发信息，并且其值对于每个执行步骤是固定不变的。

其次，在蚁群优化过程中信息素矩阵要被更新两次。第一次更新发生在每个执行步骤中每只蚂蚁运动之后。更具体地讲，在第 n 步执行过程中，第 k 只蚂蚁移动之后信息素矩阵按照式(3.24.2)被更新：

$$\tau_{i,j}^{(n-1)} = \begin{cases}(1-\rho)\cdot\tau_{i,j}^{(n-1)} + \rho\cdot\Delta_{i,j}^{(k)}, & \text{当}(i,j)\text{属于最优路径时} \\ \tau_{i,j}^{(n-1)}, & \text{其他}\end{cases} \tag{3.24.2}$$

式中，ρ 代表蒸发率。另外，最优路径的选择取决于用户定义的标准，它可能是当前执行步骤中找到的最优路径，也可能是自算法开始执行以来找到的最优解，亦或是以上两种可能的结合。信息素矩阵的第二次更新发生在每个执行步骤中所有 k 只蚂蚁移动之后，此次更新按照式(3.24.3)进行：

$$\tau^{(n)} = (1-\psi)\cdot\tau^{(n-1)} + \psi\cdot\tau^{(0)} \tag{3.24.3}$$

式中，ψ 为信息素衰减系数。可以看出，蚁群系统对信息素矩阵进行两次更新操作，即式(3.24－2)和式(3.24－3)，而蚂蚁系统只进行一次更新。

3.24.3　基于蚁群优化的图像边缘检测方法

基于蚁群优化算法的图像边缘检测方法，利用若干只蚂蚁在一幅二维图像上运动来构建信息素矩阵，其中矩阵的每个元代表了图像每个像素点位置的边缘信息。此外，蚂蚁们的移动方向可由图像强度值的局部变化来调整。

该方法由初始化过程开始，然后进行 N 步迭代构造信息素矩阵，其中包括执行过程和更新过程，最后图像边缘由决策过程给出。下面详细介绍各个过程。

(1) 初始化过程

在大小为 $M_1\times M_2$ 的图像 I 上随机分布 K 只蚂蚁，该图像的每个像素点可视为一个节点。设置信息素矩阵 $\tau^{(0)}$ 每个元素的初始值为常数 τ_{init}。

(2) 执行过程

在第 n 步执行过程中，从上述 K 只蚂蚁中随机选出一只，接着这只蚂蚁将在图像上连续地移动 L 步。这只蚂蚁按照式(3.24.4)定义的一种变换概率从节点(l,m)移动到临近节点(i,j)：

$$p_{(l,m),(i,j)}^{(n)} = \frac{(\tau_{i,j}^{(n-1)})^{\alpha}(\eta_{i,j})^{\beta}}{\sum_{(i,j)\in\Omega_{(l,m)}}(\tau_{i,j}^{(n-1)})^{\alpha}(\eta_{i,j})^{\beta}} \tag{3.24.4}$$

式中，$\tau_{i,j}^{(n-1)}$ 为节点(i,j)的信息素值；$\Omega_{(l,m)}$ 代表节点(l,m)的相邻节点；$\eta_{i,j}$ 代表节点(i,j)的启发信息；常数 α 和 β 分别代表信息素矩阵和启发矩阵的相对重要程度。

在执行过程中有两个关键问题。第一个问题是式(3.24.4)中启发信息如何确定。

这里启发信息由像素点(i,j)处的局部统计量决定，该统计量由式(3.24.5)定义：

$$\eta_{i,j} = \frac{1}{Z} V_C(I_{i,j}) \tag{3.24.5}$$

式中，$Z = \sum_{i=1:M_1} \sum_{j=i:M_2} V_C(I_{i,j})$，它为归一化因子；$I_{i,j}$为$(i,j)$处像素点的强度值；$V_C(I_{i,j})$是一组局部像素点的函数，这一组像素点被称为"像素团"，该函数的值由像素团C的图像强度变化决定，如图 3.24-4 所示。更具体地说，对于像素点$I_{i,j}$，函数$V_C(I_{i,j})$为：

$$\begin{aligned} V_C(I_{i,j}) = f(&| I_{i-2,j-1} - I_{i+2,j+1} | + | I_{i-2,j+1} - I_{i+2,j-1} | + \\ &| I_{i-1,j-2} - I_{i+1,j+2} | + | I_{i-1,j-1} - I_{i+1,j+1} | + \\ &| I_{i-1,j} - I_{i+1,j} | + | I_{i-1,j+1} - I_{i-1,j-1} | + \\ &| I_{i-1,j+2} - I_{i-1,j-2} | + | I_{i,j-1} - I_{i,j+1} |) \end{aligned} \tag{3.24.6}$$

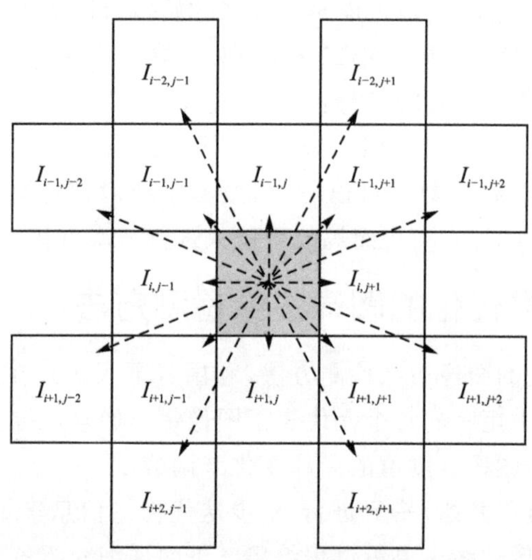

注：用来计算式(3.24.6)中定义的变化$V_C(I_{i,j})$，像素点$I_{i,j}$被标记为灰色的正方形。

图 3.24-4　像素点 $I_{i,j}$ 的局部配置

为了确定式(3.24.6)中定义的函数$f(\cdot)$，拟采用以下四个函数：

$$f(x) = \lambda x, \text{for} \quad x \geqslant 0 \tag{3.24.7}$$

$$f(x) = \lambda x^2, \text{for} \quad x \geqslant 0 \tag{3.24.8}$$

$$f(x) = \begin{cases} \sin\left(\dfrac{\pi x}{2\lambda}\right) & 0 \leqslant x \leqslant \lambda \\ 0 & \text{else} \end{cases} \tag{3.24.9}$$

$$f(x) = \begin{cases} \dfrac{\pi x \sin\left(\dfrac{\pi x}{\lambda}\right)}{\lambda} & 0 \leqslant x \leqslant \lambda \\ 0 & \text{else} \end{cases} \tag{3.24.10}$$

在式(3.24.7)～式(3.24.10)中,参数 λ 可以调整函数各自的形状。$\lambda=10$ 时各函数图像如图3.24-5所示。

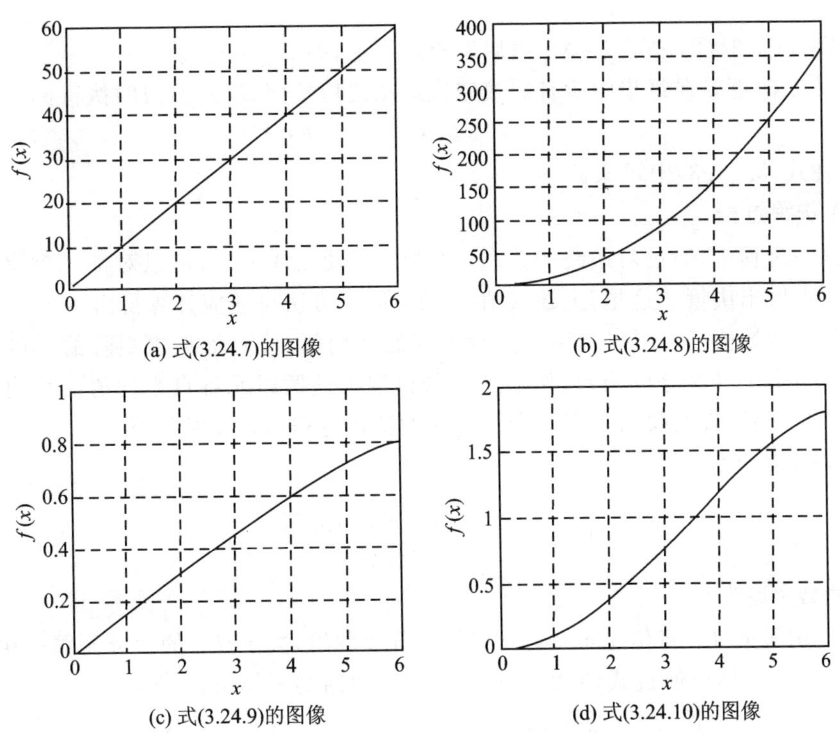

(a) 式(3.24.7)的图像　(b) 式(3.24.8)的图像　(c) 式(3.24.9)的图像　(d) 式(3.24.10)的图像

图3.24-5　当参数 $\lambda=10$ 时各函数的图像

第二个问题是如何确定点 (l,m) 处蚂蚁运动的允许范围,即式(3.24.4)中的 $\Omega_{(l,m)}$。拟采用4连通邻域或8连通邻域,如图3.24-6所示。

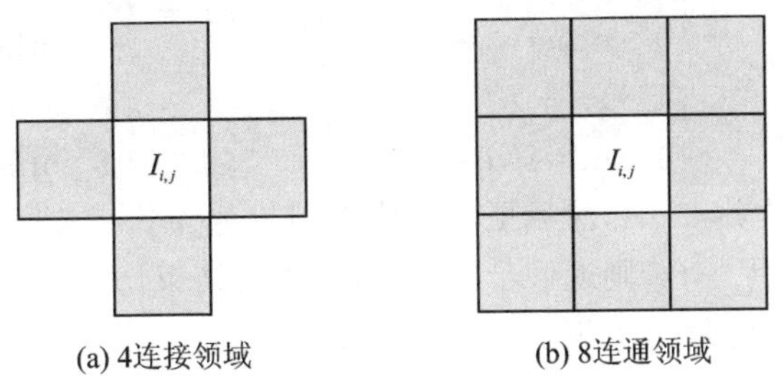

(a) 4连接领域　(b) 8连通领域

图3.24-6　像素点 $I_{i,j}$ 的各种邻域

(3) 更新过程

在更新信息素矩阵时,本节执行两次更新操作:

① 第一次更新在每个执行步骤中每只蚂蚁移动之后执行,信息素矩阵的每个元素按照式(3.24.11)更新:

$$\tau_{i,j}^{(n-1)} = \begin{cases} (1-\rho)\cdot\tau_{i,j}^{(n-1)}+\rho\cdot\Delta_{i,j}^{(k)}, \text{当}(i,j)\text{当前被第} k \text{只蚂蚁访问时} \\ \tau_{i,j}^{(n-1)}, \text{其他} \end{cases} \tag{3.24.11}$$

式中,ρ 在式(3.24.2)中定义;$\Delta_{i,j}^{(k)}$ 由启发矩阵决定,即 $\Delta_{i,j}^{(k)}=\eta_{i,j}$。

② 第二次更新在每步中所有蚂蚁完成运动之后按照式(3.24.12)执行:

$$\tau^{(n)} = (1-\psi)\cdot\tau^{(n-1)}+\psi\cdot\tau^{(0)} \tag{3.24.12}$$

式中,ψ 在式(3.24.3)中定义。

(4) 决策过程

在这一过程中,通过对最终的信息素矩阵 $\tau^{(N)}$ 使用阈值 T,可以对某一个像素点是否是边缘点做出决策。这里,上述阈值 T 采用如下方法自适应计算得出。

阈值的初始值 $T^{(0)}$ 可以选用信息素矩阵的平均值,接着信息素矩阵的元可以按照大于 $T^{(0)}$ 和小于 $T^{(0)}$ 分成两组,然后新的阈值取为这两组元各自平均值的平均数。这个过程不断重复,直到阈值不再改变。上述的迭代过程可以总结如下。

① 初始化 $T^{(0)}$ 为:

$$T^{(0)} = \frac{\sum_{i=1:M_1}\sum_{j=1:M_2}\tau_{i,j}^{(N)}}{M_1M_2} \tag{3.24.13}$$

将迭代指数 l 设为0。

② 使用阈值 $T^{(l)}$ 将信息素矩阵 $\tau^{(N)}$ 的元分成两组,大于 $T^{(l)}$ 的元分到第一组,其余的分到第二组。然后通过式(3.24.14)计算以上两组的平均值:

$$m_L^{(l)} = \frac{\sum_{i=1:M_1}\sum_{j=1:M_2} g_{T^{(l)}}^L(\tau_{i,j}^{(N)})}{\sum_{i=1:M_1}\sum_{j=1:M_2} h_{T^{(l)}}^L(\tau_{i,j}^{(N)})} \qquad m_U^{(l)} = \frac{\sum_{i=1:M_1}\sum_{j=1:M_2} g_{T^{(l)}}^U(\tau_{i,j}^{(N)})}{\sum_{i=1:M_1}\sum_{j=1:M_2} h_{T^{(l)}}^U(\tau_{i,j}^{(N)})} \tag{3.24.14}$$

式中,

$$g_{T^{(l)}}^L(x) = \begin{cases} x & x\leqslant T^{(l)} \\ 0 & \text{otherwise} \end{cases} \qquad h_{T^{(l)}}^L(x) = \begin{cases} 1 & x\leqslant T^{(l)} \\ 0 & \text{otherwise} \end{cases}$$

$$g_{T^{(l)}}^U(x) = \begin{cases} x & x\geqslant T^{(l)} \\ 0 & \text{otherwise} \end{cases} \qquad h_{T^{(l)}}^U(x) = \begin{cases} 1 & x\geqslant T^{(l)} \\ 0 & \text{otherwise} \end{cases}$$

③ 设置迭代指数 $l=l+1$,然后更新阈值为:$T^{(l)}=[m_L^{(l)}+m_U^{(l)}]/2$。

④ 若 $|T^{(l)}-T^{(l-1)}|>\varepsilon$,则返回步骤②;否则迭代结束,并基于以下标准,对每个像素位置(i,j)是否为边缘做出决策:

$$E_{i,j} = \begin{cases} 1 & \tau_{i,j}^{(N)}\geqslant T^{(l)} \\ 0 & \text{otherwise} \end{cases} \tag{3.24.15}$$

若像素位置(i,j)是边缘则 $E_{i,j}=1$,否则 $E_{i,j}=0$。

3.24.4 例程一点通

例程3.24-1是基于蚁群算法检测图像边缘的MATLAB源程序,读者可以通过该例程以及其中添加的注释,进一步理解基于蚁群算法检测图像边缘算法的原理。

其运行结果见图3.24-7。

【例程3.24-1】

```
function edge_ACO
%参考文献:"An Ant Colony Optimization Algorithm For Image Edge
close all; clear all; clc;
% 读入图像
 filename = 'ant128';
img = rgb2gray(imread('ant.jpg'));
img = double(img)./255;
[nrow, ncol] = size(img);
%式(3.24.4)初始化
 for nMethod = 1:4;
  %四种不同的核函数,参见式(3.24.7)式(3.24.10)
  %E: exponential; F: flat; G: gaussian; S:Sine; T:Turkey; W:Wave
  fprintf('Welcome to demo program of image edge detection using ant colony.\nPlease wait......\n');
    v = zeros(size(img));
    v_norm = 0;
    for rr = 1:nrow
        for cc = 1:ncol
            %定义像素团
            temp1 = [rr-2 cc-1; rr-2 cc+1; rr-1 cc-2; rr-1 cc-1; rr-1 cc; rr-1 cc+1; rr-1 cc+2; rr cc-1];
            temp2 = [rr+2 cc+1; rr+2 cc-1; rr+1 cc+2; rr+1 cc+1; rr+1 cc; rr+1 cc-1; rr+1 cc-2; rr cc+1];
            temp0 = find(temp1(:,1)>=1 & temp1(:,1)<=nrow & temp1(:,2)>=1 & temp1(:,2)<=ncol & temp2(:,1)>=1 & temp2(:,1)<=nrow & temp2(:,2)>=1 & temp2(:,2)<=ncol);
            temp11 = temp1(temp0, :);
            temp22 = temp2(temp0, :);
            temp00 = zeros(size(temp11,1));
            for kk = 1:size(temp11,1)
temp00(kk) = abs(img(temp11(kk,1), temp11(kk,2)) - img(temp22(kk,1), temp22(kk,2)));
            end
            if size(temp11,1) == 0
                v(rr, cc) = 0;
                v_norm = v_norm + v(rr, cc);
            else
                lambda = 10;
                switch nMethod
                    case 1 % 'F'
                        temp00 = lambda .* temp00;
                    case 2 % 'Q'
                        temp00 = lambda .* temp00.^2;
                    case 3 % 'S'
                        temp00 = sin(pi .* temp00./2./lambda);
                    case 4 % 'W'
                    temp00 = sin(pi.*temp00./lambda).*pi.*temp00./lambda;
```

```
                end
                v(rr, cc) = sum(sum(temp00.^2));
                v_norm = v_norm + v(rr, cc);
            end
        end
    end
  % 归一化
v = v./v_norm;
    v = v. * 100;
    p = 0.0001 . * ones(size(img));      % 信息素函数初始化
     %参数设置。
alpha = 1;          %式(3.24.4)中的参数
beta = 0.1;         %式(3.24.4)中的参数
rho = 0.1;          %式(3.24.11)中的参数
 %式(3.24.12)中的参数
    phi = 0.05;        % equation (12), i.e., (9) in IEEE - CIM - 06
    ant_total_num = round(sqrt(nrow * ncol));
  % 记录蚂蚁的位置
    ant_pos_idx = zeros(ant_total_num, 2);
  % 初始化蚂蚁的位置
    rand('state', sum(clock));
    temp = rand(ant_total_num, 2);
    ant_pos_idx(:,1) = round(1 + (nrow - 1) * temp(:,1)); %行坐标
   ant_pos_idx(:,2) = round(1 + (ncol - 1) * temp(:,2)); %列坐标
   search_clique_mode = '8';     % Figure 1
   % 定义存储空间容量
   if nrow * ncol == 128 * 128
       A = 40;
       memory_length = round(rand(1). * (1.15 * A - 0.85 * A) + 0.85 * A);
    elseif nrow * ncol == 256 * 256
       A = 30;
       memory_length = round(rand(1). * (1.15 * A - 0.85 * A) + 0.85 * A);
    elseif nrow * ncol == 512 * 512
       A = 20;
       memory_length = round(rand(1). * (1.15 * A - 0.85 * A) + 0.85 * A);
    end
    ant_memory = zeros(ant_total_num, memory_length);
   % 实施算法
    if nrow * ncol == 128 * 128
          % 迭代的次数
    total_step_num = 300;
    elseif nrow * ncol == 256 * 256
        total_step_num = 900;
    elseif nrow * ncol == 512 * 512
        total_step_num = 1500;
    end
    total_iteration_num = 3;
  for iteration_idx = 1: total_iteration_num
        delta_p = zeros(nrow, ncol);
        for step_idx = 1: total_step_num
```

```
        delta_p_current = zeros(nrow, ncol);
          for ant_idx = 1:ant_total_num
             ant_current_row_idx = ant_pos_idx(ant_idx,1);
             ant_current_col_idx = ant_pos_idx(ant_idx,2);
             % 找出当前位置的邻域
             if search_clique_mode == '4'
                 rr = ant_current_row_idx;
                 cc = ant_current_col_idx;
            ant_search_range_temp = [rr - 1 cc; rr cc + 1; rr + 1 cc; rr cc - 1];
             elseif search_clique_mode == '8'
                 rr = ant_current_row_idx;
                 cc = ant_current_col_idx;
              ant_search_range_temp = [rr - 1 cc - 1; rr - 1 cc; rr - 1 cc + 1; rr cc - 1;
rr cc + 1; rr + 1 cc - 1; rr + 1 cc; rr + 1 cc + 1];
             end
              %移除图像外的位置
             temp = find(ant_search_range_temp(:,1)> = 1 & ant_search_range_temp
(:,1)< = nrow & ant_search_range_temp(:,2)> = 1 & ant_search_range_temp(:,2)< = ncol);
             ant_search_range = ant_search_range_temp(temp, :);
              %计算概率转换函数
             ant_transit_prob_v = zeros(size(ant_search_range,1),1);
             ant_transit_prob_p = zeros(size(ant_search_range,1),1);
             for kk = 1:size(ant_search_range,1)
             temp = (ant_search_range(kk,1) - 1) * ncol  +  ant_search_range(kk,2);
                  if length(find(ant_memory(ant_idx,:) == temp)) == 0
             ant_transit_prob_v(kk) = v(ant_search_range(kk,1), ant_search_range(kk,2));
             ant_transit_prob_p(kk) = p(ant_search_range(kk,1), ant_search_range(kk,2));
                 else
                     ant_transit_prob_v(kk) = 0;
                     ant_transit_prob_p(kk) = 0;
                 end
             end
       if (sum(sum(ant_transit_prob_v)) == 0) | (sum(sum(ant_transit_prob_p)) == 0)
                 for kk = 1:size(ant_search_range,1)
             temp = (ant_search_range(kk,1) - 1) * ncol  +  ant_search_range(kk,2);
             ant_transit_prob_v(kk) = v(ant_search_range(kk,1), ant_search_range(kk,2));
             ant_transit_prob_p(kk) = p(ant_search_range(kk,1), ant_search_range(kk,2));
                 end
             end
              ant_transit_prob = (ant_transit_prob_v.^alpha) . *  (ant_transit_prob_
p.^beta) ./ (sum(sum((ant_transit_prob_v.^alpha) . *  (ant_transit_prob_p.^beta))));
             % 产生一个随机数来确定下一个位置
             rand('state', sum(100 * clock));
             temp = find(cumsum(ant_transit_prob)> = rand(1), 1);
             ant_next_row_idx = ant_search_range(temp,1);
             ant_next_col_idx = ant_search_range(temp,2);
             if length(ant_next_row_idx) == 0
                 ant_next_row_idx = ant_current_row_idx;
                 ant_next_col_idx = ant_current_col_idx;
             end
```

```
                        ant_pos_idx(ant_idx,1) = ant_next_row_idx;
                        ant_pos_idx(ant_idx,2) = ant_next_col_idx;
                        delta_p_current(ant_pos_idx(ant_idx,1), ant_pos_idx(ant_idx,2)) = 1;
                         if step_idx <= memory_length
                           ant_memory(ant_idx,step_idx) = (ant_pos_idx(ant_idx,1) - 1) *
ncol + ant_pos_idx(ant_idx,2);
                         elseif step_idx > memory_length
                            ant_memory(ant_idx,:) = circshift(ant_memory(ant_idx,:),[0 -1]);
                            ant_memory(ant_idx,end) = (ant_pos_idx(ant_idx,1) - 1) * ncol +
ant_pos_idx(ant_idx,2);
                         end
                         %更新信息素函数
                         p = ((1 - rho).* p + rho.* delta_p_current.* v).* delta_p_current +
p.* (abs(1 - delta_p_current));
                      end
                    delta_p = (delta_p + (delta_p_current>0))>0;
                     p = (1 - phi).* p;
                end
    end
        % 产生边缘图矩阵,运用信息素函数判断是否是边缘
        % 调用子函数进行二值分割
     T = func_seperate_two_class(p);
        fprintf('Done! \n');
        imwrite(uint8(abs((p>= T).* 255 - 255)), gray(256), [filename '_edge_aco_' num2str
(nMethod) '.jpg'], 'jpg');
    end
    %%%%%%%%子函数%%%%%%%
    function level = func_seperate_two_class(I)
    % 功能:进行二值分割
    I = I(:);
    % STEP 1: 通过直方图计算灰度均值, 设定 T = mean(I)
    [counts, N] = hist(I,256);
    i = 1;
    mu = cumsum(counts);
    T(i) = (sum(N.* counts))/mu(end);
    % STEP 2: 计算灰度值大于 T (MAT)像素的均值和灰度值小于 T(MBT)像素的均值
    % step 1
    mu2 = cumsum(counts(N<= T(i)));
    MBT = sum(N(N<= T(i)).* counts(N<= T(i)))/mu2(end);
    mu3 = cumsum(counts(N>T(i)));
    MAT = sum(N(N>T(i)).* counts(N>T(i)))/mu3(end);
    i = i + 1;
    T(i) = (MAT + MBT)/2;
    % STEP 3 :当 T(i)~= T(i - 1),重复 STEP 2
    Threshold = T(i);
    while abs(T(i) - T(i - 1))>= 1
        mu2 = cumsum(counts(N<= T(i)));
        MBT = sum(N(N<= T(i)).* counts(N<= T(i)))/mu2(end);
        mu3 = cumsum(counts(N>T(i)));
        MAT = sum(N(N>T(i)).* counts(N>T(i)))/mu3(end);
```

```
    i = i + 1;
    T(i) = (MAT + MBT)/2;
    Threshold = T(i);
end
% 归一化均值到 [i, 1]之间
level = Threshold;
```

(a) 输入的原始图像

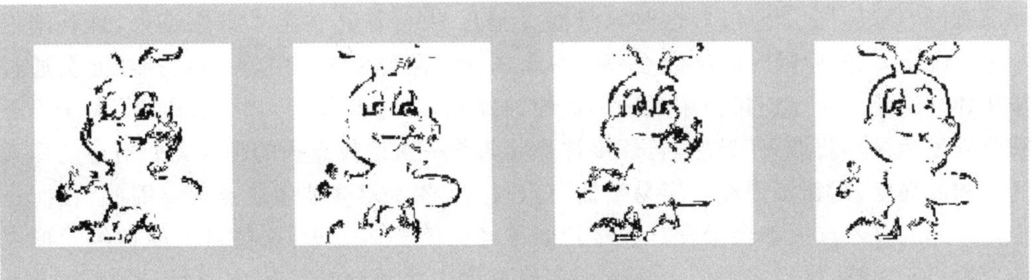

(b) 边缘检测的结果

图 3.24 - 7　例程 3.24 - 1 的运行结果

一语中的　基于蚁群优化算法的图像边缘检测方法,利用若干只蚂蚁在一幅二维图像上运动来构建信息素矩阵,其中矩阵的每个元代表了图像每个像素点位置的边缘信息,蚂蚁们的移动方向可由图像强度值的局部变化来调整。

3.25　基于脉冲耦合神经网络的图像分割

【温馨提示】　本节主要介绍基于脉冲耦合神经网络的图像分割技术,该技术将智能控制、仿生理论和数字图像处理相结合。读者通过本节应着重理解基于脉冲耦合神经网络的图像分割技术的基本原理及其改进算法。

3.25.1　脉冲耦合神经网络及其在图像分割中的应用

近年来,基于 Eckhorn 的猫视觉皮层模型的脉冲耦合神经网络(Pulse Coupled Neural Net, PCNN),已被广泛应用于图像平滑、分割以及边缘检测等图像处理领域的研究中,并显示了其优越性。

PCNN 的数学方程描述为:

$$F_{ij}(n)=e^{-\alpha_F\Delta_t}F_{ij}(n-1)+S_{ij}+V_F\sum_{k,l}M_{ijkl}Y_{kl}(n-1) \tag{3.25.1}$$

$$L_{ij}(n)=e^{-\alpha_L\Delta_t}L_{ij}(n-1)+V_L\sum_{k,l}M_{ijkl}Y_{kl}(n-1) \tag{3.25.2}$$

$$U_{ij}(n)=F_{ij}(n)(1+\beta L_{ij}(n)) \tag{3.25.3}$$

$$\theta_{ij}(n)=e^{-\alpha_\theta\Delta_t}\theta_{ij}(n-1)+V_\theta Y_{ij}(n-1) \tag{3.25.4}$$

$$Y_{ij}(n)=\mathrm{step}(U_{ij}(n)-\theta_{ij}(n)) \tag{3.25.5}$$

式中，下标 ij 为神经元的标号，S_{ij}、F_{ij}、L_{ij}、U_{ij}、θ_{ij} 分别为神经元 ij 的外部刺激、馈送输入、链接输入、内部激活(即前突触势)、动态阈值，M 为连接权矩阵，V_F、V_L、V_θ 为幅度常数，β 为链接系数，α_F、α_L、α_θ 为相应的衰减系数，Δ_t 为时间常数，n 为迭代次数，Y_{ij} 为输出。

在用 PCNN 进行图像处理时，将一个二维 PCNN 网络 $M\times N$ 个神经元分别与二维输入图像的 $M\times N$ 个像素相对应，像素 ij 的灰度值为网络神经元 ij 的外部刺激 S_{ij}，且所有神经元的初始值设为 1。则在第一次迭代时，神经元的内部激活 $U_{ij}(1)$ 就等于外部刺激 S_{ij}，若 $U_{ij}\geqslant\theta_{ij}(1)$，这时该神经元输出为 1，称其发生了自然点火，且其阈值 θ_{ij} 将急剧增大，然后随时间指数衰减。在此之后的各次迭代之中，点火的神经元会通过与相邻神经元的相互连接作用激励邻接的神经元，若邻接神经元的内部激活大于等于阈值则发生被捕获点火，显然，若邻接神经元与前一次迭代点火的神经元所对应的像素具有相似强度，则邻接神经元容易被捕获点火，反之不能够被捕获点火。因此，任何一个神经元的自然点火都会触发其邻接相似神经元的集体点火，这些点火的神经元形成一个神经元集群，对应于图像中具有相似性质的一个小区域。因此，利用 PCNN 点火捕获的相似性集群特性便可进行图像分割。

3.25.2 例程一点通

例程 3.25-1 是运用 PCNN 算法进行图像分割的 MATLAB 源程序，图 3.25-1 是其运行结果。

【例程 3.25-1】

```
function [Edge,Numberofaera] = pcnn(X)
% 功能:采用 PCNN 算法进行边缘检测
% 输入:X—输入的灰度图像
% 输出:Edge—检测到的边缘      Numberofaera—表明了在各次迭代时激活的块区域
figure(1);
imshow(X);
X = double(X);
% 设定权值
Weight = [0.07 0.1 0.07;0.1 0 0.1;0.07 0.1 0.07];
WeightLI2 = [ - 0.03 - 0.03 - 0.03; - 0.03 0 - 0.03; - 0.03 - 0.03 - 0.03];
d = 1/(1 + sum(sum(WeightLI2)));
% % % % % % 测试权值 % % % % % %
WeightLI = [ - 0.03 - 0.03 - 0.03; - 0.03 0.5 - 0.03; - 0.03 - 0.03 - 0.03];
```

```
d1 = 1/(sum(sum(WeightLI)));
%%%%%%%%%%%%%%%%%%
Beta = 0.4;
Yuzhi = 245;
%衰减系数
Decay = 0.3;
[a,b] = size(X);
V_T = 0.2;
%门限值
Threshold = zeros(a,b);
S = zeros(a + 2,b + 2);
Y = zeros(a,b);
%点火频率
Firate = zeros(a,b);
n = 1;
%统计循环次数
count = 0;
Tempu1 = zeros(a,b);
Tempu2 = zeros(a + 2,b + 2);
%%%%%%图像增强部分%%%%%%
Out = zeros(a,b);
Out = uint8(Out);
for i = 1:a
    for j = 1:b
        if(i == 1|j == 1|i == a|j == b)
            Out(i,j) = X(i,j);
        else
            H = [X(i - 1,j - 1)  X(i - 1,j) X(i - 1,j + 1);
                 X(i,j - 1)    X(i,j)    X(i,j + 1);
                 X(i + 1,j - 1) X(i + 1,j) X(i + 1,j + 1)];
        temp = d1 * sum(sum(H. * WeightLI));
        Out(i,j) = temp;
        end
      end
  end
  figure(2);
  imshow(Out);
  %%%%%%%%%%%%%%%%%%%
  for count = 1:30
    for i0 = 2:a + 1
        for i1 = 2:b + 1
            V = [S(i0 - 1,i1 - 1)  S(i0 - 1,i1) S(i0 - 1,i1 + 1);
                 S(i0,i1 - 1)    S(i0,i1)    S(i0,i1 + 1);
                 S(i0 + 1,i1 - 1) S(i0 + 1,i1) S(i0 + 1,i1 + 1)];
            L = sum(sum(V. * Weight));
            V2 = [Tempu2(i0 - 1,i1 - 1)  Tempu2(i0 - 1,i1) Tempu2(i0 - 1,i1 + 1);
```

```
                    Tempu2(i0,i1 - 1)        Tempu2(i0,i1)     Tempu2(i0,i1 + 1);
                    Tempu2(i0 + 1,i1 - 1)    Tempu2(i0 + 1,i1) Tempu2(i0 + 1,i1 + 1)];
    F = X(i0 - 1,i1 - 1) + sum(sum(V2. * WeightLI2));
    %保证侧抑制图像无能量损失
    F = d * F;
    U = double(F) * (1 + Beta * double(L));
    Tempul(i0 - 1,i1 - 1) = U;
        if U> = Threshold(i0 - 1,i1 - 1)|Threshold(i0 - 1,i1 - 1)<60
            T(i0 - 1,i1 - 1) = 1;
            Threshold(i0 - 1,i1 - 1) = Yuzhi;
            %点火后一直置为 1
            Y(i0 - 1,i1 - 1) = 1;
        else
            T(i0 - 1,i1 - 1) = 0;
            Y(i0 - 1,i1 - 1) = 0;
                    end
                end
            end
        Threshold = exp( - Decay) * Threshold + V_T * Y;
        %被激活过的像素不再参与迭代过程
          if n == 1
              S = zeros(a + 2,b + 2);
              else
              S = Bianhuan(T);
          end
          n = n + 1;
          count = count + 1;
          Firate = Firate + Y;
          figure(3);
          imshow(Y);
          Tempu2 = Bianhuan(Tempul);
   end
        Firate(find(Firate<10)) = 0;
        Firate(find(Firate> = 10)) = 10;
        figure(4);
        imshow(Firate);
%%%%%%子函数 %%%%%%%
   function Y = Jiabian(X)
   [m,n] = size(X);
   Y = zeros(m + 2,n + 2);
   for i = 1:m + 2
       for j = 1:n + 2
           if i == 1&j~ = 1&j~ = n + 2
               Y(i,j) = X(1,j - 1);
           elseif j == 1&i~ = 1&i~ = m + 2
               Y(i,j) = X(i - 1,1);
```

```
            elseif i~ = 1&j == n + 2&i~ = m + 2
                Y(i,j) = X(i - 1,n);
            elseif i == m + 2&j~ = 1&j~ = n + 2
                Y(i,j) = X(m,j - 1);
            elseif i == 1&j == 1
                Y(i,j) = X(i,j);
            elseif i == 1&j == n + 2
                Y(i,j) = X(1,n);
            elseif i == (m + 2)&j == 1
                Y(i,j) = X(m,1);
            elseif i == m + 2&j == n + 2
                Y(i,j) = X(m,n);
            else
                Y(i,j) = X(i - 1,j - 1);
            end
        end
    end
% % % % % % 子函数 % % % % % %
    function Y = Bianhuan(X)
    [m,n] = size(X);
    Y = zeros(m + 2,n + 2);
    for i = 1:m + 2
        for j = 1:n + 2
            if i == 1|j == 1|i == m + 2|j == n + 2
                Y(i,j) = 0;
            else
                Y(i,j) = X(i - 1,j - 1);
            end
        end
    end
% % % % % % 子函数 % % % % % %
    function Y = judge_edge(X,n)
    % X:每次迭代后 PCNN 输出的二值图像,如何准确判断边界点是关键
    [a,b] = size(X);
    T = Jiabian(X);
    Y = zeros(a,b);
    W = zeros(a,b);
    for i = 2:a + 1
        for j = 2:b + 1
            if (T(i,j) == 1)&((T(i - 1,j) == 0&T(i + 1,j) == 0)|(T(i,j - 1) == 0&T(i,j + 
1) == 0)|(T(i - 1,j - 1) == 0&T(i + 1,j + 1) == 0)|(T(i + 1,j - 1) == 0&T(i - 1,j + 1) == 0))
                Y(i - 1,j - 1) = - n;
        end
    end
end
```

(a) 输入的原始图像

(b) 图像增强后的结果

(c) 图像分割后的结果

图 3.25-1 例程 3.25-1 的运行结果

3.25.3 融会贯通

由于PCNN神经元的点火捕获特性，基于PCNN的图像分割是一种基于图像像素相似强度邻近相似性的图像分割方法，具有自适应图像分割的特点。然而其对图像的二值分割又极大地削弱了图像的层次性，不利于后续的图像处理（如在图像分割基础上的图像压缩）。为此，本节对PCNN的脉冲产生器进行了改进，提出了基于PCNN的多值分割方法，既保留PCNN对图像分割的优良特性，又有效保留图像本身的层次性。

人类视觉系统（HVS）对图像不同区域的敏感度是有所不同的，一般地，HVS的敏感区域为灰度变化不规则或灰度变化梯度大的区域，在这些区域中包含的信息量大，对人们理解图像特别重要，为图像的高信息区；而灰度变化规则或灰度变化梯度小的区域中所包含的信息量少，HVS对这些区域不敏感，为图像的低信息区。此外，在低信息区内的像素邻近相似性比较高，高信息区内的像素邻近相似性较低，这说明可以用脉冲耦合神经网络来实现对图像高低信息区域的划分，因为PCNN就是以像素邻近相似性来集群像素的。而这里的邻近相似性为相邻像素所含信息量的邻近相似，而非像素相似强度的邻近相似，为此，将神经元的激活函数改为式(3.25.6)的形式：

$$\begin{cases} D(n) = U(n) - \theta(n) \\ C_{ij} = \sum_{m=-1}^{1}\sum_{n=-1}^{1} \mid D_{ij}(n) - D_{i+m,j+n}(n) \mid \\ Y_{ij} = \left\lceil \dfrac{C_{ij}(n)}{\max C(n) - \min C(n)} \times L \right\rceil \end{cases} \tag{3.25.6}$$

式中，⌈⌉为向上取整算符，L为信息量等级参数；$U(n)$为第n次迭代时神经元内部激活矩阵，$\theta(n)$为相应的阈值矩阵，$D(n)$为两者之差；C_{ij}反映了图像以像素点ij为中心的3×3窗口内的神经元内部激励和阈值之差变化的激烈程度；$\max C(n)$和$\min C(n)$分别为$C(n)$的最大、最小元，这里$\max C(n)-\min C(n)$起归一化的作用。采用式(3.25.6)作为神经元的激活函数后，神经元的脉冲共有$L+1$个可能值：0，1，2，…，L。称以式(3.25.6)为神经元激活函数的PCNN为改进型的脉冲神经网络。

显然,一般PCNN具有的以图像像素的邻近相似性为集群产生同步脉冲发放的特性,改进型PCNN网络也具有,只是所针对的邻近相似性含义不同。通常的PCNN针对的是像素图像中亮度的邻近相似性,而改进PCNN针对的是像素在图像中所包含信息量的邻近相似性。由于神经元和其3×3邻域内神经元的内部激励和阈值之差变化的激烈程度,决定了该神经元输出值的大小,这样神经元输出的脉冲大小就与相应像素点周围灰度变化的激烈程度成比例,神经元输出脉冲值的大小相当于此像素点和其周围像素点的灰度变化率,亦即代表了该像素点在图像中所包含的信息量。由于神经元的输出为多值,网络的输出为不同信息含量等级的多值分割图像,可将图像分割成具有$L+1$种可能的不同灰度值的图像块,灰度值的大小基本上反应了图像块的信息含量大小。在实际应用中,可以根据实际需要选择恰当的L值,将图像按信息含量大小分割成$L+1$种可能的等级块,这对图像的后续处理(如图像压缩)具有很重要的意义。

一语中的　基于PCNN的图像分割是一种基于图像像素相似强度邻近相似性的图像分割方法,具有自适应图像分割的特点。

参考文献

[1] AHMED J, JAFRI M N. Best-match rectangle adjustment algorithm for persistent and precise correlation tracking[C]. Machine Vision, 2007. ICMV 2007. International Conference on, 2007: 91-96.

[2] SINGH M, MANDAL M. BASU A. Robust KLT tracking with Gaussian and Laplacian of Gaussian weighting functions[C]. Pattern Recognition, 2004. ICPR 2004. Proceedings of the 17th International Conference on, 2004,4: 661-664.

[3] NGUYEN H T, WORRING M, VAN DEN BOOMGAARD R. Occlusion robust adaptive template tracking[C]. Computer Vision, ICCV 2001. Proceedings. Eighth IEEE International Conference on, 2001,1:678-683.

[4] LOWE D. Distinctive image feature from scale-invariant keypoints [J]. International Journal of Computer Vision, 2004,60(2):91-110.

[5] MATAS J, CHUM O, URBAN M, et al. Robust wide baseline stereo from maximally stable extremal regions[C]. Proceeding of British Machine Vision Conference. 2002:384-396.

[6] BAY H, TUYTELAARS T, GOOL L V. Surf: Speeded up robust features[C]. Proceedings of the 9th European Conference on Computer Vision, Springer LNCS, 2006, 3951(1):404-417.

[7] OZUYSAL M, FUA P, LEPETIT V. Fast keypoint recognition in ten lines of code[C]. IEEE Computer Society Conference on Computer Vision and Pattern Recognition, 2007:1-8.

[8] REDDY B, CHATTERJI B. An FFT-based technique for translation, rotation, and scale-invariant image registration[J]. IEEE Transactions on Image Processing, 1996, 5(8): 1266-1271.

[9] HUY T H, GOECKE R. Optical flow estimation using fourier mellin transform[C]. IEEE Computer Society Conference on Computer Vision and Pattern Recognition, 2008:1-8.

[10] GUEHAM M, BOURIDANE A, CROOKES D, et al. Automatic recognition of shoeprints using fourier-mellin transform[C]. NASA/ESA Conference on Adaptive Hardware and Systems, 2008: 487-491.

[11] LIN C Y, WU M, BLOOM J, et al. Rotation, scale, and translation resilient watermarking for images[J]. IEEE Transactions on Image Processing, 2001,10(5):767-782.

[12] LINDEBERG T. Scale-space theory: A basic tool for analyzing structures at different scales [J]. Journal of Applied Statistics, 1994, 21(2):224-270.

[13] 何友.多传感器信息融合及应用[M]. 北京：电子工业出版社,2000.

[14] Bhosle Udehav, Chaudhuri Subhasis, Roy Sumantra Dutta. A fast method for image mosaicing using Geometric Hashing[J]. IETE Journal of Research, 2002,V48(3): 317-324.

[15] DAUBECHIES I, SWEIDENS W. Factoring wavelet transforms into lifting steps[J]. Journal of Fourier Analysis and Applications,1998,V4930:247-269.

[16] Guilherme N. DeSonza and Avinash C. kar. Vision for Mobile Robot Navigation: A Survey[J]. IEEE transactions on pattern analysis and machine intelligence, 2002, V24(2):237-267.

[17] Jagannadan V, Prakash M C, Sarma R R. Feature extraction and image registration of color images using Fourier bases[J]. IEEE transactions on image processing,2005, V2:657-662.

[18] JIANG Da-zhi. Research and overview of imaging non-linear distortion in computer vision[J] Computer Engineering, 2001,V27(12):108-110.

[19] Anthony Remazeilles. Image-based robot navigation from an image memory[J]. Robotics and Autonomous System,2007,V55:345-356.

[20] SHI WZ, SHAKER A. The line-based transformation model(LBTM) for image-to-image registration of high-resolution satellite image data[J]. International Journal of Remote Sensing,2006, 27(14):3001-3012.

[21] NUNN C,KUMMERT A,MULLER-SCHNEIDENS S. A two stage detection module for traffic signs[C]. Proceedings of 2008 IEEE International Conference on Vehicular Electronics and Safety,2008:271-275.

[22] CALAMBOS C, KITTLER J, MATAS J. Gradient based progressive probabilistic Hough Transform[J]. Image Signal Processing,2001,V148(3):158-165.

[23] KYRKI V, KALVIAINEN H. Combination of local and global line extraction[J]. Real-time Imagimg,2000,V6(2):79-91.

[24] DAHYOT R. Statistical Hough Transform[J]. IEEE Transactions on pattern analysis and machine intelligence,2009,V31(8):1502-1509.

[25] VON GIOI RG, JAKUBOWICZ J,MOREL J M. On straight line segment detection[J]. Journal of mathematical imaging and vision,2008,V32(3):313-347.

[26] HUANG KY, YOU JD, Chen KJ. Hough transform neural network for seismic pattern detection[C]. Proceedings of 2006 IEEE International Joint Conference on neural network,2006: 2453-2458.

[27] AGGARWAL N, KARL W C. Line detection in images through regularized Hough transform [J]. IEEE Image Processing, 2006,V15(3):873-876.

[28] LONE DG. Distinctive image features from scale-invariant key points[J]. International journal of computer vision,2004,V60(2):91-110.

[29] ZHAO Xiaochuan. An image distortion correction algorithm based on quadrilateral fractal approach controlling points[C]. Proceedings of the 4th IEEE Conference on Industrial Electronics and Applications,2009:2676-2681.

[30] SONG Z, CHEN Y Q, Moore K L. Applications of the sparse Hough transform for laser data line fitting and segmentation[J]. Computer vision,2006,V26(3):157-164.

[31] CHEN HD, GUO YH, ZHANG YT. A novel Hough transform based on eliminating particle swarm optimization and its application[J]. Pattern Recognition,2009,V42(9):1959-1969.

[32] Low EMP, Manchest IR, Savkin AV. A biologically inspired method for vision-based docking of wheeled mobile robots[J]. Robotics and Autonomous system,2007,V55:759-784.

[33] Petrovic V, Cootes T. Objectively adaptive image fusion[J]. Information fusion, 2007, V8: 168-176.

[34] 贺兴华. MATLAB7. X图像处理[M]. 北京：人民邮电出版社,2006.

[35] 井上诚嘉. C语言实用数字图像处理[M]. 北京：科学出版社，2003.

[36] 贾云得. 机器视觉[M]. 北京：科学出版社，2003.

[37] Keneth R Castleman. 数字图像处理[M]. 北京：电子工业出版社，2004.

[38] David A Forsyth，Jean Ponce. 计算机视觉——一种现代方法[M]. 北京：电子工业出版社，2004.

[39] Rafael C. Gonzalez，Richard E. Woods. 数字图像处理[M]. 2版. 北京：电子工业出版社，2005.

[40] Rafael C. Gonzalez，Richard E. Woods，Steven Eddins. Digital Image Processing Using MATLAB [M]. 北京：电子工业出版社，2005.

[41] 李言俊，张科. 视觉仿生成像制导技术及应用[M]. 北京：国防工业出版社，2006.

[42] 张德丰. MATLAB数字图像处理 [M]. 北京：机械工业出版社，2009.

[43] 杨高波，杜青松. MATLAB图像/视频处理实例及应用[M]. 北京：电子工业出版社，2010.

[44] 于万波. 基于MATLAB的图像处理[M]. 北京：清华大学出版社，2008.

[45] 葛哲学，沙威. 小波分析理论与MATLAB R2007实现[M]. 北京：电子工业出版社，2007.

[46] Yilmaz A，Javed O，Mubarak Shah. Object Tracking：A Survey. ACM Compututing surveys[J]. ACM Computing Surveys，2006，38(4)：1～45.

[47] Boult T E，Micheals R J，Gao X. Into the woods：Visual surveillance of noncooperative and camouflaged targets in complex outdoor settings[J]. Proceedings of the IEEE，2001，89(10)：1518～1539.

[48] Ahmed J，Jafri M N. Best-match rectangle adjustment algorithm for persistent and precise correlation tracking[C]. Machine Vision，2007. ICMV 2007. International Conference on，2007：91～96.

[49] Singh M，Mandel M，BASU A. Robust KLT tracking with Gaussian and Laplacian of Gaussian weighting functions[C]. Pattern Recognition，2004. ICPR 2004. Proceedings of the 17th International Conference on，2004，4：661～664.

[50] Nguyen H T，Worring M，Van Den Boomgaard R. Occlusion robust adaptive template tracking [C]. Computer Vision，ICCV 2001. Proceedings. Eighth IEEE International Conference on，2001，1：678～683.

[51] Zhang J，Mao X B，Chen T J. Survey of moving object tracking algorithm[J]. Application Research of Computers，2009，26(12)：4407～4410.

[52] Cui X，Yan Q D. Multi-scale variable template target detection in image sequence based on lifting scheme[J]. Application Research of Computers，2007，24(12)：390～392.

[53] Mikolajczyk K，Schmid C. A performance evaluation of local descriptor[J]. IEEE transaction on Pattern Analysis and Machine Intelligence，2005，27(10)：1615～1630.

[54] Jia G M，Wang X J，Zhang S H. Target Tracking Algorithm Based on Adaptive Template Update in Complex Background [J]. Acta Optica Sinica，29(3)：659～663.

[55] http://www.ilovematlab.cn/

[56] http://lijianhonghappy.blog.163.com/blog/

[57] http://clickdamage.com/

[58] J.-P. Tarel and N. Hautiere. Fast Visibility Restoration from a Single Color or Gray Level Image[J]. IEEE International Conference on Computer Vision (ICCV'09)，2009，9：2201～2208.